플로리스트를 위한

화훼장식학

한국화훼장식학회

한국화훼장식학회

저자 명단

김규원 영남대학교 자연자원대학
김양희 삼육대학교 과학기술대학
김정숙 나사렛대학교 에코디자인학부
김진국 주)예삐닷컴 대표
김홍열 대구가톨릭대학교 자연대학
박윤점 원광대학교 생명자원과학대학
박천호 고려대학교 생명과학대학
박학봉 전북대학교 농업생명과학대학
박병모 전북대학교 환경생명자원대학
변미순 영남대학교 자연자원대학
서정근 단국대학교 생명자원과학대학
송채은 전남대학교 평생교육원
오 욱 영남대학교 자연자원대학
왕경희 신구대학 원예디자인과
유은하 국립원예특작과학원 화훼과
윤성은 청강문화산업대학 플로랄디자인학과
윤숙영 대구가톨릭대학교 자연대학
이규민 상명대학교 산업대학
이애경 단국대학교 환경원예학과
이영현 순천향대학교 의료과학대학
이정섭 우송정보대학 플라워코디조경과
이화은 영남대학교 자연자원대학
임영희 영남대학교 자연자원대학
조문수 대구대학교 생명환경대학
한인자 경북대학교 생태환경대학
허북구 원광대학교 생명자원과학대학

책머리에

우리나라의 꽃 문화는 2000년대를 넘어서며 경제적 여건의 안정과 생활수준의 향상 등으로 화훼류의 이용이 활성화 되고 있어, 가정을 아름답게 가꾸거나 생활 주변 공간, 공원 등 도시 내에서의 환경에 대한 관심이 증가하고 있습니다. 꽃을 생활화 하려는 시도는 점차 개인적이고 삭막해져가는 도시민의 삶 가운데 꽃을 통해 아름다움을 느끼고 사랑하고 배려하는 마음을 주고받을 수 있다는 점에서 매우 희망적인 현상이라 할 수 있습니다. 이러한 사회적 요구에 따라 화훼장식기사와 기능사 제도가 성공적으로 시행 및 정착되고 있으며 앞으로도 화훼장식의 양적, 질적 수준은 계속적으로 성장할 것으로 기대하고 있는 바입니다.

그러나 화훼장식 분야의 양적 발전과 함께 이론적 배경을 받쳐 줄 화훼장식학에 관한 총론적인 도서가 없어 강단에서 늘 이점을 아쉬워해야만 했습니다. 이에 2006년 우리나라 화훼장식학의 학문적 발전을 위해 설립된 한국화훼장식학회에서는 2008년 전국 화훼장식 관련 교수님들이 회합을 갖고, 그간 출판된 화훼장식 관련 저서의 문제점을 지적한 후 화훼장식학의 기본개념을 정리하고 화훼장식의 다양한 이용과 발전 방안을 제시한 도서를 출간하기에 이르렀습니다.

이 도서를 출간하며 특히 강조하고자 하는 부분은 화훼장식이 취미생활이나 꽃꽂이의 개념에 그치지 않고 조형 예술적이고 공간장식적인 면을 부각한 것으로 6장에서 기본개념을 정리하게 되었습니다.

아직은 초판이라 부족한 점이 많습니다. 앞으로 세세한 부분은 좀 더 보완하여 화훼장식을 공부하고자 하는 많은 사람들에게 불편함 없이 제공하도록 하겠습니다. 관심을 갖고 지적해주시면 보완하여 다음 출간에서는 더 좋은 책이 되도록 최선의 노력을 다하겠습니다.

끝으로 어려운 여건 속에서 사명감 하나만으로 잦은 회의에 참석하시고 좋은 원고를 제공해주신 저자 여러분에게 진심으로 감사드리며, 책 출간을 위해 수고하신 부민문화사 정진해 사장님과 직원 여러분에게 감사드립니다.

2010년 2월

한국화훼장식학회 회장 서정근

Contents

01 화훼장식의 의의와 기능

02 화훼장식의 역사

03 화훼장식의 분류

04 화훼장식의 소재 및 자재

08 화훼장식의 평가 기준

01

화훼장식의 의의와 기능

1. 화훼장식의 의의

화훼장식의 개념 | 화훼장식의 속성

2. 화훼장식의 기능

장식적 기능 | 건축적 기능 | 심리적 기능 | 환경적 기능
교육적 기능 | 치료적 기능 | 경제적 기능

3. 화훼장식과 직업전망

01 화훼장식의 의의와 기능

1. 화훼장식의 의의

인간은 자연환경과 그것을 정복해가면서 만든 인위적 환경 등과 상호 작용하면서 인간만의 독자적인 환경을 만들면서 자연과 동화해가며 살아왔다. 인간을 위한 물리적 환경을 공간으로 볼 수 있는데, 그것은 공간에 존재하고 그것을 사용하는 인간이 사회적 유기체이므로 그 자체가 단순히 어떠한 형상으로 존재하는 것이 아니라 사회적, 물리적 실체로 존재한다. 우리의 일상생활인 책상 위의 작은 화분, 작은 프로덕트(product)에서부터 우리가 살고 있는 주거공간, 거리를 가득 채운 건물들, 가로수들 그리고 도시공간 내의 수많은 구역과 공간 등에는 각각의 존재 이유가 있으며, 그러한 것들은 다양한 인간의 행위 및 정신을 만족시키는 요소들이 들어있지 않고는 그 존재의 의미가 없는 것이다.

그림 1-1. 현대사회의 환경은 본래의 자연환경을 정복하면서 만든 인위적 환경으로 많이 변했기 때문에, 자연환경과의 동화를 추구하는 움직임들이 중요하게 여겨지고 있다.

모든 분야가 그렇듯이 화훼장식은 그 환경이 어떠한 기능을 지니는지를 막론하고 궁극적으로 인간의 삶의 질을 보장하고 유지하며 이를 증진시키기 위한 근본적인 목표를 가지고 있다. 사회가 발전하면 할수록 물리적 환경은 인간의 욕구를 만족시키는 수단으로서의 역할이 더욱 강화되는 방향으로 발전해 왔다. 왜냐하면 인간에게 있어서 만족이라는 것은 인간이 자신을 둘러싼 환경과의 상호작용을 통해 발생하기 때문이다. 현대사회의 환경은 본래의 자연환경에서 이것들을 정복하면서 만들어버린 인위적 환경으로 너무나 많이 변했기 때문에, 자연환경과의 동화를 추구하는 일련의 움직임들이 중요하게 여겨지고 있다.

그림 1-2. 아름다운 생활공간 창조와 삶의 질의 향상을 위해 화훼가 필수 불가결한 중요한 존재로 인식되고 있다.

우리의 삶에 있어 시간계획이 중요하듯 공간과 그것을 이루고 있는 요소들의 계획도 중요하며, 이것이 곧 현대 우리의 삶의 대부분을 차지하고 있는 환경요소 즉, 공간을 만드는 데 필요한 학문인 디자인학, 건축학, 도시계획학, 조경학, 환경디자인학, 화훼장식학 등의 존재 이유가 되는 것이다. 앞으로 기술이 더욱 발전하면 발전할수록 인위적인 환경은 인간의 삶에 있어 더욱 큰 비중을 차지하게 될 것이다. 즉, 반대로 더욱 인위적으로 발전해 가는 물리적 환경 속에서 인간은 본능적으로 더욱 자연에 대한 동경과 인위적인 것에 대해 반대하는 본능적 욕구를 보일 것이다. 따라서 우리의 삶을 둘러싸고 있는 모든 인위적인 요소들에 있어, 자연환경과의 상호작용 그리고 자연적 요소를 조화롭게 계획할 때 우리를 둘러싸고 있는 물리적, 인위적 환경 및 요소들이 인간생활에서 보다 좋은 영향을 주며, 인간의 미래에 있어 보다 긍정적으로 발전할 것이다. 이러한 예로 국제원예학회의 슬로건을 들 수 있는데, 국제원예학회는 '건강한 생활의 실천과 아름다운 환경의 창조를 목표로 하고 있다' 라고 이야기하고 있다. 아름다운 환경의 창조는 1994년에 새로이 삽입된 문구로 화훼의 중요성이 최근 급속히 증대되고 있다는 의미이다. 그 배경은 위에서 언급한 바와 같이 인위적인 환경 속에서 자연과 가깝게 영위하고, 그것들을 통해 생활을 보다 아름답고, 삶의 질을 향상시키기 위해서는 화훼가 필수 불가결한 매우 중요한 존재로서 인식되고 있기 때문이다.

그림 1-3. 화훼장식의 과학화와 전문화, 다양화를 통한 경제적 고부가가치의 창출이 무엇보다도 필요하다.

실제 화훼는 국내·외적으로 감정전달의 수단, 생활환경의 개선, 대기정화, 그리고 치료효과 등 다양한 기능과 역할을 하고 있으며, 결혼식, 장례식, 각종 이벤트 행사 등에서는 중요한 요소로 생각되고 있는 지 오래이다. 1990년대 후반 경제와 생활수준이 보다 향상되면서 화훼장식의 중요성과 활용 범위가 증대되고 있다. 현재 한국의 꽃 소비액은 세계 13~14위이지만, 1인당 꽃 소비액은 18,735원(2007년)으로 스위스, 덴마크 등 북유럽 국가의 10%, 그리고 일본의 30% 수준에 불과하다. 이것은 앞으로도 화훼의 소비액이 크게 증가하는 것은 물론이고 화훼장식의 범위 및 이용분야의 확장이 필요하다는 것을 시사하고 있다.

화훼 이용의 가장 큰 특징은 장식을 통한 아름다움의 전달이기 때문에 효과적인 화훼장식을 위해서는 디자인의 이론과 실기의 전문성뿐만 아니라 화훼의 소재에 대한 이해 또한 매우 중요하다. 또한 화훼의 이용 즉, 화훼장식의 과학화와 전문화, 다양화를 통한 경제적 고부가가치의 창출이 무엇보다도 필요한 시점이다.

(1) 화훼장식의 개념

화훼장식은 명확한 개념의 정의 없이 이와 관련하여 유사한 의미로 꽃꽂이, 화예디자인, 꽃예술, 화훼장식, 장식원예, 원예장식, 플로랄 디자인, 플로랄 아트, 플라워코디네이트 등의 용어가 공통점과 차이점을 가지면서 사용되고 있다.

화훼란 말의 유래는 중국문헌인 '군방보(群芳譜, 1630)' 에서 처음 등장하였으며 '화부(花部)' 와 '훼부(卉部)' 를 상대적으로 다루었고, 그 후 '비전화경(秘傳花鏡, 1688)' 에서는 화목에 관상수목을 포함시켜 화(花)는 꽃나무나 풀꽃을 가리키고, 훼(卉)는 초본의 총칭으로 쓰이다가 '사물이명(事物異名, 1748)' 에서 비로소 화훼라는 용어를 썼다. 화훼(花卉)의 화(花)는 화(華)와도 통하며, 훼(卉)는 풀 훼(芔)로서 주로 초본식물을 말한다. 그러나 '시경(詩經)' 에서는 훼(卉)자가 목본을 표시하기도 하므로 초본과 목본을 모두 의미한다고 볼 수 있다. 그러므로 화훼는 어의론적으로 '꽃이 피는 초목(草木)' 이라는 뜻이 된다. 따라서 화훼는 관상을 대상으로 하는 초화류, 화목류, 관엽류, 남류 등 미적인 관상(觀賞)을 목적으로 기르는 식물을 총괄하여 하는 말이다.

즉, 화훼(花卉)는 관상을 대상으로 하는 초본식물과 목본식물을 총괄하는 식물을 말하며, 화훼식물은 이용목적에 따라 절화(切花, cut flower), 분식물(盆植物, potted plants), 그리고 정원식물(庭園植物, garden plants)로 나누어져 생산되고 이용된다. 화훼원예를 관상식물재배(ornamental plant culture)라고 하는데 그것은 화훼작물의 주요 재배 목적이 식물의 아름다움(美)을 관상하기 위해서이기 때문이다.

그림 1-4. 화훼장식은 자연과 조형 위에 성립되는 시·공간 예술이다.

국내에서는 '화훼장식' 이란 용어보다 주로 '꽃꽂이' 라는 용어가 더 대중화되어 있다. 꽃꽂이의 사전적 의미를 살펴보면 '화초나 나무의 가지를 꽃병이나 수반(水盤)에 꽂아 자연미를 나타내는 일 또는 그 기법' 이라고 정의한다. 즉, '꽃' 은 자연소재를 그리고 '꽂이' 는 넘어지지 않게 고정한다는 의미를 내포한다. 따라서 '꽃꽂이' 라는 용어는 작가가 의도한 의미를 보다 효과적으로 표현하기 위하여 자연물을 주소재로 작가 의도에 의한 표현방법을 통하여 재료를 조합, 배치함을 의미하는 것이다.

서양에서는 일반적으로 꽃꽂이를 의미하는 용어로 '플라워 어레인지먼트(flower arrangement)' 가 사용된다. 이 용어에 대해 고찰해 보면 화훼디자인의 개념을 좀 더 쉽게 이해할 수 있다. 'Arrangement' 라는 단어는 계획(plan), 방법(the way), 과정(process) 등을 의미한다. 즉 꽃을 포함한 다른 재료들을 계획을 통해 조화롭게 구성한다는 의미이다. 디자인(design)이란 단어 속에도 계획(plan), 방법(the way), 과정(process), 준비(prepare), 드로잉(drawing), 의도(intention), 디테일(detail) 등 어레인지먼트(arrangement)라는 단어의 의미보다 더 포괄적인 의미들을 수용한다.

이러한 개념들을 추정해 보면 '화훼장식(floral design)' 에서 '화훼' 의 영문표기로 사용되는 용어 'floral' 중 'flora' 는 동물(fauna)과 식물을 구별할 때 식물을 통칭하는 단어이고, 'floral' 은 꽃으로 만든 모든 것을 의미한다. 따라서 'design' 과 'floral' 이라는 단어를 어의론적으로 살펴본 결과 '화훼장식' 이란 꽃과 식물을 중심소재로 이용하여 어떤 목적이나 의도를 가지고 세부적으로 계획하고 준비하고 초안을 작성하며 목적을 달성해 가는 총체적인 과정을 의미한다.

표 1-1. 화훼장식 관련 용어 정리

용어	정의
화훼(花卉) flower and ornamental plants florist crops	- 초화류, 화목류, 관엽류 등 미적인 관상(觀賞)을 목적으로 기르는 식물을 총괄하는 말 - 영어의 florist crops는 절화와 분식물을 의미하고, 관상식물에 해당하는 ornamental plants는 관상수 중 특수한 일부를 의미함 - 화훼와 관상식물의 한계는 명백하지 않으나 관상이 대상이면 관상식물이고, 관상은 바로 화훼라고 정의할 수 있음
화예(花藝)	꽃예술
플로라(flora)	- flora는 동물(fauna)과 식물을 구별할 때 식물을 통칭하는 단어 - 어떤 일정지역에서 생육하고 있는 전 식물의 종류
플로랄(floral)	- 꽃(花)의 - 식물군의 - 꽃 비슷한 - 꽃으로 만든 모든 것
꽃꽂이	화초나 나뭇가지 등 자연물을 이용하여 꽃병이나 수반(水盤)에 꽂아 아름다운 형태를 만드는 일
플라워 어레인지먼트(flower arrangement)	꽃꽂이
화훼장식(floral design)	꽃과 식물을 중심소재로 이용하여 어떤 목적이나 의도를 가지고 미적가치나 기능적 창조를 구현하는 조형예술의 한 분야

즉, 화훼장식의 기본개념은 "자연과 조형 위에 성립되는 시 · 공간 예술"이라고 말할 수 있다.

(2) 화훼장식의 속성

1) 자연성

우리가 알고 있는 가장 효과적이며 놀랄만하고 불가사의한 시스템은 자연시스템이며, 인간시스템은 이러한 자연시스템의 일부분이다. 그러므로 인간은 자연의 영향권을 벗어날 수 없으며 인간의 표현의지 중 하나인 예술 역시 주어진 자연환경 속에서 영향을 받지 않을 수 없다.

화훼장식이 다른 영역과 구별되는 가장 큰 특성은 주소재가 자연물이라는 측면에서 볼 때 화훼장식이 자연과 가장 밀접한 관련이 있는 조형예술의 분야라는 것이다. 화훼장식의 기본적인 재료는 자연물 또는 자연물의 모방이며 그것들이 갖는 자연의 절대미가 기본적인 취급대상이다. 따라서 화훼장식의 미(美)는 이러한 자연에 대한 인식과 지식을 바탕으로 하며 각각의 자연물이 가지는 특성을 기반으로 새로운 화훼장식의 미를 재창조하게 된다. 즉, 자연에서 선택된 소재들은 인간의 창의력을 거쳐 하나의 예술작품으로 구성되면서 자연 속에서 그 소재가 지녔던 절대미와는 다른 의미를 가진 예술적인 창조미로 재창조된다.

화훼장식은 자연의 모방이 아닌 자연을 해석하고 자연이 갖는 미를 표현하는 조형적 예술적 수단으로 개별적인 자연물에서 볼 수 있는 것과는 다른 새로운 의미와 가치에서 그 미(美)를 말할 수 있다. 이러한 표현활동은 이미 완성물이라고 말할 수 있는 자연물 자체에 다른 의미를 부과하는 과정이 아니라 디자이너의 가치관과 세계관을 통한 지각과 여러 가지 심상들을 자연물이라는 소재를 통해 다양한 표현방법에 의해서 디자이너의 생각 및 의도를 완성으로 추진시키는 과정이다.

자연은 누구에 대해서나 부여할 수 있는 풍부한 의미를 가지고 있으므로 인간의 자연에 대한 관심은 고대로부터 현대에 이르기까지 끊임없는 동경과 열망을 가지고 자연을 관찰하면서 인간의 조형의지와 미의식에 따라 여러 가지 방법으로 표현되어져 왔다.

이렇듯 자연은 모든 예술의 근원이며, 특히 화훼장식은 자연을 토대로 창조된 또 하나의 새로운 조형예술 영역이라고 할 수 있다. 자연에서 발견한 소재를 선택하여 독창적인 표현양식을 만들어내는 과정 즉, 화훼장식의 소재인 자연물을 이해하고 표현하는 데 있어서 같은 자연물을 소재로 선택했다고 하더라도 디자이너마다 해석은 각기 다르다. 이것은 자연물에 대한 디자이너의 창조적인 해석이 필요하며, 이는 반대로 디자이너에 의해 해석된 화훼장식작품을 통하여 다시 자연을 이해할 수도 있다. 그러므로 화훼장식을 표현하는 방법에는 제한이 없으며 표현하는 방법, 관점 그리고 보는 관점과 조형적 관찰이 다양할 수 있다.

화훼장식의 특성과 자연물 자체로 존재하는 화훼류의 특성은 매우 큰 차이가 있다. 이 둘의 가장 큰 차이점은 화훼장식은 인간에 의해 만들어진 것이고 자연은 그렇지 않다는 것이다. 이는 화훼장식과 그의 주소재인 자연물 화훼류 사이에는 서로 다른 가치와 의미를 지니고 있음을 의미한다. 이러한 의미에서 화훼디자인은 미와 추의 문제에 있어서 자연의 그것과는 다른 의미를 가진다. 우리는 자연에서 아름다움을 느낀다. 들판에 피어있는 코스모스에서, 창가에 놓여있는 라벤더 화분을 바라보며 아름다움을 느끼곤 한다. 그러나 병든 식물이나 죽어 말라버린 꽃들에서는 시선을 돌리게 되며 설령 그 대상을 계속 바라본다 하더라도 우리의 태도는 아름다움을 느끼기 위한 것이 아니다. 그러나 화훼장식에 있어서는 앞서 언급한 병든 식물이나 말라버린 꽃들도 디자이너의 가치표현에 의한 의도로 재구성되어 하나의 작품으로 창조될 때 우리에게 흥미를 주며, 우리는 그것을 하나의 창조적인 화훼장식작품으로 받아들인다.

현대의 화훼장식은 재료의 수용범위가 넓어져 거의 모든 사물을 재료로 사용하고 있지만 기본적인 대상은 여전히 자연물이다. 시대변화에 의해 어떠한 새로운 표현과 새로운 재료가 사용 됐을지라도 그것을 화훼장식으로 성립시킬 수 있는 핵심 요소는 '자연물' 이라는 것이다.

2) 조형예술성

예술은 직관적 인식의 개념에 속하는 것으로 우리 개개인마다 다르게 형성된 감각과 감정에 주어진 소재를 일정한 관계 및 각 예술 영역의 표현 방법에 의해 파악함으로써 표현하는 인간만이 가지고 있는 특별한 정신적 활동의 결과이다. 또한 예술은 이러한 정신적 활동을 바탕으로 미(美)를 탐

구하고 창조하는 것을 그 목적으로 삼는다. 그리고 미(美)라는 것은 결국 우리가 지각할 수 있도록 형상화해야 한다. 이러한 예술 가운데 공간적인 형태의 시각적 예술작품을 만들어 내는 일이 조형예술인 것이다.

인간은 자연의 일원으로 끊임없는 자연의 변화와 조화 속에서 생성되고 소멸하는 모든 사물 및 형상에 대한 표현 욕구를 지니고 있다. 이러한 표현 욕구는 미를 발견하는 구체적인 수단이 되며 이는 인간의 내면세계를 통하여 조형활동으로 나타난다. 허버트 리드(Herbert Read)는 예술은 인간이 지닌 원초적이며 가장 진솔하고 적절한 표현의 훌륭한 형식을 감상하는 것이고, 리듬과 조화를 지각하는 것이며, 사물들을 모양 좋고, 효과 있게 만드는 것으로 이는 인간만이 가지고 있는 특성이라고 하였다.

그러나 자연물은 그 자체만으로는 미적 가치인 조형예술성을 나타내기 어렵다. 자연물을 소재로 한 예술은 자연에서 선택된 소재들이 인간의 조형능력과 창조능력에 의해 원래 그 소재가 가지고 있는 자연의 절대미와는 다른 새로운 의미를 갖는 미로 재창조된다. 이것이 화훼장식이 지닌 '조형예술성' 이며 자연이라는 본질적인 소재에 인간의 창조성이 개입됨을 의미한다. 조형이란 '형을 만드는 행위' 이므로 작가 스스로가 직접 재료와 부딪쳐 체험하는 가운데 그 재료가 지니고 있는 성질을 알고 그 표현 가능성을 체득함으로 창조능력과 태도가 배양되는 것이다. 화훼장식의 주소재인 자연물이 조형예술적으로 재창조될 때 즉, 인간이 자연에 대해 느끼는 감정과 여러 정서들을 복합적으로 자연물이라는 대상에 투영하여 인간의 조형의지와 창조적 능력을 통해 그 진정한 미가 발견될 때 우리는 화훼장식작품이라 말할 수 있는 것이다.

예술은 표현이다. 작가의 감성, 감정, 사상, 세계관 등을 작가만의 조형언어로 작품 속에 표현하는 것이다. 화훼장식에 있어서 표현이라는 것은 화훼장식의 모든 과정에 걸쳐 나타난다. 인간은 자연을 가까이 하고 싶어 하는 자연 친화의 본능이 있듯이, 인간에게는 또한 표현에 대한 본능적 욕구가 있다. 즉, 이러한 본능적 측면은 화훼장식의 조형예술적 특성을 말한다. 화훼디자인이 조형예술성을 가진다는 의미는 작가가 전달하고 싶은 표현 욕구와 그것을 타인에게 조형언어로 전달할 수 있는 구체적인 표현기술을 가지고 있음을 의미한다. 예술은 표현함으로써 감정을 공유하는 것이며, 디자이너와 감상자의 감정적 측면을 결합시킨다.

그러므로 화훼장식은 인간의 표현 욕구에 대한 미적 에너지의 발산이라는 조형예술적인 속성을 가지고 있다.

3) 공간성

공간은 기본적으로 하나의 물체와 그것을 지각하는 인간과의 상호관계에 의해 형성되는 장소인 동시에 존재하고 있는 공간 그 자체와 시간성을 내포하고 있다. 따라서 공간은 조형의 형성과 정신이 일치되는 장소이며, 공간의 본질, 그것을 규정짓는 모든 요소의 환경에 의한 상호작용에 의해 성립된다. 그러한 공간은 현존하고 있는 실제의 공간이며 그 현실의 공간은 그냥 있는 것이 아니라 그 스스로의 공간을 소유하고 창조하며 작가와 함께 새로운 공간을 만들어 내고 공간을 규정짓고 그것을 구조화하는 이른바 공간을 작품화하는 것이다. 그러한 의미에서 화훼디자인은 그것을 형성하는 어떤 형태에 의해서가 아니라, 항상 스스로가 만들어 내는 공간과의 관계에서 의미가 부여된다.

그림 1-5. 화훼장식은 '어떠한 공간 속에서 자연물을 소재로 조형예술 활동을 한다.' 라고 말할 수 있다.

화훼장식에 있어 조형을 형성하는 가장 근본적인 요소는 공간으로서 재료, 형태, 표현기법에 앞서 화훼장식 작업을 하게 될 공간과의 만남이 가장 중요한 표현 매체가 된다. 화훼장식은 '어떠한 공간 속에서 자연물을 소재로 조형예술 활동을 한다.' 라고 말할 수 있을 정도로 화훼장식 작품이 놓인 공간을 단순히 주어진 장소로 파악하는 것이 아니라 화훼장식작품 스스로가 만드는 독자적인 공간과 그 주위 공간과의 결합으로 또 다른 의미를 창조할 수 있다. 즉, 우리가 화훼장식을 하는 과정에 있어 가장 먼저 고려되어야 할 요소가 바로 공간인 것이며 이러한 공간에 의해 화훼장식작품의 성격이 정해지는 것이다. 화훼디자인은 특정 공간에 귀속되는 특징을 가진다. 즉, 목표인 특정 공간을 위한 특정 목적을 가장 효과적으로 달성하기 위하여 선택된 자연물의 소재를 바탕으로 그것을 어떻게 구체적으로 실현하고 시각적으로 아름답게 형상화하는 과정이 화훼장식의 전 과정인 것이다.

4) 시간성

시간(時間 , time)의 사전적 의미는 첫째, 시각과 시각 사이의 일정한 단위, 헤아리는 때의 계속되는 공간 시각, 둘째, 시각(時刻), 셋째, 물리학적 개념으로는 자연계의 모든 변화의 과정을 나타내는 척도, 넷째, 철학적 개념으로는 공간과 함께 인간 인식의 기본적 형식을 의미한다.

화훼장식은 공간 속에서 물질적 재료를 매개체로 인간의 조형의지에 따라 그 표현을 이루는 공간조형예술인 동시에 생명체인 자연의 식물을 그 기본대상으로 삼기 때문에 자연 속에 필연적으로 존재하는 시간이라는 요소가 작용한다. 즉, 시간에 의한 생명력의 변화 과정을 보여준다. 화훼류의 개화(開花)현상은 이러한 시간성의 카타르시스를 느끼게 해주는 근본적인 원인이 되기도 한다.

화훼장식의 시간성은 작품의 물리적 지속을 어렵게 하는 원인이다. 이는 대부분의 화훼디자인의 소재가 살아있는 식물체이기 때문이다. 화훼장식에 부가된 이런 시간성과 변화의 과정은 자연에 의해 화훼디자인의 본질로서 부여된 속성이지 디자이너가 인위적으로 부여할 수 있는 속성이 아니다. 이렇게 화훼장식은 본질상 시간을 내포함으로써 생명의 변화과정과 시간의 유한성을 작품 속에 포함한다.

이러한 화훼장식의 시간성에 의해 조화가 아닌 생화 및 살아있는 식물을 사용한 화훼장식작품들은 일정기간 설치되었다가 철수됨과 동시에 사진이나 기타의 기록을 남기고 사라지는 일회성을 지닌 것이다. 이러한 화훼장식의 특징은 영속성을 지녀야 한다는 전통적 예술 관념으로부터 탈피하여 또 다른 조형예술의 개념으로 접근한다고 볼 수 있다.

이러한 의미에서 '화훼장식은 시간성이라는 특수한 성격을 가진다' 라고 정의할 수 있다.

2. 화훼장식의 기능

사람이 하루를 행복해지고 싶으면 술을 마시고, 한 달을 행복하려면 한 마리의 돼지를 잡고, 일년을 행복하려면 결혼을 하고, 평생을 행복하게 살려면 아름다운 정원을 만들어라 하는 속담이 있다. 이처럼 화훼는 오래전부터 사람을 행복하게 하는 역할을 해 왔다.

사람이 화훼를 변화시키기도 하지만 화훼 역시 인간의 감성과 활동을 변화시키는 힘 즉, 정보를 가지고 있다. 그 정보인 화훼의 기능과 역할은 경제, 사회, 문화 및 환경을 바꾸는 것이 가능하다. 화훼의 자연적인 아름다움에 인공적인 조형미를 첨가하여 예술성이 높은 화훼장식품이 제작되면, 부가가치가 높은 상품의 탄생이라는 의미에서 화훼장식가는 경제 마법사라 할 수 있고, 예술품의 감상기회를 제공한다는 의미에서 예술사라고도 할 수 있다. 화훼장식의 기능을 정리해 보면 다음과 같다.

그림 1-6. 화훼장식은 생활공간, 상업공간, 예술적인 공간 등에서 다양한 형태로 장식하는 기능을 한다.

(1) 장식적 기능

화훼장식은 화훼소재를 주소재로 사용하여, 장식물의 가장 원론적인 기능인 장식적 역할을 하며 생활공간, 상업공간, 예술적인 공간 등에서 다양한 형태로 장식하는 기능을 한다. 실내 · 외 장식으로서 아름다운 공간연출로 건물과 공간에 대한 이미지 상승효과가 있으며 살아있는 식물이 주는 자연미를 느끼게 해주며 생동감을 주며 자연 친화적인 분위기를 유도한다. 또한 식물의 생장과정에서 오는 변화의 아름다움을 알게 한다.

(2) 건축적 기능

공원이나 놀이동산 등에서 꽃을 이용한 탑, 조형물 등은 호기심을 불러일으키는 효과를 가지고 있다. 건물 벽을 덮는 담쟁이덩굴은 건축미와 더불어 건물의 온도를 조절하는 기능을 가지고 있다. 또한 주택에서의 울타리로서, 실내공간의 부분적 차폐를 통한 공간분할의 역할을 하며 사람의 움직임을 유도하는 유도동선의 기능을 갖고 있다.

(3) 심리적 기능

식물의 녹색은 심리적, 시각적으로 안정감을 준다고 알려져 있다. 그리고 절화, 분식물을 가꾸는 원예활동을 통해 자연의 경이로움과 아름다움을 인식하게 하며 심리적 안정을 꾀한다. 원예활동을 통한 성취감, 책임감 그리고 자신감을 고양시켜 자아성찰의 효과를 누리기도 한다. 때로는 심신의 피로를 경감시키는 효과를 비롯하여 업무스트레스를 줄이고 능률과 창의성을 높이는 기능을 갖고 있다.

(4) 환경적 기능

공기정화기능으로 식물은 이산화탄소를 흡수하고 산소를 방출하는 광합성 작용을 하며 포름알데히드, 벤젠 등 유해물질을 흡수한다. 광합성 호흡으로 인한 기공 개폐 시 이루어지는 증산작용으로 습도를 유지시키며 주변의 열을 흡수함으로써 온도조절을 한다. 또한 소음 경감, 방향성 그리고 전자파를 차단하기도 한다.

그림 1-7. 화훼장식의 주소재인 식물은 공기정화기능을 가지고 있다.

(5) 교육적 기능

화훼장식은 역사, 종교, 사회, 문화, 환경에 대한 충분한 이해를 필요로 하고 장식적 기능을 수행하기 위한 미적 감각 증진을 유도한다. 또한 생명이 있는 식물에 대한 지식과 지속적 유지 관리를 요구하며 자연학습의 기회를 제공함으로써 관찰력과 집중력을 향상시키기도 한다.

(6) 치료적 기능

심리적 치료효과와 눈의 피로, 테크노스트레스 경감을 유도하고 사회적, 교육적, 정서적, 신체적 적응력을 높여 육체적 재활과 정신적 치료에 도움을 준다. 또한 꽃의 향기 성분은 신경계, 순환기계, 호흡계, 소화기계, 비뇨기계, 근육계 등의 치료에 효과가 있다고 한다. 최근 원예치료는 화훼장식, 식물재배 등을 통해 이루어지고 있는데 지적, 정서적, 사회적, 신체적 효과를 갖고 있으며 특히 꽃을 이용한 여가활동은 정서적 안정은 물론 정신 및 육체적 건강을 유지하는 데 큰 몫을 하고 있다. 음이온을 발생하여 자율신경의 진정과 불면증을 없애고 신진대사를 촉진시키며 혈액을 정화시키는 데 도움이 된다.

그림 1-8. 화훼장식은 상품진열과 판매를 위한 디스플레이 효과로 소비자의 구매심리를 촉진시킨다.

(7) 경제적 기능

화훼장식은 사람들의 시선집중과 아름다운 꽃을 이용한 편안함과 친근감을 주며 계절과 이벤트에 따른 특별한 분위기를 연출한다. 또한, 상품진열과 판매를 위한 디스플레이 효과로 소비자의 구매심리를 촉진시키기도 하며, 환경마케팅 역할로써 경제적 소득을 증가시키고 쾌적한 분위기 조성으로 일의 능률 증진에 따른 수익성을 증가시키기도 한다.

3. 화훼장식과 직업전망

화훼의 소비량은 GNI(Gross National Income, 국민소득의 세 가지 측면 중 지출측면을 강조한 것)의 증가 속도보다 훨씬 빠르게 진행되고 있으며, 화훼의 이용이 생활화되고 있으나 화훼의 유통과 이용은 전 근대적인 행태에서 벗어나지 못하고 있다. 모든 직종이 전문화 되어 가고 있는 현대 사회에서는 지난 시절과는 달리 냉정할 정도로 고도의 기술과 전문성을 필요로 하고 있다. 그리고 화훼를 이용한 장식품의 종류뿐만 아니라 이 분야의 직종 또한 다양화 되고 있다. 이와 같은 국내 · 외의 정서와 환경에 부합하고, 화훼장식 관련 국제 교류를 촉진하며, 경제활동의 한 영역으로 자리매김하기 위해서는 화훼장식 분야 종사자들의 전문성은 물론이고 프로 정신이 있어야 한다.

이를 전제로 화훼장식 산업이 발달하게 되면 1) 도 · 소매 꽃가게의 후진적 구조가 미국 등의 선진국에서와 같이 대형화 및 전문화할 것이며, 이에 따른 전문인력의 고용능력과 창업이 크게 신장될 것이며, 2) 화훼장식 전문가는 호텔, 은행 등 대형건물의 그린 인테리어로서 활동할 수 있을 것이며, 3) 조경회사, 골프회사, 화훼종묘회사, 화훼육묘회사, 화훼경매시장 등에 취업할 수 있을 것이며, 4) 실내 꽃장식가, 코디네이터, 사이버 플라워디자이너, 이벤트와 행사 기획가, 전시회 기획가, 입체화단 기획가, 사이버 판매가, 화훼장식 평론가 등 프리랜서로서 크게 활약할 수 있을 것이며, 5) 화훼장식 관련 도서출판, 디자인 개발, 이벤트 상품 개발, 화훼 팬시용품 개발, 화훼가공 등 화훼장식 상품 개발에 일익을 담당할 수 있을 것이며, 6) 디스플레이 전문업, 화훼장식소재 제조업, 화훼장식 소재 판매업, 화훼유통업 등 새로운 직종에 종사할 수 있을 것이며, 7) 플라워 샵이나 화훼장식 학원 등을 경영할 수 있을 것이며, 8) 국내 · 외 화훼장식 관련 경기대회 관리 및 심사위원, 그리고 국제 기능올림픽대회와 장애인 기능올림픽대회의 대표 선수 훈련 및 감독으로 활동할 수 있을 것이며, 9) 대학교 및 전문대학의 교수, 초 · 중등학교의 교사, 그리고 화훼장식학원 및 특수 기능학교 등 교육기관에서의 강사 등으로 활동할 수 있다. 화훼장식가의 활동 영역을 요약하면 〈표 1-2〉와 같이 매우 다양하다.

이 외에도 21세기에는 화훼의 소비가 전 세계적으로 크게 증가하고 화훼의 이용형태가 매우 다양화될 것이 예상된다. 그 이유는 경제와 생활수준이 향상되기 때문에 수요가 증가하기 때문이기도 하지만 화훼장식은 기계화나 자동화가 어렵기 때문에 반드시 손으로 작업하여야만 하는 특징이 있기 때문이다. 그러므로 화훼장식가는 숙련된 기술과 창조적인 사고를 갖도록 노력해야 하며 이렇게 되면 다양한 새로운 직종과 직업의 창출이 가능하게 될 것이므로 직업의 전망은 밝다고 할 수 있다.

그림 1-9. 생활수준의 향상에 따른 꽃 소비의 증가로 화훼장식 관련 직업이 안정된 수입이 보장된 유망직종으로 떠오르고 있다.

표 1-2. 화훼장식가의 직업 활동 영역

구분	활동 영역
취업	- 대형건물의 그린 인테리어 - 디스플레이 전문업 - 화훼장식 소재 제조업 - 화훼장식 소재 판매업 - 플라워 샵 - 조경회사 - 골프회사 - 화훼종묘회사 - 화훼육묘회사 - 화훼경매시장 - 화훼유통업 - 화훼장식 전문학원 - 특수기능학교 등 교육기관 - 초 · 중등학교 - 전문대학 - 대학교 - 공무원
개업	- 도 · 소매 플라워샵 - 꽃꽂이 학원 - 화훼장식 전문학원 - 화훼장식 전문학교 - 디스플레이 전문업 - 화훼장식 소재의 제조 및 판매업 - 화훼 건조소재의 생산과 가공업 - 포푸리 제조와 판매업 - 허브의 가공과 장식업 - 화훼장식 관련 농원 - 화훼 저장업
기타	- 화훼장식 경기대회의 관리 및 심사위원 - 화훼장식 자격시험 관리와 출제위원 - 화훼장식 관련 국제회의 참석
프리랜서	- 실내꽃장식가 - 사이버 플라워디자이너 - 사이버 판매가 - 이벤트 등 행사기획가 - 전시회기획가 - 입체화단기획가 - 원예치료사 - 향기치료사 - 웨딩플래너 - 파티플래너 - 백화점 디스플레어 - 예식장 · 장례식장 장식가 - 플라워 코디네이터 - 바디 데코레이션 - TV 화훼장식 프로그램의 개발과 출연 - 대학의 사회(평생)교육원 강사 - 초 · 중등학교 방과 후 학교강사 - 공공기관의 문화센터 강사 - 화훼장식 평론가
상품개발	- 화훼장식 관련 도서출판 - 화훼장식 디자인 개발 - 화훼 팬시용품 개발 - 화훼 가공품 개발 - 화훼장식 교육 프로그램 개발 - 화훼 체험 상품 - 화훼 스토리 상품 개발 - 화훼장식 부소재의 개발 - 화훼장식품의 공산품화 - 화훼장식품의 선도유지 기술개발 - 영상물 제작 - 이벤트 상품 개발

| 참고문헌 |

김규원 · 전효중 · 변미순 등. 2003. 화훼장식기능사 국가기술자격종목 개발연구보고서. 한국산업인력관리공단.

김규원. 2006. 화훼장식기사 제도의 시행과 화훼장식기사의 활동영역. 영남대학교 환경보건대학원 심포지엄자료. 1-13.

김규원. 2007. 한국화훼장식 산업의 과거, 현재와 미래. 한국화훼장식학회 총회 및 심포지엄 자료집. 2-7.

변미순 · 김규원 · 전효중. 2005. 국가기술자격 화훼장식기사 제도의 시행과 전망. 한국화훼연구회지(별호) : 77-86.

사단법인 한국꽃예술작가협회. 2004. 화훼장식 A to Z Floral Design. 코북.

윤성은. 2007. 화훼디자인개론. 기문당.

장은옥. 2007. 화훼장식기사 필기시험 문제 총정리. 크라운출판사

진미자. 2001. 화예디자인의 표현과 기법. 미진사.

02

화훼장식의 역사

1. 동 양

한 국 | 중 국 | 일 본

2. 서 양

유 럽 | 미 국

02 화훼장식의 역사

1. 동 양

(1) 한 국

1) 원시시대

원시시대에는 신수사상(神樹思想)에 의해 소나무나 느티나무와 같이 대부분 오래되고 큰 거목들이 마을을 지켜 주는 수호신으로 믿었던 당산(堂山)나무로 사용되었다. 〈삼국지 위지동이전 마한조(三國志 魏志東夷傳 馬韓條)〉의 '입대목현령고사신(立大木懸鈴鼓事神)' 은 이러한 당산수를 마을의 입구나 동산에 세우고 방울과 북을 걸어 신령을 모신다는 의미로 고대 제천행사에 우주목(생명의 나무)으로 사용하였음을 알 수 있다. 단순히 나무를 숭배하던 신수사상은 시대변천에 따라 제한된 공간에서 식물을 꺾어 신에게 바치는 헌화 양식으로 바뀌어갔다.

2) 삼국시대 및 통일신라시대

삼국시대와 통일신라시대는 중국 중심의 문화권에 있었으며 고구려가 인도에서 발생한 불교문화를 중국으로부터 받아들인 시점에서 '헌공화' 의 형식으로 꽂꽂이 문화의 큰 전환점이 되었다. 이러한 불전 헌화는 후기에 한국의 전통양식이나 생활양식에 용해되어 독창적인 꽃 문화를 형성하였고 이후에 일본지역에 전파하였다. 특히 백제의 꽃 문화가 일본에 많이 전파되었는데 이는 일본 생화(이케바나)의 시초가 되었다.

삼국시대에는 불전 헌화가 주를 이루었지만 종교와 관련된 목적으로만 꽃이 사용된 것은 아니었다. 5~6세기경 고구려 쌍영총벽화 중 하나인 '부부상' 에는 구름 무늬 화병에 덩굴풀 무늬와 꽃봉오리가 꽂혀 있다. 이는 생활공간을 꽃으로 장식하여 자연의 아름다움을 생활 속으로 끌어들이고자

한 생활꽃꽂이의 전통으로 볼 수 있다. 또한 양식도 좌우대칭에 구축적인 구상을 추상적으로 표현한 것으로 이미 조형미를 갖추고 있는 입화(立花) 양식의 꽃꽂이를 볼 수 있다. 강서대묘 현실 천정벽화인 비천상과 안악2호분 동벽 비천상은 불전공화 양식인 산화양식이 나타나는 것으로 꽃을 뿌려 악귀를 쫓고 부처를 청하는 산화의식은 삼국의 분묘벽화에서 공통적으로 발견되는 연꽃 모양의 무늬와 더불어 불교적인 세계를 보여준다.

그림 2-1. 강서대묘 현실 천정벽화 비천상

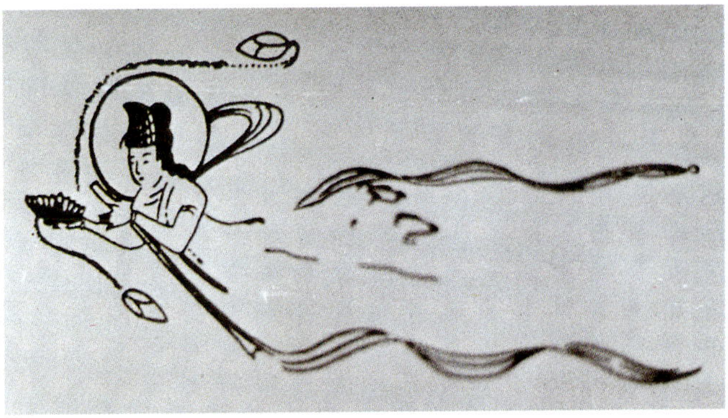

그림 2-2. 안악2호분 동벽 비천상

자연숭배사상에 근원을 둔 애니미즘(Animism)적 사고에 의한 것으로 볼 수 있는 백제 무령왕릉 금제관식을 살펴보면 왕관은 화목(花木)을 추상적으로 변형시킨 모양이고, 왕비관은 중앙 부분의 화기에 꽃을 입화 양식으로 꽂은 모습을 하고 있다. 8~9세기 통일신라시대의 겹꽃잎 연꽃무늬수막새(蓮花文圓瓦當)를 보면 중앙의 꽃방을 중심으로 작고 큰 꽃잎이 차례로 중첩되어 있으며, 테두리는 구슬무늬(連珠文)로 장식되어 있다. 연꽃무늬타원막새는 연꽃무늬(蓮花文)를 추상화 혹은 간략화하여 표현한 것에 보상화무늬(寶相花)가 섞여 있다. 보상화무늬는 반쪽의 팔메트(palmette) 잎을 좌우로 대칭시켜 하트 모양인 심엽형(心葉形)으로 나타낸 장식무늬의 하나로 실재하지 않는 가상의 꽃을 표현한 것이다. 중국에서는 당대(唐代)에 가장 성행하였는데 신라에서 유행한 보상화무늬는 바로 당(唐)에서 양식화된 무늬를 수용한 것이다. 8세기에 들어와 가장 화려한 발전 양상을 보여준 것이 보상화무늬수막새이다. 그리고 토끼와 두꺼비 무늬가 새겨진 수막새기와의 한가운데에는 목이 짧고 주둥이가 넓으며 배가 부른 항아리에다 곧고 굵은 외줄기 끝에 모란꽃으로 보이는 활짝 핀 세 송이 꽃이 꽂혀 있다.

그림 2-3. 무령왕릉 금제왕관식 · 금제왕비관식

그림 2-4. 석굴암 십일면관음보살상

석굴암의 십일면관음보살상은 연꽃송이를 꽂은 목이 긴 정병을 들고 있다. 여기에 나타난 삼존구성의 공화 형식은 삼각구성의 원초적 형식을 나타내고 있다. 그리고 오른쪽을 향한 자세로 서서 오른손을 들어 연봉이 가득한 쟁반을 들고 있는 상주 석각 천인상, 본존 앞에는 연못이 있고 연못 중앙에 큰 연꽃이 솟아 있으며 그 좌우에는 꽃과 향을 공양하는 듯 모습이 새겨져 있는 비암사 불상 등과 같은 조형물에서도 꽃꽂이의 모습을 볼 수 있다.

이와 같이 이 시대에 이미 우리 민족이 꽃을 사랑하고 즐겼을 뿐만 아니라 화훼장식의 조형적 표현양식의 미감을 미적인 구성으로 표현한 불전공화의 수반화 양식과 삼존병화(三尊瓶花) 양식이 공존해 있음을 알 수 있으며, 당시 이러한 양식을 즐겨 사용했음을 짐작할 수 있다. 이러한 화훼의 표현은 풍성하고 생동감이 있으며 인위적이 아닌 자연적인 미를 그대로 표현하고 있다.

3) 고려시대

고려시대에는 불교문화의 융성으로 사원에서는 장엄하고 다양한 의식이 자주 거행되었고 또 궁중에는 화려한 장식문화가 발전함으로써 꽃꽂이의 표현 영역이 크게 넓혀지는 결정적 역할을 하게 되었다. 또한 고려인들이 즐겨 애완했던 고려청자와 함께 보편화되었다. 그리하여 이 시대에는 실용적 목적과 미적 감상의 대상으로서 꽃꽂이가 나누어졌으며 이때부터 예술로서의 꽃꽂이의 본격적인 발전이 시작되었다고 할 수 있다.

〈고려사〉나 〈고려사절요〉 등의 문헌을 통해 궁중에서 여러 가지 의식이나 연회가 벌어질 때에는 꽃을 장식한 것을 알 수 있으며, 이러한 많은 꽃의 사용은 조화 꽃 문화를 발달시키기도 하였다. 또한 꽃을 왕이 내리는 하사품으로도 사용하였다. 〈고려사〉에 따르면 궁중에서 꽃 생활이 크게 확대됨에 따라 이를 담당하는 관직을 두었다고 한다. 꽃을 간직하는 압화사(화주궁관), 꽃을 담당하는 권화사, 꽃을 거두는 인화담원, 임금이 하사하는 꽃을 가져다주는 역할을 하는 선화주사 등의 관직들이 있어 꽃에 관한 일들을 따로 담당하였던 것으로 보

그림 2-5. 수덕사 대웅전 벽화 수생화도

그림 2-6. 수월관음도의 일부분

아 그 당시 궁중에서 꽃의 사용 빈도와 역할이 매우 컸다는 것을 알 수 있다. 이 시기의 꽃은 화병이나 수반 등에 꽂는 것 이외에도 머리, 모자, 옷 등의 다양한 장신구의 역할로도 사용하였다.

수덕사 대웅전 내부에 그려져 있는 벽화 중 수화도(水花圖)에는 연꽃, 어송화, 수초 등이 그려져 있으며 야화도(野花圖)에는 모란, 작약, 맨드라미, 치자, 들국화 등이 수반에 가득 담겨 있는 그림이 그려져 있는데 그 조형 형태가 매우 뛰어나 현대적 꽃꽂이에 조금도 뒤지지 않는 감각을 보여 주고 있다. 이것이 사방화 형태의 양감적인 표현을 나타내고 있다면 수월관음도(水月觀音圖)의 버들가지가 꽂혀 있는 꽃병의 모습은 선적인 표현을 나타내고 있다. 그리고 버드나무와 대나무를 즐겨 사용하면서 동양적인 분위기의 선의 형태를 많이 나타내었다. 즉 형태적인 구성에 있어서도 삼국시대부터의 흐름인 선적인 표현과 양감적인 표현을 모두 이어받아 발전시켰다. 그리고 비천이 받쳐 든 화반 속의 공화 모습을 볼 수 있는 법화경서사보탑도(法華經書寫寶塔圖)에서는 산화양식도 지속된 것을 알 수 있다.

그림 2-7. 해인사 대적광전 벽화 꽃바구니 그림(모사도)

꽃바구니 그림이 그려져 있는 해인사 대적광전(大寂光殿)의 벽화는 수석과 꽃바구니를 같이 배치하고 있는데 꽃바구니의 표현 양식은 양감적인 형식에 꽃송이의 조화로운 배치나 붉고 흰 색깔의 대비적인 처리는 문인 취향의 풍류가 엿보인다. 수반화를 보여주는 금동모란수반화문소호(金銅牧丹水盤花文小壺)의 겉면에는 중앙에 직립한 줄기를 중심으로 좌우 양쪽에 대칭 형태로 모란꽃을 배치하고 있으며, 해인사 옥제가화(玉製假花)는 둥근 화분에서 다섯 줄기로 솟아난 가지에 일곱 송이의 활짝 핀 모란꽃을 달고 있는데 풍성한 양감을 강조하면서 비교적 자유스러운 분위기를 살린 꽃꽂이의 형태를 하고 있다.

꽃꽂이의 형태적 구성에 있어서는 고려 초기에는 고구려의 영향을 받아 고식적인 삼존형식이 주류를 이루었으나 후기에 이르면서 자연스럽고 부드러운 반월형삼존형식(半月型三尊形式)으로 변화하게 된다. 고려시대는 귀족문화의 전성기로 꽃꽂이도 이런 귀족정치의 영향 아래 화려한 경향이 있었으며 소재의 종류, 표현양식, 색채조화 등이 다양해졌다.

4) 조선시대

조선시대는 고려시대의 꽃꽂이 양식과 경향이 이어져 왔지만 유교사상에서 오는 소박하고 겸허한 기풍이 바탕이 되어 고려시대의 화려함보다는 품위와 격을 중요시하여 간결한 표현을 하였다. 조선시대는 궁중의례에 있어서의 꽃의 장식과 불교의식에서의 공화에서는 말할 것도 없고 일반 민가에서의 의례에서도 꽃꽂이가 널리 이루어졌다. 양감적 표현의 헌공화의 경우 고려 때의 화려함이 덜하고 간소화되었으며 버드나무를 이용한 선적인 표현양식의 공화도 찾아볼 수 있었다. 또한 고려시대처럼 옆으로 눕힌 타원형은 거의 없어지고 높이 세우는 형이 많아졌다.

조선시대에도 궁중에서 꽃을 담당하는 벼슬로 꽃을 관리하는 분화관이라는 임시관직과 꽃을 꽂는 장인계급인 화장이 있었다. 그러나 고려시대에 비하면 그 수가 많이 축소되었다. 조선시대는 유교의 발달로 꽃꽂이, 분경, 분재를 다루는 전문 서적이 저술되었고 〈양화소록〉이라는 원예에 관한 서적이 출판되기도 하였다. 또 후기에 이르러서는 실학자들에 의하여 과학적으로 연구의 대상이 되기도 하였다. 강희안의 〈양화소록〉은 원예에 관한 전문서적으로 직접 꽃꽂이에 관한 기술은 없으나 화훼에 관한 이론을 기술하고 있는 우리나라 최초의 문헌이라는 점에서 의의가 있다. 허균의 〈성소부부고〉 병화인에는 꽃꽂이에 관한 글이 실려 있으며, 홍만선의 〈산림경제〉 양화편에는 꽃꽂이에 관한 설명은 없고 일반원예와 분재에 관해서만 기술하고 있다. 이규경이 지은 일종의 백과사전인 〈오주연문장전산고〉는 꽃을 일찍 피게 하는 법(당화) 이외에 꽃꽂이에 관한 내용을 주로 기술하고 있다. 서유구가 지은 농사에 관한 백과사전이라고 할 수 있는 〈임원심육지〉에는 꽃꽂이에 관한 기

그림 2-8. 조선시대의 화훼장식

술로 병품, 화품, 절지, 삽저, 목화, 화기, 호병 등을 설명하고 있다.

그림 2-9 강희안의 절매삽병도(국립중앙박물관 소장)

조선시대에 들어와서는 꽃꽂이의 모습을 볼 수 있는 그림이 대단히 많다. 강희안의 절매삽병도(折梅揷甁圖)에는 네모진 큰 분에 매화나무가 심겨 있고 그 옆에 두 동자가 꽃가지를 꺾어 화분에 꽂고 있는 장면이 그려져 있다. 궁중의식이나 민간에서의 연회 장면을 그린 기록화에도 꽃꽂이 모습이 그려진 것을 볼 수 있다. 궁중에서 이루어진 각종 진연진하도(進宴進賀圖), 기로연도(耆老宴圖), 또 일반 민가에서 이루어진 회갑연도, 회혼도 등에는 꽃꽂이 모습이 나타난다. 그리고 불화에 나타나는 불전공화에서 꽃꽂이 모습을 볼 수 있고 기명절지도(器皿折枝圖)와 책걸이 그림에서도 꽃꽂이 그림이 나타난다. 특히 병에 꽃을 꽂아 책상 위에 올려 놓은 일지화가 책거리 그림이나 산수화에서 많이 보인다. 조선시대의 꽃꽂이 조형 양식은 크게 삼존 양식과 일지화 양식으로 나누어지며, 이 두 가지 양식이 여러 양식으로 변형 발전되었다. 조선시대에는 궁중에서부터 사대부, 일반 선비들에 이르기까지 여러 계층의 생활 속에서 꽃이 자리 잡고 있었다. 〈조선왕조실록〉, 〈국조오례의〉 등에서 꽃꽂이의 생활상에 관한 기록을 찾아볼 수 있으며 민요나 시에서도 많은 자료를 찾아볼 수 있다.

5) 근대

일제강점기의 문화적인 탄압과 문화말살정책에 의해 그동안 궁중의식에 이용되어 왔던 꽃장식 문화가 막을 내리게 되었지만 민간인들에게 존재해 있던 생활 속의 꽃장식은 일상생활 전례의식 등을 통해 전승되어 내려왔다. 이 시기에는 서양과 일본의 꽃문화가 영향을 주기도 하였지만 일제시대 결혼식의 모습을 보면 우리 전통 꽃문화가 그대로 계승된 부분도 찾을 수 있다. 많은 사람들은 이 암흑기를 거치면서 한국에는 고유의 꽃꽂이가 존재하지 않았다는 편견을 갖게 되었고 일본의 이께바나가 역수입되는 현상도 일어나게 되었다.

6) 현대

광복 후에도 격변하는 정치적 혼란 속에 문화, 예술분야의 활동이 많이 침체되었으며 1950년대 후반 차츰 생활의 여유와 정서를 되찾아 꽃꽂이가 다시 시작되려 했을 때 일본의 꽃꽂이가 편입되어 발전하게 되었다. 그러나 1960년대 초반부터는 꽃꽂이 연구가들의 개인전도 활발히 열렸고, 1960년대 후반부터 꽃꽂이 역사 연구가 행해지면서 한국 전통 꽃장식의 역사가 다시 밝혀지게 되었으며 꽃꽂이가 대중 속에 널리 퍼지게 되었다. 즉, 꽃꽂이가 실용적인 목적으로 이용되거나 여가 수단으로 사용되기 시작하였다. 이에 따라 한국 전통 꽃꽂이에 대한 관심도 높아졌으며, 우리나라의 전통적인 꽃꽂이는 각 나라의 전통적 혹은 현대적인 양식과 혼합되어 독특한 양식으로 변화되었다. 그리고 화훼 산업의 발전과 식물에 대한 지식, 조형 예술적인 디자인 기법의 도입으로 꽃꽂이는 보다 자유롭고 창의적인 현대적 양식으로 발전하고 있다.

경제발전과 더불어 생활수준의 향상으로 꽃 소비가 점점 증가하고 있으며 이에 따라 꽃장식 관련업 종사자의 비율도 증가되고 있다. 또한 국제화, 정보화시대가 되면서 미국, 유럽 등의 화훼장식이 유입되고 있으며 이는 국내 절화 장식의 표현양식에 큰 영향을 미치고 있다. 특히 꽃꽂이는 생활공간을 아름다운 화훼장식으로 가꾸는 실용적인 의도로 발전되고 있다. 1990년대 후반에는 대학과정 개설에 힘입어 화훼장식이 학문의 한 영역으로 인정받게 되었으며, 최근 학문적 정립을 위하여 활발한 연구가 이루어지고 있다.

(2) 중 국

중국의 화훼장식은 대체로 선과 여백의 미를 살린 표현이 주를 이루고 있으며 그 선의 처리가 대범하면서도 자연스럽다. 그러나 꽃바구니의 경우에는 색과 형태를 중시하는 양감적 표현도 볼 수 있다. 꽃꽂이는 일찍 중국 육조(六朝)시대에 이미 존재했는데 당시 그 방법과 형식상에서 꽃을 가꾸거나 관상하는 데 그쳤을 뿐 미의 예술경지에 이르지는 못하였다. 초기 화훼장식은 정원화(庭園花), 봉화(棒花), 머리 장식, 옷깃 장식과 바구니 장식 등에 한정되어 있었으나 그 후 발전해 가면서 불교의 공화(供花)로도 사용하게 되었다.

당대(唐代)는 중국 역사상 가장 화려했던 왕조였으므로 꽃이 궁중에서 빠질 수 없는 장식품으로 자리잡게 되면서 화훼장식은 크게 발전하였다. 중국 고전 시가가 최고로 발전된 만큼 모든 문화가 전반적으로 흥행하였는데 이러한 작품들 속에서 꽃을 예찬한 것을 많이 찾아볼 수 있다. 그리고 오곡이 풍성하였고 백성들이 안락한 생활을 누렸으므로 꽃은 꽂는 사람도 많았고 이를 감상하는 일도 많았다. 이때부터 병꽃이도 점차 성행하게 되었다. 당조 말기에 이르러 꽃꽂이의 풍기는 더욱 왕성하여 이때의 꽃꽂이 예술은 종교, 시인 서재의 장식품으로나 혹은 상류층사회에서도 많이 사용되어졌을 뿐만 아니라 민간에서도 널리 유행되었다. 당시에는 화훼장식 용기, 가위, 침수법과 화대 등에 대해 기술해 놓은 화구석(花九錫)과 같은 화훼장식 전문서도 등장하였다.

수당(隋唐) 시기에는 꽃을 예쁘게 꽂기 위한 기술적인 측면과 화기에 대한 요구가 높았고 전체적 느낌은 개성이 있으면서도 깊은 의의와 상징성을 갖고 있었다. 시대의 유행에 순응하여 꽃장사와 원예사 두 가지 직업이 출현하기도 했다. 중국 여성은 오래 전부터 각종 생화를 쪽진 머리에 꽂아 장식하는 풍습이 있었다. 모란은 그 꽃의 모양이 풍만하고 빛깔이 고와 시인들에게 '최고의 꽃(國色天香)', '꽃 중의 왕', '꽃 중의 꽃', '부귀의 꽃'이라는 칭호를 얻었으며, 이런 까닭에 부귀를 상징하게 되었는데, 당(唐)나라 때의 여성들은 유독 모란으로 장식하여 자신의 미모와 화려함을 과시하였다고 한다.

송대(宋代)에 와서 화훼장식은 민간으로까지 확대되었고 일상의 사교생활로까지 발전하였다. 나규는 〈비홍아(比紅兒)〉라는 시에서 '말린 꽃 머리에 꽂으니, 눈으로 만든 비녀인가 구름으로 만든 비녀인가' 라며 여인의 머리에 장식된 말린 꽃을 묘사하였는데, 자스민을 말려 꽂거나 차는 것은 점차 풍속이 되었으며, 청춘 남녀 사이에서는 언약의 상징물로 자리 잡기에 이르렀고, 젊은 남성들은 종종 한 송이를 꺾어 사랑하는 아가씨에게 선물하여 애모의 정을 표현했다고 한다. 송대(宋代)에는 수반 꽃꽂이가 시작되었고 식탁화도 성행하였으며 화훼장식을 앞에 놓고 술을 마시는 것이 유행하였다. 설에 초화주(椒花酒)를 마시는 것은 이때부터 내려오는 풍습이다.

명대(明代)의 화훼장식은 송대(宋代)보다 더 많은 발전을 이루었는데 꽃을 꽂는 기술과 꽃꽂이의 형태가 다양화되었고 예술성을 많이 강조하였다. 병꽂이에 큰 영향을 준 〈병사(瓶史)〉에는 꽃의 선택법, 화기와 물 관리법, 구성법, 감상법 등에 대해서 기록하고 있다.

청대(淸代)에는 서양문물의 도입으로 인하여 서양적인 색채를 띠면서 현대적인 화훼장식의 면모를 가지게 되었다. 화훼장식에 대한 이론을 체계적으로 기술해 놓은 〈부생육기(浮生六記)〉에는 꽃의 선택, 구성법, 기술적인 면, 작품의 배치 등 작품 구성을 위한 방법론에서부터 예술적인 면까지 상세하게 기록하고 있다. 특히 화훼장식에서 고정수단으로 사용되어지는 침봉의 초기 형태에 대해서도 기록하고 있다. 그러나 청대(淸代) 말기에 이르러 중국의 전통 화훼장식은 잦은 전란으로 점차 쇠퇴해졌으며 이후 문화대혁명 시기를 거치면서 화훼장식 문화는 거의 찾아볼 수가 없었다. 개방 이후 근래에 이르러서는 차츰 중국인들의 생활수준이 향상되어 가면서 화훼장식도 다시 발전해 가고 있다.

(3) 일 본

일본의 꽃꽂이는 가지를 잘라서 사용한 전통적인 예술로서 불전공화(供花) 양식에서 시작되었다. 그러므로 일본에서 최초의 화훼장식가들은 승려들이었으며 이께바나 형식들도 사찰에서 발전되었다. 즉 승려인 이께노보가 꽃꽂이 학교를 설립하면서 이께바나라는 꽃꽂이 양식이 등장하였다. 일본의 화훼장식은 선과 여백의 미를 추구하고 자연성을 강조하였지만 그 안에서 한국과 중국에 비해 인공적인 기교미와 격식화, 양식화를 강조하였다.

607년 오노노이모꼬(小野妹子)가 최초의 사절단으로 중국에 파견되어 불전공화를 배워와서 헤이안(平安), 가마꾸라(鎌倉)시대에는 삼존양식(三尊樣式)이 발전하였다. 헤이안(平安) 시대(794~1192)에는 '꽃을 꽂는다든지 혹은 꽃을 수북이 담는다' 는 개념을 가졌다. 가마쿠라(鎌倉) 시대(1192~1333)에는 '꽃을 세운다' 라는 의미를 가졌으며 무로마치(室町) 시대(1338~1573)에는 장엄하고 호화로운 꽃꽂이에서 타테바나(立花) 또는 릿카(立花)라고 불리는 하나의 양식으로 확립되었다. 1351년부터 촛대와 향로, 꽃병이 있는 3구족, 5구족을 볼 수 있는데 이 꽃병에 꽂혀 있는 꽃은 나게이레(投入) 양식이었다.

일본 꽃꽂이의 역사는 무로마치 시대부터 기록되었는데 1470년경 이께노보가 만든 황금 꽃병에 담긴 릿카(立花) 양식의 꽃꽂이가 큰 방향을 불러 일으켰다. 꽃꽂이에 대한 가장 오래된 문헌인 〈센덴쇼(仙傳抄)〉가 쓰여진 시기도 무로마치 시대였다. 릿카(立花)는 현대에까지 이어져 오고 있는 일본 전통화의 하나로 여러 개의 주요 가지들을 정해진 위치에 배치하고 직립한 구조를 지니며 자연의 풍경을 상징적으로 표현한다. 릿카(立花)의 발달과 함께 이의 엄격한 규정과 복잡성에 대한 반발로 자연스러움을 강조하여 꽂는 나게이레(投入) 양식이 출현하게 되었다. 이것은 2~3종의 소재만을 사용하며 각 소재가 가진 자연의 형태를 강조하여 꽂는 매우 비형식적인 양식이다.

모모야마(桃山) 시대(1573~1600)에는 화려한 꽃과 단순 청초한 꽃이 함께 애호되었으며, 특히 이러한 꽃들이 다실에 꽂혀짐으로써 다실의 꽃꽂이가 유행하였다. 다도(茶道)는 중국에서 선종 불교와 함께 수도승에 의해 전파되었으며 센노리큐(千利休)가 이전의 화려하고 과시적인 양식과는 달리 겸허와 내적 평안을 추구하는 다도양식을 확립하였다. 1542년에 센노(專應)가 쓴 릿카(立花) 양식 꽃꽂이를 통합한 규칙에 대한 〈센노구전(專應口傳)〉이 발간되었는데 진(眞), 부(副), 정진(正眞), 수(受), 류(流), 전치(前置), 견월(見越) 등의 7도구가 제시되었다. 16세기와 17세기 동안 이께노보는 릿카(立花) 양식의 발전에 대해 많은 작품을 썼다.

18세기에 들어와 나게이레(投入) 양식의 자연스러움, 단순함과 릿카(立花) 양식의 형식적인 면을 혼합한 새로운 양식인 세이까(生花) 양식이 나타났다. 세이까(生花)는 천(天), 지(地), 인(人) 3개의 주지로 구성된 삼각구성 형태이다. 비례와 가지의 배치 및 방향이 규정되어 있다는 점은 릿까(立花)의 영향을 받은 것이고 소재의 종류를 적은 수로 제한하는 것은 나게이레(投入)의 영향이었다. 보통 2~3종(2종생, 3종생), 많아야 5종을 넘을 수 없으며 때로 한 종류만으로 꽂아지는 경우(1종생)가 흔하였다.

에도(江戶) 말기에는 중국 삽화의 영향을 강하게 받아 분진바나(文人花)가 일부 유행하기 시작했지만 세이까(生花)의 형식화에 대해서 자유로운 꽃꽂이를 추구했던 사람들이 그것을 기반으로 메이지 시대에는 서양에서 초화의 유입을 계기로 모리바나(盛花) 양식을 만들었다. 이는 얕은 수반을 사용하였으며 서양에서 수입된 화려한 소재들을 사용하기 시작하였다. 쇼와(昭和)시대부터 자유화라는 근대적인 꽃꽂이가 생겨났으며 현대 꽃꽂이의 기초가 만들어졌다. 오늘날에는 전위화(前衛花),

오브제 꽃꽂이, 전통꽃꽂이 등 다양한 양식이 성행하고 있다.

2. 서 양

(1) 유 럽

1) 고 대

① 이집트 시대

이집트에서는 꽃이 종교적인 용도로 사용되었지만 일상생활에서도 꽃을 이용하여 꽃, 잎, 과일 등을 담거나 꽂은 꽃꽂이, 머리에 쓰는 화관, 리스, 갈란드 등으로 만들어 장식물로 사용하였다.

이집트의 문명은 죽은 자를 위한 문명이라 할 정도로 망자들을 위한 문화가 발달하였으며, 화훼장식도 망자들을 위한 리스, 꽃목걸이, 봉 모양의 꽃다발 등의 형태가 만들어졌다. 리스에는 연꽃, 양귀비, 델피니움, 수레국화 등이 사용되었으며 꽃목걸이는 꽃들을 꿰어 목걸이로 만들어 사용하였다. 봉 모양의 꽃다발은 봉 모양의 막대 끝에 야자, 식물의 잎, 연꽃 등으로 꽃다발을 만들었다.

이집트 시대 화훼장식의 중요한 특징은 단순성과 양식화된 반복이다. 즉, 주로 단순한 소재들을 반복하여 배치하는 기법들을 이용하여 매우 세련되게 표현하였다. 색채에 있어서는 빨강, 노랑, 파랑의 삼색을 주로 사용하였으며 강하고 원색적인 색감을 좋아하였다. 특히, 꽃, 잎, 과일 등을 반복되는 패턴으로 엮어서 만든 갈란드나 리스 등은 이집트 문명의 주요 유산이라고도 할 수 있다. 또한 화관이나 꽃다발 등도 이집트 벽화에 잘 나타나 있는데 네바문(Nebamun)묘의 벽화에서 오른쪽 여인이 머리에 화관을 쓰고 어깨에 칼라를 두르고 있으며 손에 연꽃으로 만들어진 꽃다발을 들고 있는 것을 볼 수 있다. 그리고 귀족부인과 신관들이 미라가 된 남편을 위로해주는 의식을 묘사한 이집트 18왕조시대의 벽화에서는 몇 개의 화기를 포개어 꽃을 꽂는 모습을 볼 수 있다. 이는 꽃을 통해서 죽은 영혼을 위로하는 이집트인의 생활모습을 보여준다.

그림 2-10. 테베지방의 고분벽화

그림 2-11. 이집트 시대의 화훼장식

그림 2-12. 이집트 18왕조 시대의 벽화

그림 2-13. 이집트 시대의 화기

많은 용기들이 꽃을 꽂는 용도로 디자인되었으며 그 중에서 단순하고 입이 넓은 사발 모양의 화기가 가장 많이 선호되었다. 이러한 입이 넓은 사발 모양의 화기에 꽃을 고정하기 위해 철, 고리들을 화기 바닥에 부착시키기도 하였다.

② 그리스 시대

그리스 시대에도 이집트의 형태나 특징이 그대로 이어졌다. 많은 화기와 용기들이 전래되었지만 종교적 의식과 전통에 의해 제한되었으므로 용기에 꽃을 사용하지 않았다. 축제 때는 꽃송이나 꽃잎을 뜯어 바닥에 뿌리기도 하였으나 갈란드, 리스, 화관이 화훼장식의 주요 형태였다.

리스는 충성과 헌신의 상징으로 인식되었기 때문에 운동선수, 시인, 국가지도자, 승전 군인이나 기타 영웅들을 칭송하는 데 사용되었는데 적절한 꽃과 잎을 사용하여 그 재료별 상징성을 부여하였다. 월계수를 이용하여 만든 리스는 경기의 승리자에게, 올리브를 이용하여 만든 리스는 전쟁에서 이기고 돌아온 병사에게, 은매화를 이용한 리스는 군중을 상대로 하는 연설자에게 주어졌다. 또 리스는 결혼의식에서 몸 장식으로 쓰이기도 했고 집 안팎, 동상, 무덤 등을 장식하는 데 쓰였다. 특히 리스는 그리스인들의 생활에서 매우 중요하게 사용되었기 때문에 리스메이커(wreath maker)라는 직업이 존재하였고 리스를 사용하는 적합한 에티켓과 사용가능한 소재와 스타일들의 상징적 의미 등에 대해 쓰인 서적들도 존재하였다.

그리스는 1년 중 축일이 많았으며 그 수많은 축제의식에 리스나 꽃줄, 잎으로 장식한 지팡이(stick) 등을 만들어 사용하였다. 그리스는 다신교였기 때문에 수많은 신들이 존재했고, 그 신마다 제각기 꽃이 있어 축제 때 그 신의 꽃으로 화환을 만들어 쓰고 충성을 맹세하기도 하였다.

그림 2-14. 떡갈나무 잎사귀와 도토리 화관

그림 2-15. 벽화에 나타난 그리스 시대의 리스

화훼장식에 있어서 바구니 작품은 현재에도 많이 쓰이는 일반형의 바구니 작품과 코르누코피아(cornucopia)라는 뿔 모양의 바구니 디자인이 있었다. 이러한 용기에 여러 가지 꽃, 채소, 과일을 혼합하여 풍성하게 꽂는 양식이 사용되었다. 코르누코피아는 풍요의 뿔(플렌티 혼: horn of plenty)이라는 뜻으로 그리스 시대에 처음으로 사용되기 시작한 화훼장식의 양식이다. 그리스 시대는 뿔 모양의 바구니를 세워서 사용하였으나 오늘날에는 주로 눕혀서 사용한다. 풍요의 상징인 코르누코피아는 추수감사절의 풍요로운 가을 수확기에 많이 이용된다.

그림 2-16. 코르누코피아

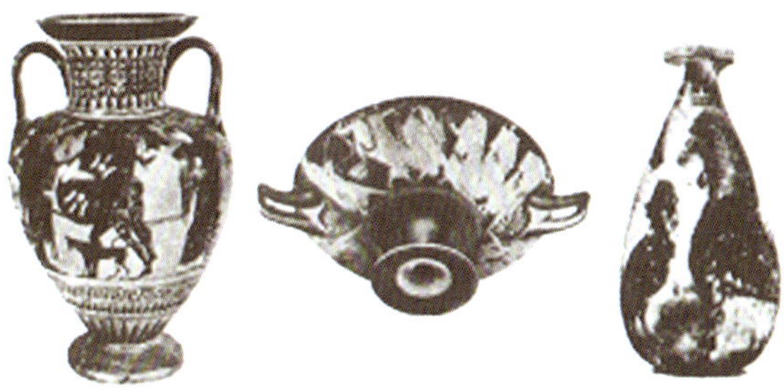
그림 2-17. 그리스 시대의 화기

③ 로마 시대

로마 시대의 예술은 이집트 시대의 영향을 많이 받았지만, 화훼장식의 측면에서는 그리스 시대의 영향을 많이 받았다. 이 시대 사람들은 실내를 꽃으로 많이 장식하여 그들의 권력을 나타내는 도구로도 사용하였다. 로마 시대 모자이크를 보면 바스켓에 든 꽃의 그림이 많이 나타나고 있으며 꽃의 종류 또한 그리스 시대보다 많이 다양해진 것을 볼 수 있다.

로마 시대는 리스와 갈란드가 그리스 시대에 비해 더 커지고 묵직하였으며 사용된 식물 소재는 더욱 정교한 모양을 가지고 있었다. 이 시대는 밝은 색의 향기로운 꽃을 선호하였으며 특히 장미로 만든 리스를 많이 좋아하였다. 장미 잎을 비늘 모양으로 덧붙인 머리 장식용의 리스에는 금으로 만든 잎이나 보석 등이 함께 이용되어 화려하게 만들어지기도 하였다. 그리고 겨울에도 알렉산드리아로부터 장미를 구입할 수 있었으며 온실도 생겨나게 되었다.

축제나 종교적인 행사 기간에는 연회 테이블이나 길에 장미 꽃잎을 가득 뿌리기도 하였다. 리스는 가정의 식탁을 장식한다든지 귀환 병사에게 환영의 의미로 주어졌다. 그리고 리스는 아기의 탄생을 알리는 데도 쓰였는데 여자아이가 태어났을 때는 리스에 리본을 묶어 장식했으며 남자아이가 태어났을 때에는 리스를 올리브 잎으로 장식하였다. 그래서 전문적으로 리스를 제작하는 직업인도 있었다.

꽃이나 과일로 만든 갈란드, 페스툰(festoon), 코일 모양의 장식은 실내장식뿐만 아니라 건축물에도 많이 이용되었다. 건축물에 있어서 기둥머리 장식으로는 아칸서스, 연꽃, 파피루스 등의 모티브가 많이 사용되었으며 백합은 왕위 계승, 희망을 상징하는 뜻으로 사용되었다. 사티로스의 연극을 묘사한 모자이크를 보면 기둥과 기둥 사이를 장식한 갈란드, 선반 위를 장식한 로마 시대의 화기들, 배우들 머리에 쓰고 있는 화관을 볼 수 있다.

그림 2-18. 사티로스의 연극을 묘사한 모자이크

그림 2-19. 갈란드 장식의 석관

2) 중 세

① 비잔틴 시대

동로마 제국이 시작되면서 서유럽 문화와는 다른 비잔틴 문화가 발달하게 되었다. 비잔틴은 비잔티움 도시국가의 이름에서 유래된 것으로 이 시대의 여러 모자이크를 통해서 화훼장식의 양식도 알 수 있다. 화훼장식의 형태는 그리스나 로마 시대의 전통적인 형태들이 계속되었으며 특히 높이와 대칭성을 강조한 수직형의 원추 형태(비잔틴 콘: Byzantine cone)가 발달하였다. 이러한 나무 모양의 틀에 잎을 새 깃털같이 서로 겹치게 꽂고 그 위에 일정한 간격을 두고 꽃이나 과일들을 나선형으로 돌려가며 디자인한 토피어리 형태가 유행하였고 이것은 오늘날까지 이용되고 있다. 그리고 향기가 많이 나는 꽃들이 인기가 있었으며 주로 갈란드, 리스, 꽃다발, 방향제 등에 사용하였다.

모든 문화는 교회 중심으로 발전하였으며 교회의 벽이나 천장에 장식된 정교한 모자이크나 프레스코에 이러한 디자인의 형태가 나타났다. 그리고 교회에 쓰인 대부분의 식물들은 의미가 있었으며 상징적으로 꽂혀졌다. 즉 장미는 성모 마리아의 꽃, 포도덩굴은 그리스도와 그 제자, 제비꽃은 겸손 등을 상징했다고 한다.

② 로마네스크 시대

로마네스크 시대에는 수도원이나 성의 정원에서 약용식물이 재배되었으며 교회의 장식용으로 백합과 장미가 재배되었다. 화훼장식은 교회나 국가행사뿐만 아니라 일상생활에도 깊이 들어와 있었다. 화훼장식의 형태는 외곽선이 닫힌 갈란드, 리스, 대형 화분식물, 구형 혹은 반구형의 디자인 등이 주를 이루었다. 그 외에도 타원형, 삼각형, 원형의 디자인도 제작되었으며 특히 건축물의 형태를 방해하지 않는 선에서 꽃을 장식하였다. 꽃다발은 라운드형으로 꽃을 고르게 분포하면서 묶을 때 꽃의 표정은 모두 밖으로 보이도록 묶었다는 기록이 있으며, 포인트 꽃이 있는 경우에는 가운데 꼭대기에 배치하였다.

③ 고딕 시대

고딕 시대에는 높고 내부가 복잡한 구조물이 건설되었으며 천장과 첨두형 아치, 스탠드글라스로 장식된 좁고 긴 커다란 창문이 있어 경쾌하고 맑으면서 수직성이 강한 대성당이 건축되었다. 그래서 화훼장식도 수직적으로 솟구치는 형태를 많이 이용하였다. 금빛의 천사 가브리엘이 성모에게 수태를 알리고 있는 마르티니의 〈성 수태고지〉 그림을 보면 가브

그림 2-20. 성 수태고지(시모네 마르티니, 1333)

그림 2-21. '장미이야기' 삽화에 묘사된 중세시대의 성관정원

리엘은 올리브 가지를 들고 꽃병에는 성모를 상징하는 백합이 꽂혀 있다.

화훼장식물의 종류나 양은 전 시대에 비해 급격히 줄어들고 형태도 단순해졌다. 종교적인 검소함이 강조되던 시기였으므로 사람들은 집안 장식을 위해서 화훼장식을 이용하지 않았으며 화훼장식은 단지 교회 안의 장식을 위해서만 사용되었다. 그러나 최초의 공공정원이 만들어지기도 하였다.

④ 르네상스 시대

르네상스는 그리스, 로마 문명의 재생과 부흥이라는 의미를 가지며 단순한 모방에서 그치는 것이 아니라 새로운 양식으로 계승 및 발전되었다. 화훼장식에 있어서도 그리스, 로마 시대처럼 연회나 축제 때에 갈란드, 화관, 산화를 사용하는 것이 다시 유행하였다.

건축물에 주로 사용되어진 장식 문양은 헬레니즘의 식물문양을 기조로 발전하였으며 잎이나 꽃을 추상화한 선적인 모양(무어식 당초 무늬)을 즐겨 사용하였다. 그리고 화훼장식물들은 독립된 장식품으로 건물에 걸리기도 하였다. 형태는 대칭형, 삼각형, 원형, 원뿔형, 타원형, 화관, 갈란드와 같이 정형화된 형태가 주류를 이루었으나 꽃의 종류를 많이 사용하고 매우 화려한 이미지를 가지고 있었다. 화기 안에 꽃을 빽빽하게 꽂아 줄기가 가려지게 하였으며 일일이 묶어가며 형태를 만드는 디자인도 구성되었다. 그리고 밝은 색의 꽃과 풍만한 형태의 디자인은 르네상스의 전형적인 특징이었다. 유행하던 식물로는 백합, 목련, 작약, 양귀비, 튤립, 장미, 라일락, 붓꽃, 스톡, 히아신스, 카네이션, 매발톱꽃 등 이었다.

그림 2-22. 포티나리 세 폭 제단화(북유럽 르네상스의 화훼장식)

꽃의 아름다움 외에 꽃이 가지는 상징적 의미가 중요하게 사용되었으며 특정한 감정이나 사상을 나타내기 위해 특정한 꽃을 선택하기도 하였

다. 성수태고지화에서 백합은 꽃병에 꽂혀 있거나 가브리엘이 들고 있는 경우가 많은데 여기에서 백합은 흰색이고 암수의 구별이 없는 완전화이기 때문에 마리아의 처녀성을 상징하게 된다. 성모를 상징하는 백합은 마돈나 릴리(Maria Lily)라고 불리어 왔으며, 그 외에도 올리브나무 가지, 장미, 매발톱꽃 등을 함께 그리기도 하였다. 수태고지화에 등장하는 매발톱꽃은 다른 그림에서 등장하는 상징성과는 다르게 후에 십자가에 못 박혀 죽을 그리스도를 위해 성모가 슬퍼할 것을 상징한다.

화기는 도자기, 대리석, 유리병, 술잔, 청동항아리, 다리가 달린 금속 병, 토분 등의 다양한 재질의 용기가 사용되었으며 금속화기의 사용이 처음으로 시도되었다. 특히 뚜껑에 꽃을 꽂을 수 있도록 구멍이 나 있는 화기는 매우 획기적인 작품으로 볼 수 있다.

그림 2-23. 르네상스시대의 병꽂이

⑤ 플레미시 시대(Flemish, 1500~1700)

화훼장식의 기술이나 형태를 한 눈에 보여주는 자료인 정물화는 실제로 정확하게 꽃을 꽂은 대상물 그대로 작업된 것은 아니었다. 계절이 전혀 다른 꽃들을 함께 그리거나 과일, 새둥지, 조개껍질 등의 다양한 소품을 함께 그리기도 하였다. 많은 꽃들이 작품에 사용되었는데 특히 장미만 하더라도 많은 품종이 사용되어 실제로 사용된 종류는 더욱 많아 꽃의 재배나 품종 계량에 많은 기술을 가지고 있었던 것으로 볼 수 있다.

플래미시 시대의 작품 중에서 매우 아름다운 작품으로 평가되는 암보로시우스(Ambrosius Bosschaert)의 그림에는 노랑과 붉은 색의 줄무늬 튤립, 붉은색 아네모네, 매리골드, 노랑 매발톱꽃, 독일붓꽃, 수선화, 패모, 장미 등의 꽃들이 풍성하게 꽂혀 창가에 놓여 있고 바닥에는 소라와 조개껍질이 보인다. 여러 계절의 꽃들이 혼합되어 하나의 작품을 이루고 있어 실제의 작품을 그린 것으로 보기는 어려우나 이 시대 화훼장식의 형태를 볼 수 있는 작품이다.

그림 2-24. 암브로시우스의 창틀 위의 꽃(17세기, 유화)

⑥ 바로크 시대(1600~1750)

바로크란 용어는 "허세부리다" 혹은 "지나치게 과장되어 있다"는 부정적인 의미로 종종 사용되지만 예술사에서는 가장 화려한 시기 중 하나로 꼽힌다. 바로크 시대에는 궁중생활도 매우 화려하였으며 내부도 사치스럽게 장식하였다. 이런 공간이 더욱 돋보일 수 있도록 화훼장식들은 매우 광범위하게 사용되었다. 대형 온실이 있어 향기로운 오렌지나무와 궁중장식을 위한 다양한 꽃과 나무들을 길렀으며, 이 식물 중 일부는 주방의 요리 재료로도 사용되었다. 특히 영국의 경우 난방이 필요 없는 몇 달 동안 벽난로를 꽃으로 채워 두는 풍습이 있었는데 벽난로 안에 꽃을 담는 용기를 바우팟(Bough pot)이라고 불렀다.

그림 2-25. 바로크 시대 회화를 통해 알 수 있는 바로크 시대 화훼장식

유럽 남부의 종교적인 박해를 피해 네덜란드와 벨기에로 옮겨온 젊은 화가들의 영향으로 많은 종류의 꽃을 가득 채워 매우 화려하게 타원형으로 디자인된 '더치플래미시 양식(Dutch-Flemish styles)의 화훼장식이 유행하였다. 이 시대는 대칭형의 형태가 비대칭형으로 바뀌기 시작한 시대이다. 즉 화훼장식은 정형적이고 대칭적인 원형, 타원형, 꽃병장식, 바구니장식 등과 함께 새롭게 도입된 비대칭 삼각형이나 곡선적인 형태인 S자형, C자형(크리센트형) 등의 디자인이 유행하였다. 특히 S자형은 영국의 화가 윌리엄 호가스(William Hogarth)에 의해 미적 가치가 인정되었기 때문에 호가스 라인이라고도 한다.

그림 2-26. 바로크 시대의 화기

바로크 시대에는 여러 종류의 꽃들을 섞어 사용하거나 선명한 색을 이용하여 화려하고 풍만한 형태의 디자인을 선호하였다. 그리고 실내 공간장식에서 악센트의 역할로도 사용되었으며 대부분 방사형으로 많이 제작되었다. 또한 새둥지, 조개, 과일, 곤충 등과 같이 장식적인 효과가 있는 다른 재료들이 함께 사용되기도 하였다. 꽃을 담는 용기의 모양과 소재는 더욱 다양화되어 기존의 유리제품, 금속용기, 대리석용기, 테라코타와 같은 종류 외에도 중국에서 수입된 청색, 흰색의 유약을 발라 구운 자기도 유행하였다. 화훼장식용으로 제작되는 용기들은 매우 화려해지고 재질도 다양해졌으며 한꺼번에 많은 수량을 동시에 사용하였다.

⑦ 로코코 시대

로코코 양식은 루이 14세가 죽은 이후의 시기인 18세기 프랑스에서 생겨난 예술형식으로 로코코(Rococo)란 용어는 조약돌, 혹은 조개 장식을 말하는 로카이유(Rocaille)에서 유래된 것이다. 바로크 시대의 의식성, 장중함 등에서 벗어나 발랄함, 우아함, 아름다움을 추구하였으며 바로크 시대의 예술이 왕족을 중심으로 한 예술양식이었다면 로코코 양식은 귀족계급의 사치스럽고 우아함, 유의적이고 부드러운 특성을 지녔다고 할 수 있다. 건축물의 실내 장식은 부드럽고 화려하며, 저택의 마루는 나무판 위에 복잡하고 섬세한 문양들을 상감하여 화려함을 더했다. 화려한 실내에 어울릴 수 있도록 가구들도 상아나 귀갑으로 장식된 곡선 형태가 주로 제작되었으며 아름다운 고블랭직(Gobelin)을 덧대어 장식하기도 하였다. 이 시기에는 복잡한 아라베스크 문양도 많이 사용되었으며 색채는 흰색, 은색, 금색, 밝은 분홍색, 청색, 초록색이 주로 사용되었다.

그림 2-27. 로코코 시대의 실내장식

화훼장식의 형태는 바로크 시대의 더치플래미시 양식의 영향권 하에 있었으나 훨씬 더 부드럽고 가벼워졌다. 꽃을 가득 채워 크기가 큰 부채 모양이나 삼각형으로 만든 형태가 많이 이용되었고, 꽃의 색도 맑은 파스텔 톤 또는 회색빛이 많이 도는 우아한 색채의 조합으로 바뀌었다. 한 작품에 사용하는 꽃의 양이 전 시대에 비해 적어졌기 때문에 꽃과 꽃 사이에 빈 공간과 줄기가 보이기 시작하였다. 전반적인 외곽형은 기하학적인 형태로 유지되었지만 그 안에서 선들이 느슨해지기 시작하였다.

화기들도 로코코 양식의 특징에 따라 우아하고 가벼운 느낌의 색채인 흰색, 파스텔 톤의 맑은 색, 광택이 있는 것 등을 많이 사용하였고 꽃병, 바구니, 넓은 사발 등의 다양한 용기들이 꽃들로 많이 장식되었다. 화기는 청색을 띤 녹색과 금색으로 그림을 그린 후 유약을 발라 구워서 광택이 있고 전형적인 로코코 스타일의 손잡이가 양쪽으로 있었으며, 중심의 그림에는 잎과 열매로 만들어진 화환이 둘러져 있고 바닥에는 낮은 굽이 있었다. 그리고 윗부분과 측면의 부분에는 여러 개의 구멍이 나 있고 앞면에는 정원이 그려져 있는 플라워홀더(Flower holder)도 제작되어 사용하였다.

그림 2-28. 로코코 시대의 화훼장식

그림 2-29. 로코코 시대의 화훼를 이용한 몸 장식

⑧ 신고전주의 시대

신고전주의는 장식성이 강한 바로크, 로코코 예술에 대한 반동으로 엄격한 고전 양식을 부활시키고자 하였다. 그래서 가구와 장식분야에서 고대 그리스, 로마, 이집트의 양식이 다시 인기를 끌게 되었으며 화훼장식이나 화병 등의 디자인은 다시 고전적인 형태를 보이게 되었다. 즉 직선적인 고전주의의 엄격함을 살려 대부분의 장식적 성향을 배제하였다.

신고전주의 시대에서는 다른 화훼장식 분야보다도 꽃다발에 가장 큰 변화가 있었다. 다양한 크기와 형태의 꽃다발이 만들어지고 여성들은 작은 크기의 꽃다발을 들고 다니거나 몸을 장식하기도 하였다. 또한 꽃다발을 만들기 위해 참고할 수 있는 책들이 다수 출간되었다.

⑨ 비더마이어(Biedermeier)

1850년에 시인 루드비히 아이히로트가 독일의 잡지 〈후리겐데〉 속에 등장한 2인조 소시민적 속물 비더맨과 분메르 마이어의 이름을 조합시켜 비더마이어라는 이름을 만들었다. 이 명칭은 소시민적 속물의 상징으로 사용되었으며 당시 시민계급을 풍자하던 것에서 유래되었다. 작고 귀여운 것,

깔끔함, 평온함, 로맨틱한 전원 풍경을 즐겨 추구하는 사고방식을 나타내고 있는데 장식품에는 꽃무늬가 자주 사용되었다. 물망초, 헬리오트롭, 제라니움, 후크시아, 은매화, 장미 등의 화분을 실내에 장식하였다.

이 시대에 유행하던 디자인으로 공간이 없는 라운드형으로 꽃을 빽빽하게 꽂아 디자인한 부케를 비더마이어 부케라고 한다.

3) 근 대

① 빅토리아(Victorian) 시대

영국의 빅토리아 시대는 역사상 가장 번영하던 시대이며 많은 예술의 발달과 함께 꽃, 식물과 관련된 원예문화도 매우 번성하였다. 처음으로 화훼장식이 하나의 예술로서 자리 잡았고 이에 대한 잡지와 책들이 출간되었으며 많은 사람들이 화훼장식 기법들을 연구하였다.

당시 사회에서는 교양 있는 여성들에게 꽃을 가꾸고 꽃다발을 만드는 것뿐만 아니라 꽃을 키우거나 보존하는 방법, 그림을 그리거나 꽃에 염색을 하는 것까지 배우도록 요구하였다. 또한 조개, 밀랍, 깃털, 털, 직물, 구슬 등과 같은 재료들을 이용하여 인공적인 꽃을 만드는 취미생활이 이루어졌다. 빅토리아 여왕은 정원에 있는 장미 중 가장 크고 아름다운 장미를 골라 옷에 꽂고 파티에 참석하기도 하였는데 이것이 일반인에게까지 크게 유행하였다. 이때 이후로 큰 장미는 '빅토리아 로즈'라고 부르게 되었으며 오늘날에도 장미를 해체하여 여러 겹으로 다시 만든 로즈멜리아(Rose-mellia)를 '빅토리아 로즈' 라고 부르기도 한다.

여성들은 모임에 나갈 때 노즈게이(Nosegay)를 몸에 지니는 것이 하나의 유행으로 자리 잡고 있었다. 작은 꽃다발들은 꽃들의 조합에 따라 다양한 감성적 의미를 부여하거나 메시지를 전달하는 용도로도 사용되었다. 그래서 꽃으로 표현할 수 있는 언어는 매우 중요하게 취급되었다. 또한 노즈게이는 꽃의 수명이 짧고 식사를 하거나 춤을 추는 등 활동할 때에 불편한 점이 많아 이러한 문제점

그림 2-30. 부점보틀로 고정시키는 장식용 부케

들을 극복하기 위해 핸드부케홀더, 포지홀더(posy holder)라고 하는 플라워 홀더를 개발하여 사용하였다. 플라워 홀더는 꽃의 수명을 연장하기 위하여 개발되었으며 남녀 모두 몸에 착용하였다. 꽃을 싱싱하고 보기 좋게 유지하면서 여성들의 드레스 가슴 부위를 장식하기 위해 다양한 부점보틀(bosom bottles)도 개발되었다. 이는 가슴이 파인 옷의 가슴 쪽 라인에 꽃을 달기 위한 일종의 부케홀더였는데 때로는 허리나 머리에 달기도 하였다.

그림 2-31. 빅토리아 시대의 이편화기(Epergne container)

화기에 비해 디자인이 크던 전 시대에 비해 빅토리아 시대는 화기와 비슷하게 디자인 되었으며, 화훼장식은 강조점 없이 여러 종류의 꽃과 식물 등을 가득 모아 촘촘하게 배열하여 원형을 만들었으며 매우 화려하였다. 또한 빈 공간이 없이 꽃과 잎, 목초를 함께 커다랗게 하여 동그란 모양이나 타원형으로 만들었으며, 짧은 줄기의 꽃들은 일반적으로 화기 안에 꽉 묶어서 꽂아 두었다.

화기도 매우 장식적이고 화려했으며 다양한 화기가 사용되었는데 특히 유리가 인기 있는 화기 재료였다. 클래식, 바로크, 로코코 등의 거의 모든 스타일이 사용되었고 또한 이 시기에는 이편화기(Epergne container)를 사용하기도 하였다.

② 아르누보(Art Nouveau)

아르누보는 새로운(Nouveau) 예술(Art)을 의미하는 프랑스어로 산업화 시대의 불모성에 반대하여 장식적 스타일을 중시한 사조이다. 아르누보는 독일에서는 유겐트 양식(Jugend stil), 이탈리아에서는 리버티 양식(Stile liberty), 스페인에서는 모더니스타일(Modernista), 오스트리아에서는 세체치온스틸(Sezessionstil) 등으로 불렸다.

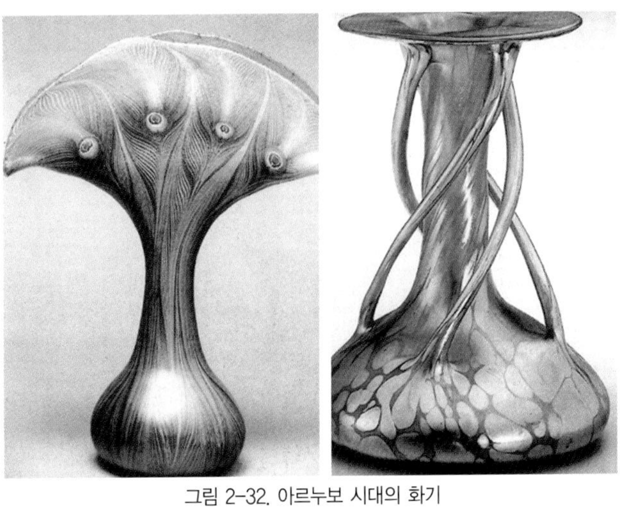

그림 2-32. 아르누보 시대의 화기

그림 2-33. 아르누보 시대의 테라스 정원(포켈러, 1905년)

자연에서 모티브를 빌려 구불구불한 선과 넝쿨 같은 곡선을 위주로 한 동일한 양식을 보였으며, 환하고 연한 파스텔 계통의 부드러운 색조가 유행하였다. 부드러운 형태의 꽃과 금색 선이 장식된 화기도 많이 사용되었다.

아르누보 양식은 비대칭의 자연문양에서 그 특징을 찾아볼 수 있는데 많이 사용된 모티브로는 당초문양, 담쟁이덩굴, 구불구불한 꽃줄기와 봉오리, 포도넝쿨, 식물의 덩굴손 등의 파동적 곡선이 많았다.

4) 현 대

① 미니멀리즘(minimalism)

1960년대 미국의 젊은 작가들이 최소한의 조형 수단으로 제작했던 회화, 조각이나 삼차원적 작품의 미술을 지칭하며, 미니멀(minimal)이란 일루젼(illusion)의 극소화를 의미한다. 미니멀리즘은 회화의 감동성, 마티에르의 풍부함과 자기표현은 곧 예술이라는 신화를 기본으로 하는 종래의 예술 개념을 거부하는 입장에서 출발한다.

화훼디자인 역시 미니멀리즘의 영향 하에서 자연을 중시하는 그 자연물의 특성과 잘 연결시키고 있다. 즉, 화훼장식의 기본적인 소재는 창조된 물질이 아닌 자연 속에서 발견된 식물이다. 여기에서 발견된 식물은 무엇의 재현을 위한 오브제가 아닌 그 자체가 단일한 작품으로서 인정받는 특수 오브제이다. 화훼장식에 나타나는 미니멀리즘의 특징은 "낯설게 하기"의 효과를 이용한 단순성의 추구와 기하학적 반복, 공간구성의 체계, 자연과의 조화미 등에서 찾아볼 수 있다.

그림 2-34. 미니멀리즘의 영향을 받은 화훼장식(윤성은, 2006)

② 포스트모더니즘(postmodernism)

획일적인 사고의 틀에서 벗어나 다양한 실험정신의 추구라는 현대 화훼장식의 정신을 잘 나타낼 수 있는 것이 바로 포스트모더니즘이다. 포스트모더니즘에서는 과거에 수용되기 힘들었던 방법들을 과감하게 시도함으로써 현대 화훼장식에 있어서도 새로운 영역의 확대에 기여하였다. 포스트모더니즘의 영향 하에서 현대 화훼장식은 소재나 표현방법 등 모든 면에 있어서 다양성과 실험정신을 가져다주어 사회적 인식을 변화시켰다. 또한 화훼장식에서도 지방고유의 전통이나 민속 문화 등을 현대적인 이미지로 재구성하는 작품들을 볼 수 있으며, 현대 예술의 중요한 주체인 홀로그램, 컴퓨터 등과 같은 고도의 테크놀러지를 자연물인 꽃과 식물, 나무 등과 융합함으로써 또 다른 새로운 영역과의 접목을 시도하고 있으며 화훼장식의 표현을 확대하기 위하여 다른 장르와 혼합하고 있다. 급속한 산업의 발달로 인한 환경오염 문제는 시각 예술분야에도 많은 영향을 끼쳤으며 화훼장식에 있어서도 폐품의 사용, 재활용할 수 있는 소재와 오래 사용할 수 있는 마른 소재의 사용, 플로랄 폼 사용 자제 등의 경향이 나타나고 있다.

그림 2-35. 포스트모더니즘의 영향을 받은 화훼장식(윤성은, 2006)

(2) 미 국

1) 초기 미국 양식

17~18세기 중엽까지 미국의 화훼장식에 대한 기록은 거의 남아 있지 않다. 미국에 새로 건너간 이주자들에게 삶은 너무나 힘들었고 거친 땅에서 살아남기 위함이 최대 관심사였기 때문에 식물 같은 것은 장식보다는 주로 식용이나 약용의 용도로 사용되었다. 일부 장식의 용도로 사용된 것들도 야생화, 풀 등을 평범하게 생긴 주전자, 단지, 솥, 팬 등에 단순하게 꽂아 놓은 것이 전부였다.

2) 식민지 양식(1714~1780)

식민지 시대에 사용된 플로랄 양식을 콜로니얼 스타일이라고 한다. 형태는 꽃을 가득 채우거나 무리지어 만드는 둥근형이나 부채형이 유행하였고, 소박한 형태로 개방적인 스타일이 주를 이루었다. 소재 이용의 폭도 넓어졌는데 건조화나 건조된 풀들은 싱싱하게 재배된 꽃들과 함께 사용되었고, 과일은 꽃과 함께 보통 식당 테이블 주위에 센터피스로 놓여졌다.

3) 신고전주의(1790~1825)

영국의 조지왕조 시대와 같은 시기로 화훼장식은 영국의 지배를 타파하려는 모습을 지닌 정확하면서 신고전적인 양식을 보여주었다. 형태는 피라미드형, 부채형이 선호되었고 꽃은 장미, 제라니움, 아이비 등을 자주 이용하였다. 이러한 디자인들은 신고전주의의 마지막 양상으로 크고 우아한 대농원의 대저택은 화려한 파티와 저녁 만찬을 위해서 사치스럽게 장식되었다. 당시의 화훼장식은 보통 신고전적인 양식의 화기에 크고 대칭적으로 꽂기도 하였다.

4) 낭만주의

유러피언 스타일(European style)의 디자인에 오리엔탈 라인(Oriental line)을 받아들여 웨스턴 스타일(Western style)이라고 하는 미국 스타일(American style)이 발생되었다. 이에 따라 다양한 형태의 디자인이 발전되었고 화훼장식에 대한 관심과 흥미 또한 높아져 1864년에는 플로리스트들의 협회가 만들어졌다. 이후 각종 상업적 단체와 교육, 연구, 전문가 양성 단체가 설립되면서 현대적 화훼장식의 기반을 다졌다.

| 참고문헌 |

고하수. 1984. 한국의 꽃예술사. 하수출판사.

나선영. 1998. 현대화훼디자인과 포스트모더니즘. 한국화훼디자인학회 논문집.

노순복, 장은옥. 2009. 화훼장식문화사. 수풀미디어.

박윤점 외. 2005. 화훼장식학. 위즈벨리.

세계미술용어사전. 1989. 중앙일보.

윤성은. 2006. 화훼디자인개론. 기문당.

이상희. 1998. 꽃으로 보는 한국문화2. 도서출판 넥서스.

한국우리꽃예술연구회. 2009. 한국꽃꽂이. 도서출판 SAY.

한상숙. 2008. 한국과 일본 전통 꽃꽂이 양식의 시대 비교. 서울시립대학교 산업대학원 석사학위논문.

Allen D. Bragdon. 1994. Floral crafts. Waston Guptills Publications.

03

화훼장식의 분류

1. 장소별 분류

실내 화훼장식 | 실외 화훼장식

2. 용도별 분류

절화장식 | 분화장식 가공화장식

3. 공간 연출 분류

생활공간의 연출 | 이벤트 연출

4. 화훼장식의 표현 양식과 형태의 분류

한국 화훼장식의 형태 | 웨스턴 화훼장식의 형태

유러피언 화훼장식의 형태 | 현대 화훼장식의 형태

5. 화훼장식품 제작기법의 분류

베이싱 기법 | 소재 결합 기법 | 시각적 움직임의 증강 기법

집단화 기법 | 테크닉을 가미한 기법 | 잎의 이용 기법 | 와이어링 기법

03 화훼장식의 분류

1. 장소별 분류

화훼장식은 배치하는 공간에 따라 실내장식과 실외장식으로, 이용되는 화훼식물의 특성에 따라 절화장식과 분식물장식으로 구분할 수 있다.

(1) 실내 화훼장식

실내 화훼장식이란 실내공간을 절화류와 분화류를 이용하여 장식하는 기술을 말한다. 화훼의 종류, 특성, 관리 등 화훼원예의 기본을 이해하고, 실내환경에 알맞은 주 소재와 디자이너의 창의성과 표현 능력을 활용하여 실내공간에 적합한 미적효과가 높은 장식물을 제작, 설치, 유지 및 관리하는 기술이다.

실내 화훼장식에는 꽃장식을 대표로 하여 그린인테리어, 테라리움, 디시가든, 간이 수경재배, 베란다장식, 실내정원, 아이디어장식, 분경, 분재 등이 있다.

1) 절화장식(cut flower decoration)

주로 식물의 줄기를 잘라서 장식하는 것으로 꽃장식과 함께 다양한 방식과 용도로 이루어지고 있다. 잘려진 꽃이 시들기까지의 일시적인 장식 즉, 시간 제한의 특징을 가지고 있다.

2) 분화장식(potted plants decoration)

식물의 뿌리가 지속적으로 성장해 가는 상태에서 사용되므로 배치 후에도 지속적인 관리 또는 관심을 둘 필요가 있다. 분식물을 이용한 장식은 매우 다양하게 표현된다.

3) 실내정원(indoor garden)

실내 건축공간에 분식물을 이용하여 정원을 설치하고 유지 · 관리하는 것으로 여러 가지 기능성과 장식적 역할을 한다. 식물 외에 다양한 용기, 첨경물 등을 이용하여 플랜트의 크기와 형태, 선택되는 식물의 종류와 수량에 따라 다양한 규모의 실내정원을 연출할 수 있다. 주택이나 아파트의 발코니에 설치되는 작은 규모의 실내정원과 대형 건물의 현관, 로비, 휴식처를 제공하는 아트리움형식의 대형 정원 등이 있다.

(2) 실외 화훼장식

실외공간을 분식물을 이용하여 장식하며 환경특성상 주로 건물 양식과 계절 또는 식물재료에 따라서도 다양한 형태의 정원과 화단을 형성할 수 있다. 토양에 직접 화훼식물을 심거나 분화를 이용하여 장식한다.

1) 창가정원(window garden)

창문가의 공간에 선반이나 창틀을 이용해서 덩굴식물의 걸이분을 매달거나 분식물을 배치하여 미니정원을 제작할 수 있다. 충분한 공간을 확보할 수 없는 좁은 도시 환경에서 많이 이용되며 외부의 장식적인 효과가 크다고 할 수 있다.

그림 3-1. 창가정원

2) 현관 입구정원(entrance garden)

주거용 건물이나 아파트, 대형 상업용 및 업무용 건물의 현관입구에 분식물로 장식한다. 이러한 입구정원은 아름다운 환경을 조성하여 드나드는 사람들에게 정서적 안정감과 건물의 이미지 향상에 큰 역할을 한다.

그림 3-2. 현관 입구정원

3) 베란다 또는 발코니정원 (veranda and balcony garden)

다양한 용도의 건물 발코니와 베란다에 분식물을 배치하거나 플랜터에 소규모 정원을 조성할 수 있다. 발코니와 베란다는 옥외로 돌출되어 있으며 유리벽과 지붕을 둘러 경우에 따라 실내공간으로 이용할 수도 있다. 위치와 방향, 높이에 따라 강우량, 일조량, 기온, 풍향 등이 달라지므로 식물의 선정에 주의한다.

그림 3-3. 베란다, 발코니정원

그림 3-4. 테라스, 패티오정원

그림 3-5 벽면정원

4) 테라스, 패티오정원(terrace and patio garden)

테라스는 휴식과 식사를 위해 주택과 연결되어 있는 실외공간으로 타일이나 돌, 목재 등으로 포장되어 있으며, 패티오는 주거용 건물의 가까이에 포장된 실외공간이다. 이러한 공간은 휴식과 식사를 위한 기구와 함께 분식물로 아름답게 장식할 수 있다.

5) 벽면정원(wall garden)

건축물의 벽면, 담장, 교각 등 인공적으로 만들어진 구조물에 덩굴성식물, 분식물 등을 이용하여 피복함으로써 도시의 경관을 꾸미고 인공구조물에 대한 심리적 · 정서적 안정감의 효과를 준다. 자외선 차단으로 콘크리트 표면의 균열, 침식, 탈색 등을 방지하여 내구성을 향상시키고, 여름철에는 온도를 낮추어 복사열을 줄이는 등 도시 녹화의 장식이다.

6) 옥상정원(rooftop garden)

옥상에 인위적인 지형이나 지질의 토양층을 만들어 식물을 심기도 하고, 설치된 플랜터에 식물을 식재하거나 분식물을 배치하여 정원을 만들기도 한다. 삭막한 시멘트 공간에 옥상정원을 설치하면 건물의 이미지를 부각시키는 데도 크게 기여한다. 옥상정원에 적당한 식물은 적은 용토에서 잘 자라고 옥상의 강광, 강풍, 건조 및 추위에 강한 식물이 좋다. 바빌론의 공중정원은 기원전 600년경에 축조되었는데 역사상 가장 유명한 옥상정원이라 할 수 있다.

7) 화단(flower bed)

화단은 실외에 흙을 돋우어 계절에 따라 여러 가지 화훼류를 심는 것이다. 정원길의 교차점이나 정원의 중심부에 설치하여 사방에서 감상할 수 있도록 설치하는 것을 모듬화단, 주택건물이나 담장 앞에 조성하는 경재화단, 경사진 지형을 계단상으로 돌을 쌓아 올려 돌 틈 사이에 식재하는 돌벽화단, 여러 층의 계단을 만들어 화단을 만드는 계단화단, 광장이나

그림 3-6. 옥상정원

그림 3-7. 화단(왼쪽부터 돌벽화단, 화문화단)

원형교차로의 한 가운데 평면적으로 도안한 무늬에 따라 초화류를 모아 심은 화문화단, 보도의 양쪽에 좁은 폭으로 길게 이어져 설치하는 리본화단, 사람들이 다니는 지면보다 낮게 부지를 조성하여 화단을 꾸민 침상화단 등이 있다.

2. 용도별 분류

화훼장식은 이용되는 식물의 용도에 따라 생화를 이용하는 절화장식과 지속적이거나 오래 보존할 수 있는 분화장식 또는 가공화장식으로 나눌 수 있다.

(1) 절화장식

생화의 화려함과 아름다움은 이루 말할 수 없지만 관상기간이 아주 짧다는 아쉬움이 있다. 절화, 절지, 절엽을 이용하는 생화장식은 주로 꽃꽂이, 꽃다발, 꽃바구니, 테이블장식, 리스, 갈란드, 형상물 등의 다양한 형태로 이루어지고 있다.

1) 꽃다발(bouquet)

주로 절화나 조화를 사용해서 다발을 만든 것으로, 크게 감상용과 선물용으로 나눌 수 있다. 꽃다발은 기원전 2800년 고대 이집트 왕조의 무덤에서 흔적을 발견할 수 있으며, 18세기경 영국 조지안 시대에 많이 사용되었다. 이 시대에는 장식적 역할보다는 기능적인 역할이 더 컸으며, 사람들이 몸에서 나는 악취를 막고 질병이나 액운을 막아 줄 것이라는 생각에 노즈게이, 터지머지라고 하는 꽃다발을 들기 시작하였다. 그 후 19세기 말 영국 빅토리안 시대에는 이 꽃다발이 청혼의 표시로 발전되었고, 장례나 결혼식 등 각종 행사에도 사용하였다. 최근에는 상업적으로 가장 많이 사용되는 선물용 꽃다발의 형태로 다양한 종류들이 있다.

① 나선형(spiral) 꽃다발

- 줄기는 한 방향의 나선형으로 움직여야 한다.
- 줄기의 끝부분은 물속에 잠길 수 있도록 길이가 어느 정도 일정해야 한다.
- 줄기는 반드시 사선으로 잘라져 있어야 한다.
- 줄기를 단단히 묶어서 중심점이 움직이지 않도록 해야 한다.
- 바인딩 포인트(묶는 점)의 아래에는 잎이나 가시가 붙어 있어서는 안된다.
- 형태와 상관없이 좌우 균형이 잘 맞아야 한다.
- 원형, 타원형, 사각형, 원뿔형 등 다양한 형태로 만들 수 있다.

② 평행행(parallel) 꽃다발

- 기본적인 조건은 나선형 꽃다발과 같다.
- 줄기를 직립으로 내리면서 돌려나간다.
- 바인딩 포인트가 1개 또는 2개 이상이 될 수도 있다.
- 바인딩 포인트가 장식적 역할도 하기 때문에 줄기가 보이는 유리화기를 선택하는 것이 좋다.

그림 3-8. 꽃다발(왼쪽부터 나선형, 평행형)

2) 꽃바구니(flower basket)

① 원형(round) 꽃바구니

둥근 원의 형태를 가지고 있는 디자인으로 모든 줄기가 하나의 초점을 향해 움직이는 방사상의 구성을 가지고 있다. 부케나 꽃꽂이의 원형디자인과 같이 바구니를 이용하는 완전한 구의 형태, 타원형, 반구의 형태까지 포함하고 있다.

비더마이어 디자인과 같이 음화적인 공간이 전혀 없이 제작하는 방법과 음화적인 공간을 많이 가지고 있는 원형의 제작도 가능하며, 이러한 다양한 형태는 상업적으로도 많이 사용되고 있다.

● 특징

- 대칭으로만 가능하다.
- 둥근형, 타원형, 반원형 등도 원형의 형태이다.

- 중심은 바구니의 중앙에 위치한다.
- 모든 줄기가 중심의 초점으로 향하는 방사형으로 제작된다.
- 전체적인 원형의 외곽선을 가진다.
- 사방 어느 곳에서도 같은 원형의 형태가 유지된다.

② 평행형(parallel) 꽃바구니

작품 안에서 대부분의 소재가 평행으로 배치되어 있어야 하나 모든 줄기가 평행으로 배치되어야 하는 것은 아니다. 평행의 운동성을 표시나게 방해하지 않게 혹은 평행된 교차도 가능하다.

● 특징
- 소재의 가치에 따라 길이를 다르게 꽂아 준다.
- 대칭, 비대칭 구성 모두 가능하다.
- 소재는 각기 다른 여러 개의 생장점을 가진다.
- 적은 양으로도 효과적으로 구성할 수 있다.
- 베이싱(basing) 처리가 간결하면 평행이 더욱 돋보인다.

그림 3-9. 꽃바구니의 종류(왼쪽부터 원형, 평행형, 직사각형)

3) 꽃꽂이(flower arrangement)

화훼류의 꽃이나 나뭇가지를 꽃병이나 수반에 꽂는 형태로 기술적인 면과 기능적인 면을 바탕으로 한다. 기본적인 디자인의 요소와 원리에 부합하도록 꽂아 인간의 미적본능을 표현 및 추구하는 정서적인 창조활동으로서 예술적 기능성, 합리성 등의 조건을 충족시키는 디자인적 창조활동을 의미한다. 즉 꽃이 갖고 있는 형상, 색채, 그리고 아름다움을 살려 인간의 본능적 행위를 표현하는 창조적 조형 활동을 말한다. 예전에는 꽃꽂이를 동양 꽃꽂이와 서양 꽃꽂이로 구분하였으나 근래에는 지역적 특징에 따라서 한국 화훼장식, 웨스턴 화훼장식, 그리고 유러피언 화훼장식의 3가지로 분류하며, 시간적 특징에 따라서 전통 화훼장식과 현대 화훼장식으로 구분하게 되었다.

4) 코르사주(corsage)

코르사주란 프랑스 발음으로 '꼬르사쥬'이며, 어원적인 뜻은 여인의 허리를 중심으로 상반신이나 의복에 직접 또는 간접적으로 장식하는 작은 꽃다발(꽃묶음)을 말한다. 그러나 오늘날에는 활용 범위가 넓어짐에 따라 머리를 비롯하여 목, 어깨, 가슴, 허리, 등, 팔, 손목 등의 신체 부위에 장식하는 용도 외에도 귀걸이, 목걸이, 모자, 팔찌, 핸드백, 구두 등의 장신구와 증정용 선물에도 사용하고 있다.

코르사주의 범위가 점점 커지면서 몸 전체에 장식하는 Body Flower의 의미로 생각할 수도 있다. 사용하는 장소에 따라 다른 이름으로 불리며 어깨에 장식할 경우에는 숄더, 손목에 장식하면 리슬렛, 머리는 헤어 드레스 등으로 부른다.

착용 부위에 따라 다음과 같이 분류한다.

그림 3-10. 코르사주의 종류

헤어 코르사주(hair corsage)는 머리를 장식하는 데 사용하는 코르사주로 크라운(crown), 코러니트(coronet), 헤어드레스(hair dresss), 콰퓨어(coiffure), 티아러(tiara) 등의 형태가 있다.

쇼울더 코르사주(shoulder corsage)는 어깨 부분을 장식한 코르사주로 에폴렛(epau-let), 숄더 프레이(shoulder pray)라고 부르기도 한다.

웨스트 코르사주(waist corsage)는 허리 부분을 장식하는 코르사주로 지나치게 무거워 보이는 코르사주는 자칫 허리가 두꺼워 보이기도 한다.

바스트 코르사주(bust corsage)는 가슴 부위를 장식하는 용도로 사용되고, 백사이드 코르사주(backside corsage)는 등이나 여성의 뒷모습을 장식하는 데 사용하는 코르사주로 트레인이 달린 드레스에 많이 사용한다.

리스틀릿 코르사주(wristlet corsage)는 팔이나 손목을 장식하는 팔찌 모양이고, 앵클릿 코르사주(anklet corsage)는 발이 드러나는 드레스를 입을 경우에 발목이나 발목 뒷부분을 장식하는 데 사용한다.

러펠 코르사주(lapel corsage)는 양장이나 저고리의 접은 옷깃을 장식하는 코르사주를 말한다.

5) 부토니어(boutonniere)

신랑의 가슴에 다는 꽃을 말하는 것으로 남성이 꽃을 바치며 청혼을 하면 청혼을 받아들인다는 의미로 여성이 선물 받은 꽃다발에서 한 두 송이를 뽑아 남성에게 되돌려 주는 것이 부토니어의 시초였다. 부토니어는 신랑뿐만 아니라 신랑 쪽 들러리, 링 보이(ring boy), 아버지, 주례, 오케스트라, 동생 등이 사용한다. 신랑의 부토니어는 신부 부케와 맞추고, 신랑 들러리는 신부 들러리와 맞추어서 디자인한다. 링 보이의 것은 특히 작게 만들어야 한다.

그림 3-11. 부토니어의 종류(이상호, 2007)

6) 신부 부케(bridal bouquet)

브라이달 부케는 신부를 위한 꽃다발이라는 뜻이다. 가장 오래된 기록에 따르면 기원전 2800년 고대 이집트 시대부터 사용되어 왔으며, 그리스의 신부들은 깨어지지 않는 사랑의 약속인 의미로 아이비(ivy) 잎을 손에 들었고, 로마의 신부들은 순종하는 의미로 손에 풀을 들었다고 한다. 또한 로마시대에는 결혼을 주재하는 신이 황금색을 좋아하여 결혼 당사자들은 신의 행운을 받기 위하여 황금색 꽃과 면사포를 썼다. 기독교 국가에서는 순결과 처녀성의 상징으로 신부가 흰색의 백합을 들었다. 우리나라에서도 1890년경 선교사들이 주관한 결혼식을 기점으로 신부 부케가 도입되었는데 그때부터 부케가 본격적으로 사용되기는 했지만 선물의 용도보다는 주로 결혼식의 용도로 국한되었다. 따라서 부케의 의미는 일반적인 꽃다발의 의미보다 신부화의 의미가 컸다. 하지만 정확한 부케의 의미는 모든 형태의 꽃다발을 의미하는 것으로 특히, 결혼식 때 신부용으로 쓰이는 것을 브라이달 부케라 하여 상품디자인으로 분류된다.

① 제작에 따른 기술적인 기법의 분류

- 와이어링(wiring) 테크닉 : 영국식 테크닉으로 꽃줄기와 잎을 꽃받침의 2~3㎝ 아래에서 잘라 철사로 처리한 후 테이핑 한다. 자유로운 형태로 만들 수 있어 장식적이고 인위적인 느낌은 주지만 가벼워서 좋다.

● 내추럴 스템(natural stem) 테크닉 : 자연줄기를 그대로 묶어서 다발 형태로 만든 부케이다. 줄기의 배치는 직선(parallel, 평행), 나선형(spiral, 스파이럴) 모두 가능하다. 핸드타이드 부케로 많이 이용되고 있다.

● 혼합(mixed) 테크닉 : 철사로 처리한 것과 자연줄기를 적당히 섞어서 사용한 테크닉이다.

● 플로랄 폼 홀더(floral form holder) 테크닉 : 물에 적신 부케 홀더에 꽃을 꽂아 수분을 유지시키는 방법이다. 제작 방법이 간단하고 짧은 시간에 작업할 수 있는 장점이 있지만, 신부가 들면 무거운 것이 단점이다. 꽃이 빠지지 않게 고정될 수 있도록 플로랄 접착제를 이용한다.

② 부케 형태의 분류

● 원형(round) 부케 : 원형이나 반구형 형태로 구성되는 부케를 말한다. 이 부케는 중세 이전부터 사용되어 온 전통적인 형태의 부케이다. 현재까지도 많이 사용되고 있지만 소재나 크기는 예전과 매우 다른 양상을 보이고 있다. 한 종류의 꽃을 사용하기도 하고 여러 종류의 꽃을 혼합해서 만들기도 한다. 콜로니얼, 노즈케이, 터지머지, 포지 등도 여기에 속한다.

- 콜로니얼(colonial) : 미국의 식민지(colonial) 시대에 유행하던 부케의 형태이다. 라운드형의 부케와 같은 형식을 보이지만 부케의 가장자리에 태양의 코로나(corona)에 해당하는 레이스, 리본, 틀, 그린 잎 등을 사용하여 받침을 만들어 준다.

그림 3-12. 신부 부케의 종류(1원형, 2폭포형, 3초승달용)

- 노즈게이(nosegay) : 향이 좋은 꽃을 여러 가지로 섞어서 원형으로 만든 부케이다.
- 터지머지(tuzzy muzzy) : 꽃의 색이나 종류별로 동심원 모양으로 만든 부케이다.
- 포지(posy) : 꽃의 간격을 촘촘하게 하여 볼륨감과 원의 풍성함을 표현하는 부케이다.

● 폭포형(cascade) 부케 : 원형의 본체에 갈란드를 조립하여 만드는 부케로 원형이 자연스럽게 길어진 형태이다.

● 초승달형(crescent) 부케 : 초승달 형태의 부케를 말하며 크레센트 부케라고도 한다. 부드러운 곡선으로 만든 갈란드 2개를 중심 부분에서 자연스럽게 조합하여 비대칭의 형태가 되도록 디자인한다.

● 삼각형(triangular) 부케 : 길이가 다른 세 개의 갈란드를 조립하여 삼각형 형식으로 구성한 부케이다.

● S자형(Hogarth) 부케 : 호가스 부케는 길이가 다른 두 개의 갈란드를 S자 형태로 연결한 부케이다. 두 개의 갈란드를 1 : 2나 1 : 3의 비대칭으로 구성하여 균형을 잘 맞추어야 한다.

그 외에도 부채형(fan) 부케, 구형(ball) 부케, 다이아몬드형(diamond) 부케, T자형(T-style) 부케 등과 같은 고전스타일의 디자인이 있다. 선과 형을 강조하는 포멀리니어(fomal linear) 부케, 식물이 자라나는 형태로 자연과 가깝게 디자인한 식생적(vegetative) 부케, 부케 표면의 질감을 강조하거나 부케의 구조적인 형태를 강조한 스트럭처(structured) 부케, 줄기를 그대로 사용하여 묶어주는 핸드타이(hand-tied) 부케 등이 있다.

③ 부케의 사용 목적에 따른 분류

● 브라이들 부케(bridal bouquet) : 신부가 결혼식 때 드는 부케
● 고잉 어웨이 부케(going away bouquet) : 신혼여행 떠날 때 들고 가는 부케
● 쇼 부케 (show bouquet) : 부케 쇼나 피로연 부케
● 브라이즈 메이드 부케(bride's maid's bouquet) : 신부 들러리용 부케
● 플라워 걸즈 부케(flower girl's bouquet) : 꽃을 뿌리는 소녀용 부케

7) 화환(wreath, krants)

화환은 처음과 끝이 없는 영원성을 상징한다. 화환에 많이 사용하는 상록수들은 영원한 삶을 상징하고, 인생의 재탄생이라는 윤회사상도 포함되어 있어 장례식에서 많이 사용되고 있다. 그 외에도 올림픽 경기 승리자의 머리에 씌워 영광을 상징하기도 했고, 사랑의 의미를 담은 크리스마스 장식, 벽장식, 테이블 장식 등으로 다양하게 사용되고 있다. 2000년 전 이집트에서 화환으로도 사용하였고 우리나라에는 1900년대 초에 선교사들에 의해 도입되어 현재 다양한 형태로 발전되고 있다.

화환의 종류는 다음과 같다.

장식적(decorative) 화환은 중가치의 식물소재를 사용하여 풍성하게 화환의 윤곽을 맞추어야 한다. 대칭구조로 배열하며 꽃은 높낮이와 공간의 변화를 주며 디자인한다. 침엽수 잎으로 구성하는 것이 좋으며 꽃들은 주, 역, 부 그룹으로 있는 것이 좋다.

식생적(vegetative) 화환은 식물심기의 화환으로 식물의 가치를 살리고 식물 생장적 디자인을 중심으로 한다. 주, 역, 부 그룹을 염두에 둔다.

그림 3-13. 화환의 종류별 형태(1장식적, 2식생적, 3선형적, 4구조적)

선형적(formal-linear) 화환은 선과 형태를 살려서 비대칭으로 디자인한다.

구조적(structure) 화환은 구조적인 윤곽에서 벗어나지 말아야 하며 짜임새 있는 배열이 중요하다. 여러 가지의 표면구조를 통하여 색다른 느낌을 준다.

(2) 분화장식

식물을 다양한 용기에 심어 장식하는 것을 분화장식이라 한다. 즉, 실내 · 외의 구분과 채광의 정도, 온도, 습도 등 자생지의 환경조건을 고려하여 용기와 식물 첨경물 등을 적절하게 이용하여 기능적 가치와 장식적 가치의 효과를 누릴 수 있도록 구성하여 공간을 장식한다. 식물의 종류와 선택에 따라 분경, 디시가든, 테라리움, 비바리움, 아쿠아리움, 다육식물 심기, 석부작, 수경재배 등의 여러 종류가 있다.

1) 분경(plant arrangement of landscape style)

분경은 우리나라의 삼국시대 때부터 이용된 것으로 추측된다. 한국의 전통적인 관상식물을 이용하여 아름다운 자연의 특징적인 부분의 절경을 축소 표현한 것이다. 자연관찰을 기초로 하여 구도를 결정하고, 의도하는 경치를 표현하는 조형예술로서 주로 자생식물을 이용하여 자생지의 식생상태를 표현한다. 산, 숲, 들판, 계곡, 골짜기 등의 자연경관을 표현하고 용기는 화려하지 않은 무채색의 도자기, 토기, 돌, 평석, 고목 등이 이용된다. 주 소재들은 주로 사계절을 표현하며 개화의 시기, 색상에 따른 배열, 자생지의 습성, 생육의 강도, 식물 간의 공생관계 등의 사전 지식이 필요하다.

그림 3-14. 분경(1 석분경, 2 자생식물을 이용한 분경)

종류에는 초본을 위주로 한 초본분경, 나무류를 위주로 한 목본분경, 돌을 위주로 한 석분경, 이끼를 주소재로 한 이끼분경 등이 있다.

2) 디시가든(dish garden)

1960년대에 미국에서 유행했던 디시가든은 깊이가 낮은 다양한 형태의 접시 또는 일상생활에 사용하는 용기에 흙을 채워 정원의 형태를 연출하는 것으로 키가 작고 자라는 속도가 매우 느린 식물을 선택하는 것이 좋다. 이끼, 돌, 고목 등의 장식물을 이용해 정원의 모습으로 만든다.

그림 3-15. 디시가든

3) 테라리움(terrarium), 비바리움(vivarium), 아쿠아리움(aquarium)

테라리움은 라틴어 'terra(흙)'와 'arium(용기, 방)'의 합성어로 1829년 영국 출신의 의사 Nathaniel Ward가 밀폐된 용기에 흙을 채우고 나비의 유충에 관한 연구를 하던 도중 그 속에서 양치류의 포자가 발아하여 자라는 것을 발견한 데서 시작되었다. 유럽에서 유행하기 시작하여 1850년대 이후에 미국인들이 실용화 시켜 Wardian case로 불렸으며, 우리나라에는 1970년 중반에 소개되어 1980년대에 일반화되었다.

그림 3-16. 테라리움

그림 3-17. 비바리움

그림 3-18. 아쿠아리움

제작순서는 다음과 같다.

① 투명하고 밀폐된 용기에 배수층을 깔고 토양에서 발생되는 유해물질을 흡수해 주는 숯을 깐다. ② 그 위에 토양을 채운 다음 아름다운 소형식물들을 배치하여 기른다. ③ 습도를 정확하게 맞추어 밀폐를 하면 수분이 유지된 채로 식물이 자라기 때문에 별도로 물을 주지 않아도 오랜 동안 유지된다.

비바리움(vivarium)의 'viva'는 동물을 의미하며 유리용기 속에 도마뱀, 뱀, 이구아나, 개구리 등의 동물과 식물이 어우러져 공생할 수 있는 생육조건을 만든다. 아쿠아리움(aquarium)의 'aqua'는 물을 의미하며 유리용기 속에 연못을 만들어 시페루스와 같은 수생식물을 심고 물속에 거북이나 관상용 물고기를 넣어서 키우는 것을 말하는데 동물과 식물의 생육조건이 비슷한 것을 골라야 한다.

4) 다육식물 심기(cacti garden)

여러 종류의 작은 선인장, 다육식물, 대기식물(air plants) 등의 나무와 돌을 곁들여서 디자인하는 것으로 마치 작은 사막과 같은 이국적 분위기를 연출한다. 깊이가 낮은 용기에 배식하며, 용기에 배수구가 없는 경우에는 반드시 돌, 자갈 등의 배수층을 용기의 바닥에 구성해 주어야 한다.

그림 3-19. 다육식물 심기

5) 공중걸이와 벽걸이(hanging basket)

좁은 공간을 실용적으로 활용할 수 있으며 주로 바구니 모양이나 가벼운 용기에 반드시 인공용토를 사용한다. 덩굴성식물을 선택하여 흘러내리듯 심어 천정 또는 벽을 이용하여 달아 놓는 장식이다. 빛을 충분히 받기 어려우므로 음지식물을 이용하고 관수가 불편하므로 가능한 건조에 강한 식물을 선택하는 것이 좋다.

그림 3-20. 공중걸이와 벽걸이

6) 착생식물 붙이기(attachment of epiphyte)

석곡, 풍란, 병아리난초 등 난과에 속하는 착생식물을 나뭇가지나 바위에 붙여 아름다운 장식물을 만든다. 자생지에서 보면 돌단풍, 해국, 바위떡풀 등은 반양지에서, 기린초나 바위솔 종류는 양지의 바위에 착생하며, 특히 줄사철, 콩짜개덩굴, 마삭줄 등은 음지의 나무나 바위에 착생하는 것을 볼 수 있다. 은녹색의 잎이 아름다운 파인애플과 틸란드시아속의 식물은 종에 따라 다양한 모양을 가지고 있으며 나뭇가지에 붙여 멋진 풍경을 연출할 수 있다. 최근에는 이러한 자연 상태의 모습을 응용해 돌이나 나뭇가지에 붙여서 다양한 모습으로 연출한다.

그림 3-21. 착생식물 붙이기

7) 수경재배(hydroponics)

흙을 사용하지 않고 물속에서 자라도록 재배하는 방법을 수경재배(water culture) 또는 물재배라 한다. 여기에는 토양에서 공급되는 영양분이 필요하지 않은 구근류의 히아신스나 수선화, 아마릴리스와 같은 저장기관이 발달된 식물들이 적합하고 싱고니움, 신답서스와 같은 천남성과 식물, 자생식물인 석창포와 속새 등의 식물을 선택하면 좋다. 알뿌리의 아래 부분을 물속에 담가 햇빛이 비치는 곳에 두면 뿌리를 내리고 싹이 터서 향기로운 꽃이 핀다. 투명한 용기를 사용하여 뿌리의 생육과정을 육안으로 관찰

그림 3-22. 수경재배

할 수 있어서 좋고, 아름다운 돌이나 구슬은 장식효과와 함께 식물을 지지해주는 역할을 한다. 물속에 숯을 넣어주면 유해물질을 흡수해 물이 잘 썩지 않는다. 특히 봄철에 실내공간 장식용으로 많이 이용되고 있다.

8) 토피어리(topiary)

자연 그대로의 식물을 동물 형태, 구형, 하트 등의 각종 모형으로 가지를 전정하여 특수한 형태를 만들어 장식하는 것을 말한다. 최근에 들어서는 실외의 조경수목에 사용하는 원예장식뿐만 아니라 이끼, 조화, 건조화, 생화 등을 이용해서 실내의 장식품으로도 널리 사용된다. 특히 분화를 이용할 경우에는 푸밀라, 러브체인, 아이비 등과 같은 덩굴성식물을 많이 사용한다. 식물이 자라면서 외곽의 틀 형태를 덮으며 특정한 모양을 내면서 자랄 수 있도록 관리해 준다. 관수 시에는 물이 흘러내리지 않도록 토피어리를 담을 수 있는 용기가 필요하다.

그림 3-23. 토피어리

(3) 가공화장식

가공화는 생화의 아름다움을 지속 및 유지하기 위한 것으로 지속성이 짧은 생화의 아쉬움을 보완하여 가공기술을 개발한 건조화와 보존화 등이 생산되고 있다. 생화와는 다른 독특한 질감과, 색, 형태의 아름다움을 지니고 있어 많이 사용되고 있으며, 그 특성에 따라 다양한 기법과 용도로 부가가치성을 높이는 다양한 상품의 개발이 이루어지고 있다.

선물용, 축하용, 디스플레이용, 장식용, 부케, 팬시용품 등의 용도로 이용되고 있으며 가공화에는 건조화, 압화, 프리저브드, 포푸리, 콜라주, 염색화 등이 있다.

그림 3-24. 가공화장식(1프리저브드, 2압화, 3콜라주)

3. 공간 연출 분류

(1) 생활공간의 연출

1) 주거용 공간

주거용 장식에는 지속적으로 관상할 수 있는 분식물과 변화를 찾고자 하는 절화용 장식, 건조소재나 조화를 이용한 벽걸이용 리스나 갈란드 등이 있다. 주거공간의 현관, 실내 · 외 공간, 거실, 침실 테이블, 발코니, 벽면, 옥상 등에 이용되어 아름다운 공간을 장식한다.

2) 사무용 공간

환경조절과 공기정화 기능으로 쾌적한 환경을 만들고 사무원들에게 일의 효율과 창의성을 높여주는 곳이다. 충분한 휴식을 취할 수 있도록 다양한 관엽식물이나 분식물 또는 실내정원으로 장식하여 계절별로 지속적인 관리를 할 수 있도록 한다. 장기적으로 화훼장식을 유지하기 위해서는 화훼장식가들의 노력이 필요하다.

3) 상업용 공간

판매를 목적으로 하는 백화점, 호텔, 음식점 등은 고객들의 주의를 끌어들이고 발걸음을 유도하기 위해 분위기 있고 편안한 실내장식과 디스플레이가 중요하다. 상업공간의 주된 목적은 고객들에게 상품을 인지시켜 구매효과를 높이기 위한 것이므로 상업용 공간장식에는 단순한 공간장식보다 상업공간의 이미지 전달과 상품홍보를 위하여 디스플레이의 효과를 최대한 발휘할 수 있는 시공능력과 창작능력이 바탕이 되어야 한다. 꽃꽂이, 대형 분식물 또는 실내정원 등 화훼장식가의 전문성이 요구되는 공간장식이라 할 수 있다.

그림 3-25. 생활공간의 연출
(맨 위부터 주거용 공간, 사무용 공간, 상업용 공간)

(2) 이벤트 연출

행사용 화훼장식은 생일, 고희, 무대장식, 결혼식, 장례식, 전시회장 등의 행사장이 더욱 돋보일 수 있도록 행사의 시간, 장소, 목적(T, P, O)에 따라 멋진 공간연출이 중요하다. 주로 무대장식, 만

그림 3-26. 무대장식(한국플로리스트협회 행사 2006, 코리아 컵 플라워 디자인 경연대회, 2007)

그림 3-27. 스탠드 화환

찬용 테이블장식과 단상, 들어가는 입구, 그리고 부케와 코르사주(corsage), 축하용 꽃다발, 스탠드 화환 등이 있다.

1) 무대장식

각종 공연과 연주회 행사를 더욱 돋보이게 하기 위하여 각종 분식물, 꽃바구니, 화환뿐만 아니라 독창적이고 아름다운 디자인으로 무대를 화려하게 장식한다.

2) 결혼장식

① 결혼식장 장식의 계획(planning for wedding hall decoration)

화훼장식가는 결혼식장의 규모와 천장의 높이, 내부 장식과 조명 등을 고려하여 효과적으로 디자인을 구상하고 전체의 형태와 크기, 필요한 꽃의 양을 결정해야 한다. 교회나 성당 등 어떤 형태의 장식이든지 포인트는 결혼식이 거행되는 중앙의 단상에 모든 시선이 집중되도록 하며 꽃, 조명, 음악이 조화를 이루도록 엄숙하면서도 화려한 분위기에 어울리도록 장식한다. 꽃은 신부용 부케와 맞추어 일반적으로 분홍색 또는 흰색을 바탕으로 한 파스텔 색조를 선택한다.

② 단상장식(platform decoration)

단상의 꽃장식은 결혼식장의 중심이 되므로 결혼식에 참석하는 하객들 모두에게 보일 수 있도록 장식한다. 단상장식은 먼 거리에서도 볼 수 있어야 하므로 흰색이나 밝은 색상의 큰 꽃을 사용하는 것이 가장 효과적이다. 좌우대칭이 일반적이나 비대칭이더라도 전체가 하나가 될 수 있도록 연결하여 장식한다. 단상의 색상과 형태, 뒷 배경, 꽃길과도 연결되도록 장식하는 것이 중요하다.

③ 버진 로드(virgin road)

버진 로드는 결혼식장의 입구에서 단상 앞까지 이르는 중앙통로이다. 신랑 신부의 새로운 인생을 출발하는 첫길이므로 흰색 또는 색동색의 천을 깔고 축복과 희망을 상징하는 꽃으로 장식한다. 행렬이 이루어지는 중앙통로의 양측은 단상의 꽃과 통일되게 하고 리본과 보우, 양초와 함께 장식한다.

그림 3-28. 버진 로드와 웨딩 아치

④ 웨딩 아치(wedding arch)

신랑 신부의 첫 출발에 어울리는 꽃으로 구성된 아치로, 결혼식의 시작이라는 장소적 의미도 있다. 첫 출발의 장소이기 때문에 더욱 화려하게 장식하는 것이 좋다. 아치의 외곽 형태로 자연스럽게 연결함과 동시에 가벼운 느낌으로 화려하게 장식한다.

⑤ 리셉션(reception)

리셉션은 결혼식의 주제를 연장시킬 수 있도록 결혼식 장식과 같은 정도의 형식을 갖추어 장식하면 된다. 간단한 일반적 리셉션에서는 보통 케이크에만 꽃장식을 하지만, 형식을 갖춘 디너 리셉션에서는 각 테이블과 축하장을 아름답고 화려하며 즐거운 분위기가 가득 차도록 장식한다. 꽃과 색의 주제를 예식과 신부측 파티, 리셉션 파티복에 맞추어 표현해야 한다. 리셉션에 많이 쓰이는 꽃장식에는 케이크와 케이크 테이블, 선물 테이블, 뷔페 테이블, 헤드 테이블, 하객 테이블, 펀치와 샴페인 테이블 등이 있다.

그림 3-29. 리셉션 테이블

⑥ 결혼식장 입구장식(entrance of wedding hall decoration)

꽃장식은 보통 결혼식장 입구에서부터 시작된다. 방명록 테이블이나 스탠드, 신랑 신부의 사진액자는 일반적으로 식장 입구에 놓게 되는데 이 위치에 화훼장식품이나 간단한 꽃병으로 조화롭게 테이블을 장식한다.

⑦ 자동차 장식(car decoration)

신랑 신부의 이동 수단으로 사용되는 승용차에는 밝고 화려한 색의 꽃으로 장식한다. 일반적으로 생화를 사용하여 승용차의 앞과 뒤, 혹은 앞의 보닛 위를 장식한다. 차의 손잡이에도 작은 꽃 장식을 달아 리본을 연결하여 우아하게 장식하기도 하는데 신혼여행 시 먼 길을 달려야 하므로 생화가 손상될 우려가 있어서 요즘에는 조화를 많이 이용하기도 한다.

3) 장례장식

장례용 꽃은 고인에 대한 명복을 기리는 마음과 유족들의 슬픔을 위로하는 뜻으로 표현된다. 장례용 꽃은 고인의 애도를 표현할 수 있는 꽃이면 어떤 꽃이라도 상관없겠지만 살아생전에 고인이 좋아하던 꽃이나 유족이 원하는 꽃을 선택하여 보내는 것이 좋다. 국화나 백합, 데이지, 글라디올러스, 아이리스, 칼라, 리시안서스, 사스레피나무, 상록수, 아이비 등이 흔히 쓰이며, 꽃은 가장 아름다운 상태인 70~80% 정도 개화된 것이 좋다.

기본적인 장례식 화훼장식 디자인의 크기와 스타일은 사용되는 꽃의 형태에 따라 크게 달라진다. 장례용 화훼장식으로는 스탠딩 스프레이(이젤), 리스, 바스켓, 어레인지먼트, 캐스킷 커버, 그 외 분식물 장식 등이 있다. 장례식용 조화에는 고인과 보내는 사람의 이름을 적은 보우를 첨부하여 유가족의 기억에 도움을 주도록 한다.

그림 3-30. 영정 사진틀과 영구차

그림 3-31. 장례장식(왼쪽부터 스탠딩 화환, 어레인지먼트, 리스)

4) 축하장식

축하용 화훼장식은 상대방에게 증정을 목적으로 장식하기 때문에 공간의 적합한 형태보다는 행사의 의미에 중점을 두어 제작하며 출산, 생일, 결혼기념일, 졸업, 개업, 취임, 승진, 수상, 이전 등 여러 가지 행사에 이용되고 있다. 주로 꽃다발, 꽃바구니, 일회용 용기에 제작된 꽃꽂이, 난, 분식물, 화환 등의 다양한 화훼장식물이 이용되고 있다. 꽃다발의 경우 화려한 포장의 장식보다 자연줄기가 나타나 보이도록 제작해서 꽃병에 그대로 꽂아 감상할 수 있는 실용적인 방법으로 제작되기도 한다.

5) 테이블장식

테이블장식이란 테이블크로스, 컵, 식기, 센터피스 등을 이용해 조화롭게 장식하는 것을 말하며, 요리를 더욱 더 아름답고 품위 있게 하기 위함이다. 이중에서 식탁 중앙부의 장식을 센터피스(center piece)라고 한다.

최근에는 센터피스의 의미가 꽃장식으로 사용되는 경우가 많지만 촛대, 도기 인형, 유리 장식품 등도 센터피스에 포함된다. 테이블을 장식할 때는 센터피스를 비롯해서 음식, 식기, 음악, 조명 등이 잘 어우러져야 아름다운 테이블을 구성할 수 있다.

그림 3-32. 공간연출 디자인 테이블장식(왼쪽부터 수평형, 패러렐)

① 수평형(horizontal) 테이블 장식

좌우로 확장되는 선을 가지고 있다. 좌우로 움직이는 운동성 때문에 중심부의 꽃은 아주 낮게 배치한다. 수평형은 편안하고 부드러운 이미지를 가지고 있고 키가 낮기 때문에 테이블 센터피스로 많이 사용된다.

일반적으로 중심축을 기점으로 양쪽이 대칭으로 배치되고, 중심의 수직축이 매우 짧고 좌우로 길게 연장된 형태이다. 수직축의 높이와 수평의 길이가 1 : 4의 비율로 구성하는 것이 좋으며, 외곽선은 타원형, 원형, 사각형, 마름모와 같이 다양한 형태로 구성할 수 있다. 수평형의 응용으로 패러렐(parallel)이나 뉴 컨벤션(new convention) 디자인이 되기도 한다.

② 원형(round) 테이블 장식

라운드형이라고 표현하는 둥근 원의 형태를 가지고 있는 디자인으로 하나의 초점을 향해 움직이는 방사상의 구성을 가지고 있다.

포컬 포인트는 작품의 중심에 위치하고, 시퀀싱 기법으로 꽂으면 율동감이 있고 안정된 느낌을 준다. 직사각형의 긴 테이블에는 중간 중간에 배치하고, 테이블 공간을 효율적으로 이용한다.

6) 디스플레이

디스플레이 장식의 주된 목적은 단순한 공간장식이 아닌 고객의 주의를 끌어들이고 흥미를 유발시키며 욕구를 갖도록 유도하여 상품을 구입하게 만드는 것이다. 상업공간의 이미지 전달과 상품홍보를 위하여 디스플레이의 효과를 최대한 발휘할 수 있도록 한다. 판매하고자 하는 대상물을 효과적으로 전시하고 진열하는 방법으로 이미지와 상품의 특성을 전달하여 시선을 끌어낼 수 있는 연출이 필요하다. 따라서 디스플레이는 독창적인 연출과 창작능력이 바탕이 되어야 한다.

4. 화훼장식의 표현 양식과 형태의 분류

(1) 한국 화훼장식의 형태

1) 전통 디자인

한국의 전통 화훼장식은 단순한 표현으로 공간의 기능을 살리고 곡선의 유동감을 연출하기 위한 삼지법인 삼각구성의 구도를 가지는 형태이다. 선과 여백을 중시하고 꽃꽂이를 정서생활의 함양과 수양의 수단으로 이용하는 정적인 순수 예술의 특성을 지니고 있다.

한국의 전통 화훼장식은 첫째, 자연에서 자라고 있는 식물의 모습을 살려 수반이나 꽃병 그 외의 용기에 자연적으로 구성하는 일반적인 비대칭 형태이며 특히, 나뭇가지의 선을 살린 동적 표현으로 자유롭게 연출하고 여백의 미를 창조하는 표현양식이었다. 둘째, 양감적인 표현양식으로 좌우대칭의 공간처리가 없는 구성으로 주로 헌공화의 구성표현으로 나타내었다. 셋째, 산화양식으로 꽃잎을 바구니에 담아 주변에 흩뿌리는 형식으로 조선시대까지 이용되어져 왔다.

2) 현대 디자인

한국의 현대 화훼장식에서 사용되고 있는 여러 가지 화형들은 전통 화훼장식에서 원형들이 발견되었음을 역사적인 자료에서 찾아 볼 수 있다.

현대에는 그 원형들을 바탕으로 현대적 감각에 맞게 변형시켜 사용하고 있으며 세계적인 문화교류가 활발해짐으로 인하여 다양하고 새로운 양식들로 발전해 가고 있다. 현대적인 화형에는 기본형과 응용형, 화형에 구애받지 않는 자유형이 있다. 기본화형이 규범에 의한 형이라면 그 형을 바탕으로 창의적, 조형적, 독창적인 작가의 의도를 담은 것을 자유형이라 한다. 이런 점에서 기본형과 자유형의 차이는 크다고 할 수 있다.

3) 한국 꽃꽂이의 기본 화형 분류

① 직립형

세 주지의 선 중 1주지가 직립으로 서는 형이다.

- 1주지 = 0~15°, 전후좌우로 움직일 수 있다.
- 2주지 = 40~50°, 왼쪽 앞 옆에 정면과 측면에서 보아 수직선에서 45° 각도이다.
- 3주지 = 70~80°, 오른쪽 앞 옆에 75° 각도로 꽂는다.

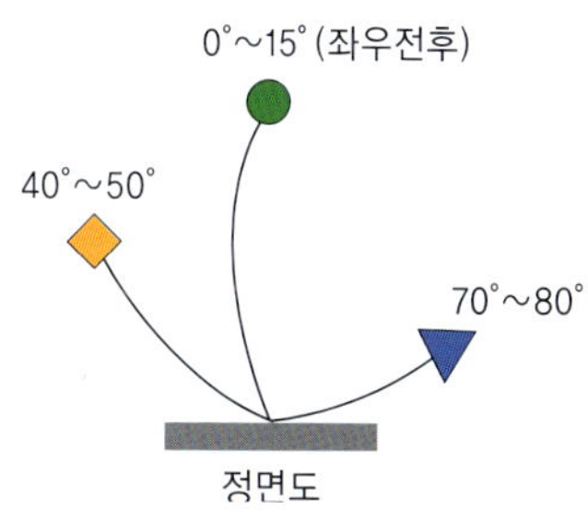

그림 3-33. 직립형의 기본 화형도

② 경사형

1주지가 좌우 어느 한쪽으로 기울어지는 형태이다.

- 1주지 = 40~50°, 왼쪽 앞 옆에 정면과 측면에서 보아 수직선에서 45° 이다.
- 2주지 = 0~15°, 전후좌우로 움직일 수 있다.
- 3주지 = 70~80°, 오른쪽 앞 옆에 75°로 꽂는다.

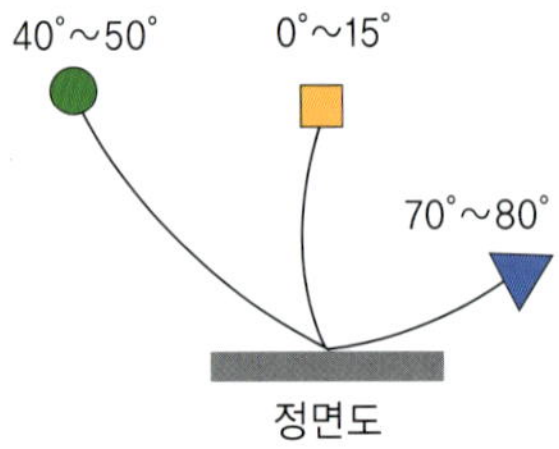

그림 3-34. 경사형의 기본 화형도

③ 하수형

1주지가 수평선(90°)보다 훨씬 아래로 늘어지는 형태이다(90~140°). 이 화형은 앞으로 늘어지기 때문에 높은 콤포트형의 화기가 좋다.

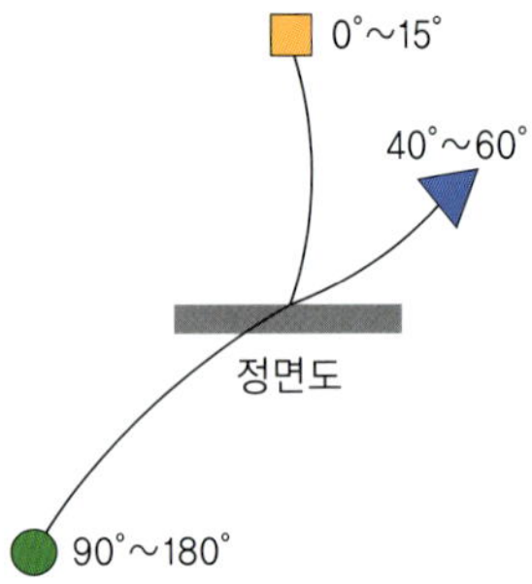

그림 3-35. 하수형의 기본 화형도

④ 평진형

1주지가 80~90°로 거의 수평에 가깝게 꽂고 2주지는 40~50°로 해서 폭을 정한 뒤 3주지는 앞뒤로 60~70°로 낮게 하여 균형이 이루어지도록 한 후 사이에 부지를 조화롭게 꽂는다.

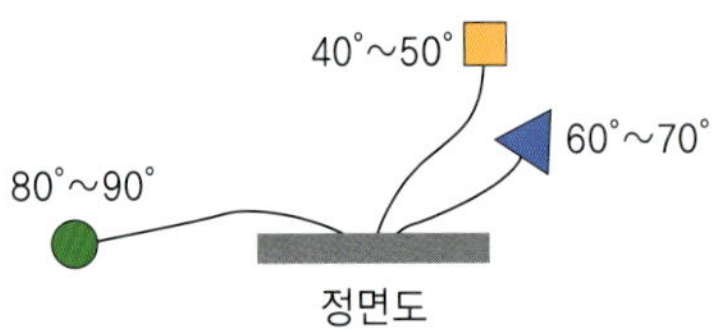

그림 3-36. 평진형의 기본 화형도

⑤ 분리형

1주지는 0~15°로 세우고 2주지는 40~50°로 기울인다. 3주지는 1, 2주지와 떨어져서 70~80°로 기울이는 형이다. 미는 분리되어 있지만 전체로 보았을 때 하나로 연결되어지는 형이다.

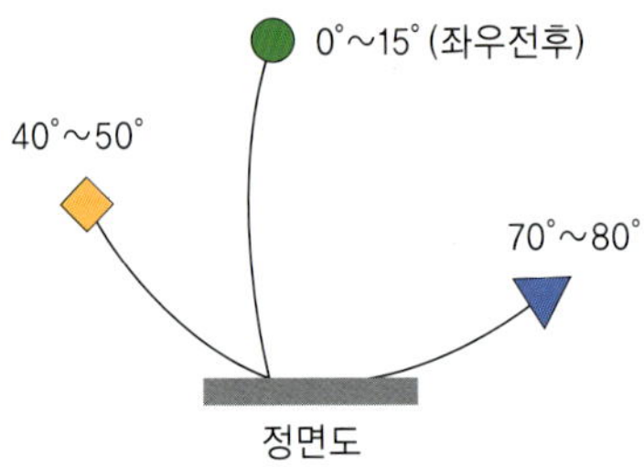

그림 3-37. 분리형의 기본 화형도

(2) 웨스턴 화훼장식의 형태

웨스턴 화훼장식은 고대 이집트 시대부터 시작된 유럽 정통 스타일이 영국의 영향을 받아 미국에서 발전된 스타일이다. 꽃과 잎의 형태에 따라서 둥글고 방사형인 줄기 배열이 특징이었으나, 후에 동·서양의 영향을 받아 기하학적인 모양으로 형태가 바뀌었다. 줄기 사이의 빈 공간이 작아 소재 개개의 모습보다는 소재가 어우러진 전체 모습의 양감적 디자인으로 발전되어 오다가, 세계적인 문화교류로 인한 동양화예의 아름다운 선과 합쳐져서 선과 양의 두 가지가 복합된 현대식 디자인이 만들어졌다. 웨스턴 디자인을 분류하면 전통적인 고전적 디자인 스타일과 현대적인 자연적 디자인 스타일, 선적 디자인 스타일, 실험적 디자인 스타일, 추상적 디자인 스타일 등이 있다.

1) 전통 스타일(classic design style)

20세기 중반까지의 스타일로 전통적인 기하학적 형태를 기초로 한 기본화형이다. 수직형, 수평형, L자형, 삼각형, 역T형, 반구형, 구형, 원추형, 초승달형, S자형, 부채형, 타원형으로 구성된다.

① 수직형(vertical)

수직형은 가장 기본적 형태 중의 하나로 넓이보다는 높이를 강조한 디자인이다. 디자인의 특성상 위쪽으로 상승하는 강한 운동감으로 인해 남성적인 힘을 느낄 수 있으며, 수직선의 강조를 위해 대부분 화기 폭의 범위 내에서 크게 벗어나지 않도록 디자인한다.

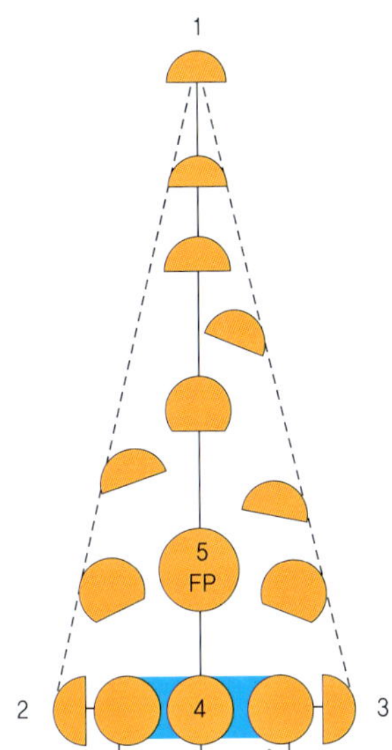

그림 3-38. 수직형의 정면도

- 특징
  - 수직축은 화기의 중심에 위치한다.
  - 넓이보다는 수직적인 높이가 강조된 디자인이다.
  - 화기의 크기(높이와 폭)에 맞게 디자인의 높이가 결정되어야 한다.
  - 위쪽으로 상승하는 강한 운동감을 가지고 있기 때문에 천장이 높은 장소에 잘 어울린다.
  - 제단이나 문 입구에 좌우 쌍으로 배치하면 잘 어울린다.
  - 폭은 너무 넓지 않게 구성하는 것이 좋다.

② 수평형(horizontal)

수평선이 강조되므로 좌우로 확장되는 선을 가지고 있고, 좌우로 움직이는 운동성이 있기 때문에 중심부의 꽃은 높지 않게 한다. 수평형은 편안하고 부드러운 이미지를 가지고 있으며 테이블 센터피스(table center piece)로 많이 사용된다. 이때 시야를 가려서는 안된다.

● 특징
- 중심축이 매우 짧고 좌우로 길게 확산된 형태이다.
- 대칭 또는 비대칭 모두 가능하다.
- 수평형이 변형되어 패러렐(parallel)이나 뉴 컨벤션(new convention) 디자인이 되기도 한다.

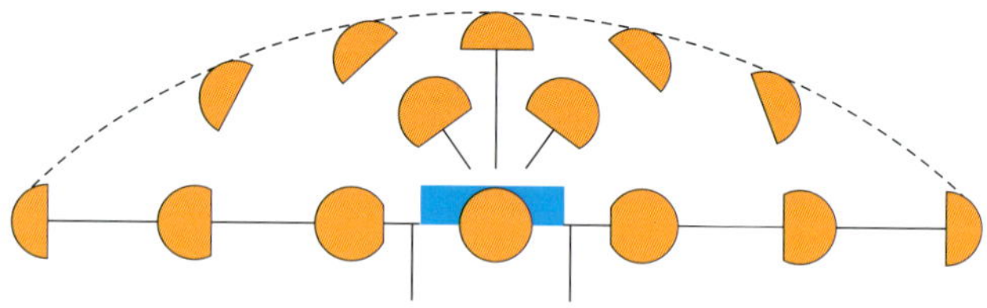

그림 3-39. 수평형의 정면도

③ L자형(L shape)

이 디자인은 알파벳 L자의 형태로 긴 수직형에 짧은 수평형을 혼합한 형태이다. 제단을 장식할 때 좌우로 많이 사용되며, 기본 형태에서 약간 응용된 형태로 좌우 비대칭으로 구성된 디자인이다. 음화적 영역은 최소화하는 직선 구성에 속한다.

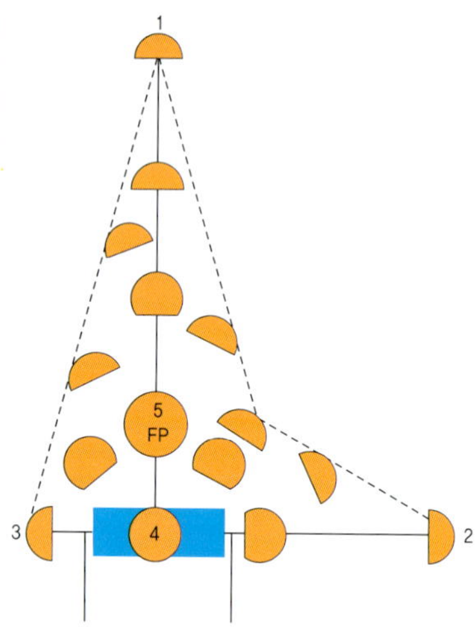

그림 3-40. L자형의 정면도

● 특징
- 수직선과 수평선으로 안정감이 있는 직각으로 만난다.
- 수직선과 수평선이 분리되어 보이는 것은 균형상 좋지 않다.
- 포컬 포인트는 높지 않게 구성한다.
- 외곽선 바깥부분의 빈 공간으로 인해 L자형이 더욱 뚜렷이 보인다.

④ 대칭 삼각형(symmetrical triangular)

도형의 삼각형 윤곽으로 수직의 중심축을 기점으로 양쪽이 같은 형태, 모양, 색, 무게가 배치된다. 그러나 화훼장식은 시각적 예술이기 때문에 실제의 무게보다 시각적인 무게가 더 중요하게 좌우된다.

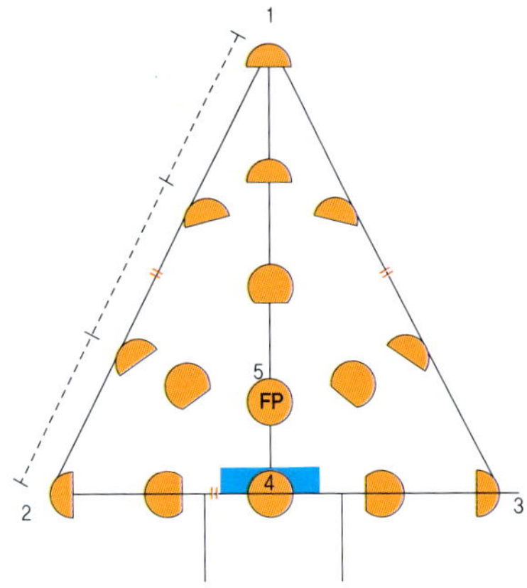

그림 3-41. 대칭 삼각형의 정면도

대칭 삼각형은 일반적으로 세 변이 같은 정삼각형을 많이 사용하며, 이것을 변화시켜 부등변 삼각형, 직각삼각형 등으로도 표현할 수 있다.

- 특징
  - 중심축의 좌우는 반드시 대칭을 이루어야 한다.
  - 근엄하고 안정적이며 장식적인 경우가 대부분이다.
  - 줄기는 방사형으로 구성된다.

⑤ 비대칭 삼각형(asymmetrical triangular)

대칭 삼각형의 약간 변화된 형태로 중심축의 양쪽이 다른 구성을 가지고 있는 삼각형의 형태이다. 양쪽이 다른 형태, 다른 색과 꽃의 양을 가지고 있지만 시각적 균형은 이루어져야 한다. 비대칭에는 부등변삼각형, 직각삼각형이 있다.

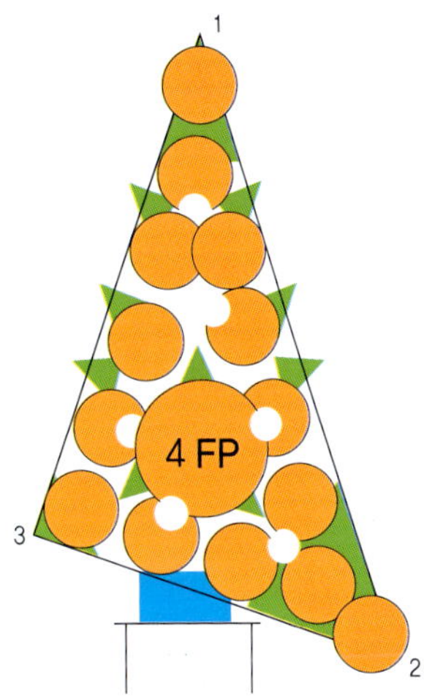

그림 3-42. 비대칭 삼각형의 정면도

- 특징
  - 수직축을 중심으로 좌우 대칭이 아닌 비대칭 구성의 삼각형이다.
  - 자연스러운 이미지를 가지고 있다.

- 좌우가 물리적인 균형은 이루어지지 않지만 시각상의 균형은 맞아야 한다.
- 부등변 삼각형의 외곽선을 가진다.

⑥ 역T형(inverted T)

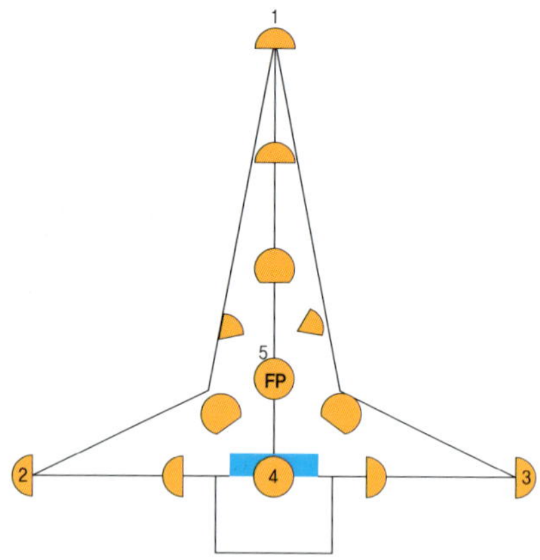

그림 3-43. 역T형의 정면도

알파벳 T를 거꾸로 세워 놓은 형태이다. L자형의 변형된 디자인이면서 L이 좌우로 두 개가 연결된 것처럼 보인다. 수직과 수평이 만나는 지점은 부피를 줄여서 정확한 T의 화형이 이루어질 수 있도록 포물선이 되게 한다. 경계선이 삼각형이 되지 않도록 주의해야 한다.

● 특징

- 좌우 대칭형이고, 직선구성에 속한다.
- 포컬 포인트는 역T의 중심보다 낮게 위치한다.
- 양화적 영역으로 역T형을 표현한다.
- 수직선과 수평선이 만나는 부분은 외곽선 바깥의 빈 공간이 존재함으로 역T형이 뚜렷이 보이게 된다.

⑦ 구형(ball)

둥근 원의 형태를 가지고 있는 디자인으로 모든 줄기는 하나의 초점을 향해 움직이는 방사상의 구성을 가지고 있다. 완전한 원형의 형태이고 타원형, 반구형의 형태도 라운드형에 포함하고 있다.

● 특징

- 대칭적 균형을 이루므로 좌우의 시각적 무게 비중이 같다.
- 초점은 화기의 중앙에 위치한다.
- 구심점에서 사방으로 확산되는 강한 운동감으로 모든 줄기가 방사형(radial)으로 제작된다.
- 일반적인 꽃다발, 꽃꽂이, 부케 등에 다양하게 많이 사용된다.
- 사방에서 볼 수 있는 자연스러운 외곽선을 가진다.

● 원형의 응용

– 콜로니얼(colonial round) : 미국의 식민지(colonial) 시대에 유행하던 형태의 부케로 라운드형과 같은 형식을 보이지만, 태양의 코로나(corona)에 해당하는 꽃다발의 가장자리에 레이스, 리본, 틀, 그린 등을 사용해 받침을 만들어 준다.

– 비더마이어(biedermeier) : 유럽의 고전디자인인 꽃다발의 이름으로 공간이 전혀 없이 빽빽한 원형의 디자인이다.

– 노즈게이(nosegay)와 터지머지(tussie–mussies) : 작고 간단한 원형의 꽃다발을 말하는 것으로, 영국의 조지왕조 시대에 악취와 각종 전염병을 꽃의 향기가 보호해 줄 수 있다는 믿음으로 많이 사용되었다.

⑧ 반구형(dome)

측면 또는 정면에서 보았을 때는 반구형이고 위에서 내려다볼 때는 라운드의 모양을 띠는 좌우 대칭형으로서 모든 줄기는 초점을 향한다.

● 특징

– 포컬 포인트는 작품의 중심에 위치하도록 한다.

– 모든 줄기는 중심점을 향하도록 꽂아야 한다.

– 삼면 디자인의 경우 중심점을 플로랄 폼의 뒷부분에 위치하도록 한다.

– 사방 디자인은 중심점을 플로랄 폼의 중앙에 둔다.

– 전체적으로 자연스러운 둥근 형태가 유지되도록 한다.

– 사방 디자인의 경우 사방 어느 곳에서 보아도 같은 원형의 형태가 유지되어야 한다.

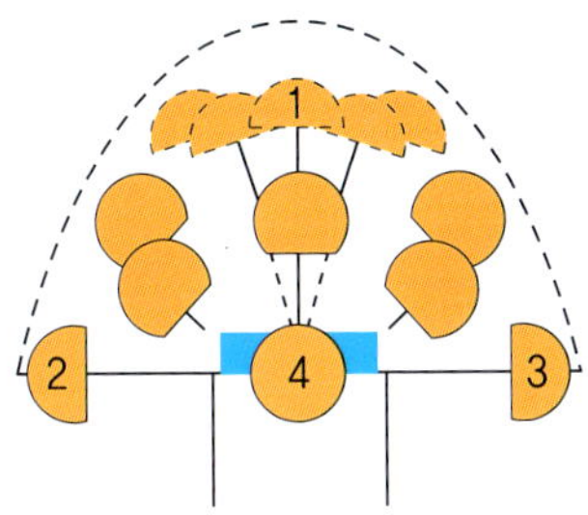

그림 3–44. 반구형의 정면도

⑨ 초승달형(crescent)

바로크 시대에 유행했던 초승달의 모양, 즉 원의 한 부분으로 영어의 C와 같은 형태이다. 대부분 비대칭으로 구성되며, 경우에 따라서는 대칭으로도 가능하지만 대칭에 비해 비대칭 구성이 자연스럽게 느껴진다.

● 특징

– 넓이보다 길이와 형태가 강조된 디자인이다.

– 원의 1/4 정도의 부피를 가진다(원 안에서 어느 방향이든 관계없다).

– 줄기는 방사형으로 배열된다.

- 장식성이 강하며 여성적인 이미지를 가지고 있다.
- 양쪽으로 장식할 때는 사이에 있는 오브제를 강조하는 역할을 한다.
- 거꾸로 된 응용형을 하고자 할 때는 반드시 높은 화기를 사용해야 줄기가 아래로 흐르는 곡선을 표현하기가 좋다.

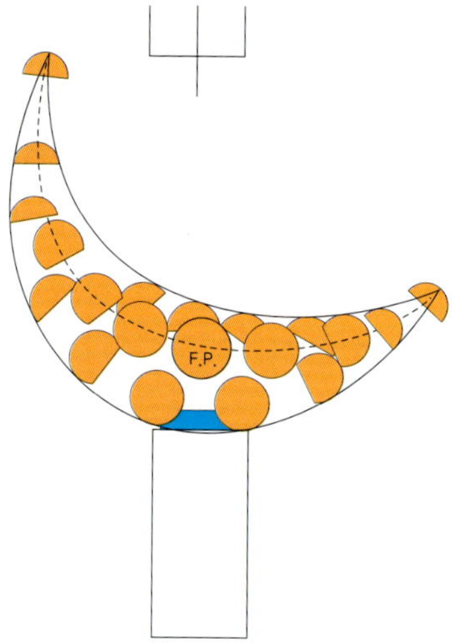

그림 3-45. 초승달형의 정면도

⑩ S자형(Hogarth curve)

호가스 커브는 영어 S의 형태를 말하며, 이것은 18세기 영국의 화가이자 판화가인 윌리엄 호가스(Willam Hogarth: 1697~1764)에 의해 "선의 아름다움"이라는 말과 함께 모든 아름다움은 S선에서 비롯된다는 미적 가치를 이론화한 데서 호가스 라인이라고도 한다. 두 개의 곡선이 각기 다른 방향으로 움직이고 있으며, 이 화형은 자연스런 곡선미와 세련되고 화려한 이미지를 가지고 있다.

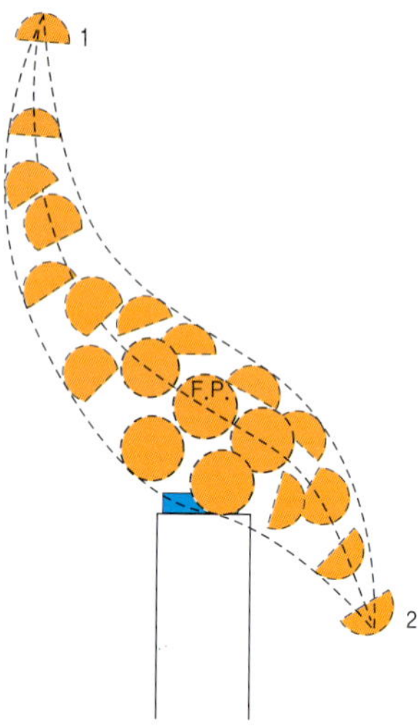

그림 3-46. S자형(Hogarth curve)의 정면도, S자형 비율

- 특징
  - 바로크 시대에 유행하였던 형태이다.
  - 방사상으로 제작되며, 곡선의 아름다운 줄기를 이용한다.

- 직립 S자형과 경사로 눕혀진 S자형 모두 사용된다.
- C자형이 두 개 자연스럽게 연결된 형태이다.
- 대표적인 비대칭의 형태이다.
- 선을 강조한 구성으로 곡선의 흐름이 시선의 이동을 유도한다.

⑪ 부채형(fan)

원을 반으로 잘라 놓은 듯한 형태를 가지고 있으며, 방사형의 반원 모양으로 마치 부채를 펴 놓은 것처럼 보인다. 포컬 포인트를 중심으로 좌우 대칭의 형태이며, 모든 줄기는 중심의 초점 부분에서 방사형이 되도록 뻗어 나온다.

- 특징
  - 좌우 대칭으로 이루어지고, 정확한 반원의 윤곽선을 가진다.
  - 부채꼴 모양은 행사용 화환, 제단, 강단 장식에 많이 이용한다.
  - 시퀀싱 기법을 이용하면 안정감이 있다.
  - 모든 선들이 모이는 중심점에 포컬 포인트를 배치한다.
  - 옆에서 볼 때 앞뒤의 부피가 커지지 않게 하고, 볼륨감은 적당한 것이 좋다.
  - 방사형으로 배열된다.

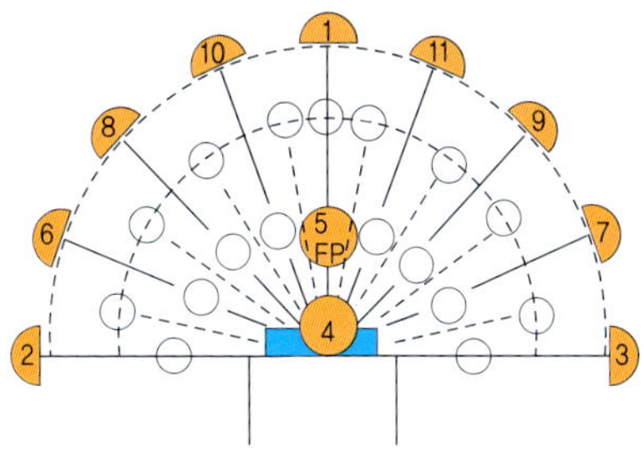

그림 3-47. 부채형의 정면도

2) 현대 스타일(morden design style)

웨스턴 스타일의 전통인 고전 디자인의 응용으로 비더마이어, 밀드플레, 피닉스, 폭포형 등은 고전 스타일에서 발전된 현대적인 스타일이라 할 수 있다. 그 외에도 자연 디자인 스타일(natural design style), 선적 디자인 스타일(linear design style), 실험적 디자인 스타일(experimental design style) 등이 있다.

자연 디자인 스타일은 자연 상태에서 식물이 자라나는 생육상태 등을 고려하여 자연이 가지고 있는 특성과 질서를 작품 속에 적용시키는 것을 의미한다. 풍경식 디자인이라 할 수 있는 식물 생장적(vegetative), 조경적(landscape), 식물학적(botanical) 디자인 등으로 분류한다.

선적 디자인 스타일은 디자인의 엄격한 선과 음화적 공간이라는 구성요소로 이루어지며, 선과 공간의 시각적인 움직임을 나타내는 독특한 특징을 가지고 있다. 또한 비율과 리듬감 역시 중요한 구성 원리이다. 진보적이라 할 수 있는 선적 디자인은 웨스턴 라인(western line), 평행적 시스템(parallel systems), 뉴 컨벤션(new convention) 및 포멀리니어(formal linear) 디자인 등으로 분류한다.

실험적 디자인 스타일은 정형화된 고전 스타일에 의존하지 않는 현시대의 최신 유행 스타일이라 할 수 있다. 모험과 실험적인 현대적 디자인으로 셸터드(sheltered), 파베(pave), 뉴웨이브 및 추상적 디자인 등이 있다.

그림 3-48. 비더마이어

① 비더마이어(Biedermeier)

꽃을 촘촘하게 장식하는 것으로 형태는 반구형, 원추형 등으로 제작할 수 있다. 장식적이며 대칭으로 구성하는 것이 일반적이며 포컬 포인트는 가장 중심에 위치하게 된다. 끝점에서 원형이나 나선형으로 내려오면서 같은 종류의 꽃을 모아서 배열하며, 단단하고 촘촘하게 구성되어 손으로 묶는 부케로 많이 이용한다. 다양한 색상과 질감의 소재를 사용한 낭만적인 느낌을 준다. 다른 질감의 대비를 통해 형태가 더 돋보이기도 한다.

② 밀드플레(mille de fleur)

"천 송이의 꽃"이라는 의미를 가지고 있다. 다양한 종류와 색의 꽃을 함께 사용하여 풍성한 느낌을 주며 하나의 초점을 향한 여유를 가진다. 형태는 원형, 타원형, 삼각형 등으로 제작할 수 있으며 가치가 높고 특수한 꽃보다는 작고 라인이나 매스플라워를 다양하게 사용한다. 꽃은 비더마이어보다 간격을 두고 공간과 깊이를 더해서 볼륨감 있게 디자인한다.

그림 3-49 밀드플레

방사형이며 대칭 구성이 대부분이고, 가치가 큰 꽃보다는 중가치나 소가치를 다양하게 사용한다. 꽃과 꽃 사이에 깊이감과 공간을 가지고 있어서 풍성한 이미지를 준다.

③ 워터폴(waterfall)

방사형 디자인의 한 양식으로 폭포수가 떨어지는 모습에서 착안되어 워터폴 디자인이라 불린다. 1900년대 초기 유럽에서 신부 부케를 위해 시작되었다. 매끄러운 질감의 소재들과 가벼운 소재, 곡선의 형태를 지닌 소재를 이용하여 겹겹이 얹어 흘러내리는 듯한 폭포수를 연상하여 부피감을 자아낸다. 큰 꽃보다는 작은 꽃들을 선택하여 사용하는 것이 좋으며 아스파라거스 플루모서스, 아스파라거스 스프링게리, 베어그래스, 아이비 등은 워터폴 디자인을 만들기에 좋은 소재들이다. 유리구슬, 깃털, 망사, 진주 등의 부소재를 이용하여 물의 흐름을 강조할 수도 있다.

흘러내리는 곡선을 강조하기 위해 선적이면서 가벼운 소재를 많이 사용하며, 소재 사이의 음화적인 공간을 두어 전체적으로 투명감을 주는 것이 좋다. 부드러운 덩굴류, 작고 가벼운 꽃 등을 겹쳐 디자인한다. 망사, 엔젤헤어 등을 사용하여 베일링(veiling) 기법으로 사용할 수 있다.

그림 3-50. 워터폴

④ 피닉스(phoenix)

진홍색, 파랑, 보라, 황금색의 깃털을 가진 불사조가 아라비아 사막에서 500년 정도를 살다가 스스로 불타고 그 재 속에서 새롭게 재생한다는 전설 속에 등장하는 새를 피닉스라 한다. 플라워 디자인에서의 피닉스 디자인은 사막의 불사조가 불속에서 날아오르는 것처럼 만들어진 형태를 말한다. 원형의 빽빽한 디자인의 중앙에 분수가 솟는 것처럼 라인 소재들을 꽂아 불꽃을 표현하며, 이 디자인은 불멸과 새로 태어나는 것에 대한 희망을 상징하기도 한다.

파티의 센터피스(center piece)나 장식용으로 많이 사용하고, 대부분 대칭으로 구성한다. 중심부는 불꽃을 상징하듯 수직으로 뻗으며 전개하는 형태이고, 줄기는 방사형으로 배열한다.

그림 3-51. 피닉스

(3) 유러피언 화훼장식의 형태

유러피언 화훼장식은 고전 스타일에서 벗어나 자연에 눈을 뜨기 시작하면서 틀에 박힌 듯한 기하학적 구성의 스타일에 대항하여 점차적으로 발전된 디자인으로 1950~1960년대 중반 독일을 중심으로 북유럽 국가들에 의해 발전되었다.

자연의 식물을 소재 각각의 독자적인 생명체로 인식하고, 식물의 생장적 모습과 특성을 살려서 개성, 움직임의 형태, 질감 등 특성을 이해하기 위한 특수 조형이론을 원리의 바탕으로 삼고 있다. 이는 식물이라고 하는 이미 완성된 조형물을 형식적인 틀에다 메우는 것이 아니라 그 개성을 살리면서 조형에 이용하는 것이다.

일반적인 전통 유러피언 스타일에는 장식적 구성, 식물 생장적 구성, 형태와 선적 구성, 평행적 구성 등이 있고 특수형태라 할 수 있는 현대 유러피언 스타일에는 구조적인 구성, 오브제적인 구성, 평면구성 등이 있다.

1) 전통 유러피언 스타일의 종류

① 정형적 디자인(decorative design)

식물이 가지고 있는 자연의 생태적인 형태와 관계없이 인위적으로 재구성하는 디자인을 말한다. 식물이 가지고 있는 식생적인 고유한 표현을 살리지 않고 기술적인 면을 이용하여 완전히 새로운 개체를 창조한다. 장식적 구성은 형태와 색채에 관한 한 일반적으로 엄격하고 명확한 표현법을 사용하며, 대칭형으로 만들어질 때 중앙부분은 기하학적인 중심이 되며 거울에 비친 듯이 대칭을 이루도록 배치한다. 특히 용기에 식물을 심은 장식적인 형태는 꽃을 중심으로 풍성하고 화려한 느낌을 준다.

그림 3-52. 정형적 디자인

소재의 풍부한 충만감이 있어서 화려하고 풍요롭게 디자인하고 식물 개체의 자기주장보다 전체적인 윤곽을 가진다. 대부분이 대칭형으로 구성되는 방사상이고, 1초점의 정통적인 스타일이지만 비대칭도 가능하다. 색채와 형태의 움직임에 있어서도 똑같은 대칭의 원칙이 적용된다.

② 식물 생장적 디자인(vegetative design)

자연의 특성과 환경에 최대한 가까운 형태로 표현하는 것을 말한다. 자연적 구성이라고도 하며 소재들의 고유한 가치, 형태, 리듬감, 표현 등 자연의 법칙을 최대한 고려하는 디자인이다. 자연물을 가지고 조형하는 것이므로 자연의 가치를 살려서 디자인하는 것이 중요하다.

예를 들어 수분을 좋아하는 수생식물과 건조를 좋아하는 다육식물을 함께 사용하지 않는다. 생장점이 하나인 식생 방사형과 생장점이 여러 개인 식생 평행형이 있는데 주 그룹, 부 그룹, 역 그룹(대항)으로 비대칭을 이룬다.

식생적 방사형(vegetative radial)은 방사형으로 생장하는 양식의 디자인으로 주 그룹, 역 그룹, 부 그룹의 세 그룹이 꽃과 잎들이 자라나는 대로 그루핑(grouping)한다. 비대칭형으로서 생장점을 주 그룹의 용기 밑에 가상의 초점으로 설정하여 모든 소재의 기부는 하나의 생장점을 향하여 배치되어야 한다. 낙엽, 이끼, 자갈 등은 베이싱(basing)으로 처리하고, 그 밖의 소재들은 구성의 기부에 식생의 모습처럼 자연을 함축하여 배치시킨다.

그림 3-53. 식생적 방사형

식생적 평행형(vegetative parallel)은 꽃과 식물의 그루핑 사이에 음화적인 공간(negative space) 및 평행의 집단화(parallel grouping)를 이룬다. 줄기에서 핀 꽃들은 비슷한 높이의 그룹으로 배치한다. 〈그림 3-54〉 바위솔의 분경처럼 식물이 성장하는 자연스러운 상태로 연출하고, 소재의 가치와 운동의 특성을 고려해서 식물이 마치 자생지에서 자라고 있는 모습처럼 표현한다. 둥근형이나 직사각형의 도기류가 식생적 디자인에 알맞고, 낮은 용기에 디자인의 자연적인 느낌을 강조해 주는 것이 좋다.

그림 3-54. 식생적 평행형

③ 형태와 선적 디자인(formal-linear design)

식물소재의 형태나 선을 대비하여 강조하는 구성 형태로 1960년대 중반에 출현하여 1970년대 성행하기 시작한 디자인의 구성 방법이다.

형태와 동적인 운동감을 보다 잘 나타내도록 대비하여 형태와 선이 명확히 돋보이게 하는 구성이다. 적절한 조합을 위해서는 소재의 양과 종류를 최소한 제한하여 사용하는 것이 바람직하며, 지나치게 많은 선이나 형태를 사용하면 그 특유의 표현력을 잃어버리기 쉽다. 형태와 선의 질감, 강한 색채의 대비는 형-선적인 구성의 작품을 더욱 돋보이게 할 수 있다.

그림 3-55. 형태와 선적 디자인

형-선적인 디자인은 종류와 양을 최소화 한 충분한 자유공간과 수직, 수평, 곡선을 모두 이용하고 앞뒤의 공간 즉, 입체감이 있어야 한다.

④ 평행적 디자인(parallel design)

소재의 배치 상 대부분의 소재가 평행으로 배열되어 있는 경우이다. 각각의 소재는 고유한 생장점을 가지고 있으며, 시각적으로 평행이 작품에서 80% 이상을 차지하여 주도적인 역할을 한다. 균형, 색, 형태를 고려하여 수직 방향과 수평 방향의 평행은 물론이고 사선, 곡선 등의 모든 방향에 대해서 2줄 이상의 선이나 형과 형 사이의 간격과 방향이 같은 평행선을 유지하여야 한다. 식물소재의 개성과 아름다움을 살려서 가치에 따라 길이를 차이 나게 꽂아 주고, 그루핑으로 꽂는 경우 식물이 더욱 돋보인다. 네거티브 공간이 더욱 돋보일 수 있도록 화기는 대부분 길고 넓은 것을 사용한다. 바닥의 베이싱에는 둥근형의 소재로 커버하여 선과의 대비를 이루는 것이 좋다.

평행적 구성은 식생적 평행(parallel-vegetative), 장식적 평행(parallel-decorative), 그래픽적 평행(parallel-graphic)으로 분류할 수 있다.

식생적 평행은 전형적인 비대칭으로 자연에서 생장하는 듯한 모습으로 자연의 모방이 아니라 자연을 해석하고 재현하는 것이다. 또한 소재의 자기주장의 가치요구와 움직임, 형태들이 특별히 고려되어야 하고 각각의 식물들이 고유의 생장점을 가진다.

그림 3-56. 평행적 디자인
(맨 위부터 식생적 평행, 장식적 평행, 그래픽적 평행)

장식적 평행은 주로 대칭이지만 때에 따라서 비대칭도 가능하다. 풍성하고 화려한, 대체로 닫힌 윤곽의 형태로 각각 형태의 가치보다는 전체의 윤곽을 중시한다. 식물 각각 고유의 출발점을 가지며 음성적 공간이 거의 나타나지 않는다.

그래픽적 평행은 대칭, 비대칭으로 추상적이며 오브젝트한 표현이 된다. 소재의 가치요구는 고려되지 않아도 되며, 그래픽적인 효과를 표현한 의식적인 교차는 작품의 효과를 상승시킨다. 한 가지 소재의 종류만으로도 가능하고, 최소한 소재로도 가능하다.

2) 현대 유러피언 스타일의 종류

① 구조적 구성(structural composition)

장식적 구성이 발달된 형태로 각각의 소재가 가지는 형태, 크기, 색, 재질 등 표면구조의 효과를 전면에 부각시키는 구성 방법이다. 소재의 재질감이 드러나도록 표면의 거침과 매끄러운 재질감으로 서로 다른 것끼리 묶거나 포개어서 표면을 구성한다.

구성을 더욱 강조하기 위하여 천, 철사, 털실, 깃털, 유리구슬 등 질감이 명확한 인공소재를 식물소재와 조합시키기도 한다. 또한 작은 꽃들의 구조를 드러내기 위해서는 많은 양의 꽃을 모아 배열하기도 한다.

그림 3-57. 구조적 구성

② 오브제적 구성(object composition)

식물이나 식물의 부분을 원래의 자연적인 형태로부터 분리시켜 오브제적으로 표현하는 것이다. 다른 소재와 조합하여 그 형이나 색채, 질감의 대비나 조화 등을 비사실적 기법에 의해 순수한 구성미를 가진 형태로 디자인하는 것으로 디스플레이용이나 전시회 작품용으로 많이 이용되는 구성 양식이다.

그림 3-58. 오브제적 구성(손지윤, 2006)

③ 평면구성(two dimensional composition)

대부분 화훼장식의 작품들은 3차원적이지만 평면 조형은 2차원적이다.

아크릴이나 나무로 만들어진 틀이나 골조 안에 생화 또는 보존화의 다양한 소재를 붙여서 평면으로 구성한다. 평면 구성에는 생화를 이용하여 입체감 없이 평면 형태로 구성하기도 하지만, 주로 압화와 건조화를 이용한 생활도구, 콜라주, 액자 등으로 장식하고, 최근에는 보존화를 이용하여 다양하게 장식한다.

그림 3-59. 평면구성(왼쪽부터 압화, 프리저브드, 건조화)

(4) 현대 화훼장식의 형태

전통적인 양식과 새로운 양식을 모두 포함하여 오늘날까지 지속되고 있는 양식을 말하기도 하지만 고전의 형식에서 가져오지 않고 조형예술적인 디자인 기법의 도입으로 보다 자유롭고 창의적인 오늘날 새로운 트랜드의 경향을 비추는 양식을 말한다. 최근 현대적인 화훼장식의 도입은 생활공간 장식의 표현 양식에 크게 영향을 미친다.

1) 조경적 디자인(landscape design)

정원양식(garden style)이라고도 하는 조경적 디자인은 정원의 영향을 받아 자연적이면서 구조적 디자인으로 자연의 경관을 표현하듯이 구성된다. 조경적 디자인에서 가장 많이 사용되는 식물은 야생으로 자라거나, 자연 상에서 실제로 자라는 식물들이다. 일반적 식생적 구성(vegetative)인 자생지의 생육상태에서 자라나는 과정의 모습을 그대로 표현하는 것과는 다르다.

그림 3-60. 조경적 디자인
(fumihiko muramatsu, 2000)

조경적 구성의 정원을 살펴보면 모든 것이 구조적이고 형식적이며, 식물 소재의 색채와 형태가 시각적인 효과를 주기 위하여 조직적으로 그룹지어 있는 공통된 특징을 가지고 있다. 베이싱 처리도 자연석, 나무껍질, 자갈, 이끼 등을 깔아 주면 시각적인 안정감을 줄 수 있다. 화기는 토양성의 원형 또는 타원형이나 수피성의 바구니를 사용하면 더욱 자연스럽다.

2) 보태니컬 디자인(botanical design)

그림 3-61. 보태니컬 디자인

병행적인 선에 속하는 미국 양식으로 식물이 생장하는 과정과 구조, 개체에 대한 관찰을 보여주는 식물의 물리적인 환경과의 상호작용을 통하여 만들어지는 디자인이다. 한 종류의 구근식물 소재가 지배적이며 봉오리와 꽃망울, 줄기와 잎, 구근과 뿌리 등 최소한 이 네 부분을 두드러지게 디자인한다. 즉 식물의 생장과정 중 뿌리에서 잎, 봉오리, 꽃 그리고 낙화 등과 같은 각 부분이 표현된다. 돌, 이끼, 잔가지 등으로 베이스를 가려준다.

3) 평행체계 디자인(parallel systems design)

그림 3-62. 평형체계 디자인

평행체계 디자인은 음화적인 공간을 사이에 둔 두 개 이상의 그룹이 형성되고 클러스터로 구성된 형태로 이루어진다. 이때 체계적인 윤곽을 만들어 주기 위하여 각 그룹마다 다른 소재를 이용한다. 각 그룹에 속해 있는 소재들은 높이와 폭을 반복하여 클러스터의 면적을 만든다. 디자인에 사용되는 모든 소재들은 화기의 테두리 안에 형성되어 있어야 하고 화기는 무채색의 낮은 직사각형이거나 타원형이 잘 어울린다. 베이스는 보통 잎, 이끼, 돌 등 장식적이거나 식생적인 모습을 표현하는 소재로 베이싱한다. 패러렐 시스템 디자인은 보통 비대칭적이지만 때에 따라 대칭적으로 만들 수도 있다. 평행체계 방식으로 늘어놓는 것은 클러스터링, 랜드스케이프, 필로잉, 파베잉, 레이어링, 테라싱 등의 기법을 많이 이용한다.

4) 뉴 컨벤션 디자인(new convention design)

뉴 컨벤션 디자인은 식생적 평행, 구조적, 선형적 구성의 변형된 형태로 수직선과 수평선이 동시에 강조된 디자인이다. 수직선을 중심으로 앞, 뒤, 측면이 직각을 이루면서 구성하되 그룹이 2개 이상으로 연속적으로 배치되어야 한다. 수직선과 수평선이 강조된 디자인이므로 어스 포인트(earth point) 또한 중요한 역할을 한다. 시각적으로 같은 비율을 가질 필요는 없지만 앞, 뒤, 좌, 우의 배치를 비슷한 소재로 닮은꼴로 디자인한다. 그룹 사이에 음화적 공간은 필수적이며, 선들이 직각을 이루고 있기 때문에 매우 현대적인 이미지를 가지고 있다.

그림 3-63. 뉴 컨벤션 디자인

5) 셸터드 디자인(sheltered design)

쉘터드 디자인은 다양한 디자인 기법과 결합할 수 있는 현대적인 디자인으로 보호받는 공간, 둥지, 감추어진 느낌으로 구성한다. 곡선의 버드나무, 말채, 그 밖의 선형 소재로 단순한 셸터링 기법으로 보금자리와 같은 공간을 형성하며, 실제로 감추어진 공간에 한 부분을 장식한 디자인이다. 가장자리 테두리의 커버링은 신비스러움과 통찰력을 연상시킨다. 이 디자인은 관심을 가지고 작품 안쪽에 장식한 것을 들여다보아야 하는 흥미를 유발시킨다.

그림 3-64. 셸터드 디자인

6) 파베 디자인(pave design)

'파베'는 보석을 빽빽하게 평면으로 배열하는 보석 가공 용어에서 유래되었다. 이 디자인은 비슷한 질감, 색상, 형태끼리 구역별로 배치하여 그룹 간에 서로 대조되므로 시각적으로 강한 임팩트를 준다. 현대적 디자인에 많이 이용되고 있으며 카네이션, 천일홍, 장미, 거베라 등을 사용하여 표면구조와 질감의 변화를 준다. 소재들은 정해진 화

그림 3-65. 파베 디자인

기 안에서 줄기를 짧게 잘라 서로 빽빽하게 밀착되어 표면에 깔린 상태로 구성된다.

7) 뉴 웨이브 디자인(new wave design)

새롭고 실험적인 것을 선호하는 디자인으로 미국인들의 정서에 맞게 소재의 변형, 새로운 개발, 획기적인 방법 등으로 제작하는 디자인을 말한다. 화훼장식에서는 잎을 특이한 색상으로 칠하거나, 접착제를 사용하거나, 접거나 구부리거나 꼬거나 해서 꽃이나 잎, 여러 가지 소재를 독특하고 색다른 구성으로 표현한다. 서로 상반되는 선이나 색상 그리고 기하학적인 모양을 교묘하게 혼합시킨다. 액세서리와 화기는 흔히 그 자체만으로 독특한 모양을 이루면서 전체 디자인에 파격적인 표현을 더해준다. 균형과 비율에도 일정한 규칙이 없고 질감과 패턴을 지나치게 강조한다.

그림 3-66. 뉴 웨이브 디자인

8) 추상적 디자인(abstract design)

고전적인 형태를 무시한 디자인으로 1910년을 전후하여 나타난 추상적인 선이나 형태, 색채, 면에서 독특한 미를 구성하려는 추상적 예술(abstractionism)의 산물이다. 전통과 관습에 매이지 않고 자유롭게 소재의 줄기나 선의 인위적인 교차에 의하여 만들어진 비현실적인 디자인을 말한다. 또한 소재가 가지고 있는 특성을 완전히 배제하고 자연을 모방하지 않는 다른 이미지를 찾아 부각시키는 진보적인 디자인이며, 디자이너의 느낌과 의도를 반영하여 특별한 기법을 이용하는 해석적인 디자인이다.

그림 3-67. 추상적인 디자인

9) 필로드(pillowed) 디자인

필로드 디자인은 베개 모양과 비슷하게 표면에 돔(dome)이나 작은 언덕과 같은 형태를 구성하는 것이다. 이끼나 지피식물을 이용하여 윤곽이 마치 요철이 있는 언덕이나 구름 또는 베개와 같은 모양으로 구성하는 디자인이다. 자연 속의 풍경에서 느끼는 것처럼 편안하고 안정된 언덕이나 계곡과 같이 연출한다.

그림 3-68. 필로드 디자인

10) 자유형 디자인(free form design)

1950년대에 시작된 프리 폼 또는 프리스타일 디자인은 근대적 동양꽃꽂이의 영향을 받은 비기하학적이면서 자유형적인 구성으로, 자연주의와 식물이 자라는 형태의 흐르는 선과 윤곽으로 자유스럽게 표현하는 방법이다. 음화적인 공간이 강조되어야 하며, 흐르는 움직임이 많고 비대칭적으로 통일된 디자인이다. 깊이와 볼륨감도 중요하며 우아함과 귀품이 있는 정적인 디자인이다.

그림 3-69. 자유형 디자인

11) 조각적 디자인(mass sculptural design)

조각적 디자인은 일본의 꽃 예술가인 오하라의 영향을 받아 1980년대와 1990년대에 프랑스와 이탈리아에서 발전하였다. 영국에서는 기본적인 개념을 취하여 좀 더 쉽게 구할 수 있는 소재에 맞게 적용시켜서 영국적 색채를 가미하였다. 스컬처는 부분적으로 색상과 형태와 질감이 대담하고 강한 것을 만들기 위해 육중해 보이는 소재의 덩어리를 사용함으로써 만들어질 수도 있고, 또 부분적으로는 새로운 형태를 창조하고 공간을 자유롭게 하기 위해 잎과 줄기를 변형시켜 만들기도 한다.

그림 3-70. 조각적 디자인

12) 토피어리 디자인(topiary design)

토피어리는 "나무를 가다듬다"라는 라틴어 '토피아(topia)'에서 유래되었다. 특수한 형태로 꽃을 이용하여 만들어 낸 디자인으로 기하학적인 모양의 구형, 원뿔 등의 다양한 형태가 있다. 토피어리 디자인은 플로랄 폼에 꽂는 경우 양화적 공간으로 채우고 대부분 사방에서 볼 수 있는 형태(all-around)로 제작된다. 공간장식이나 테이블장식으로 사용되기도 하며, 가치가 높은 대가치의 꽃보다는 면이나 부피를 구성할 수 있는 중가치 이하의 꽃을 사용하여 구성한다. 특정한 형태를 지탱해 줄 보조가지 또는 프레임은 흔들림 없이 튼튼하게 고정해야 한다.

그림 3-71. 토피어리 디자인

5. 화훼장식품 제작기법의 분류

화훼장식의 기법은 동 · 서양은 물론 고대에서부터 현대에 이르기까지 매우 다양하다. 디자인을 하기 위해서는 디자인의 구성요소와 원리를 이해하여야 함은 물론이지만 다양하게 적용하는 기법도 중요하다. 기본적인 기술의 요령이 필요한 기법은 기능적인 역할을 함과 동시에 장식적인 역할도 하므로 디자인의 일부로 많이 사용된다. 기본적으로 알아야 될 기법의 명칭과 만드는 방법을 이해하고 다양하게 응용하는 것은 새롭고 창의적인 장식품을 만드는 데 꼭 필요한 부분이다.

(1) 베이싱(basing) 기법

디자인에서 베이스가 되는 부분에 소재들을 배치하는 과정이다. 테라싱, 파베, 필로잉, 스테킹, 클러스터링, 레이어링, 터프팅 등의 기법을 사용하여 줄기의 기부 또는 플로랄 폼을 가리거나 아름답게 처리한다. 전체의 질감이 돋보이게 할 때 사용되는 기초과정이다.

1) 테라싱(terracing)

같은 종류의 소재를 크기순으로 배치하여 반복적 효과를 나타내는 계단식 기법이다. 한 계단씩 수평 또는 수직으로 꽃이나 잎을 처리하면 깊이감과 통일감을 주며, 베이싱을 위해 엽란 같은 면의 형태를 가진 소재를 계단 모양으로 차례로 배치한다. 이 기법은 베이싱이 지나치게 평면화되는 것을 막을 수 있으며, 시각적으로 자연에서 식물이 생장하는 모습과 같이 식생적 디자인으로 표현 가능하다.

2) 파베(pave)

같은 종류의 색상이나 질감의 식물들을 보석을 박듯이 꽂아 질감을 강조하고자 할 때 많이 사용한다. 빈 공간이 없는 표면의 편평한 모양으로 이루어지고 형태, 색, 질감 등을 다르게 하여 특정한 모양을 나타낸다.

3) 필로잉(pillowing)

꽃이나 잎을 밀집되게 바짝 붙여서 모아 꽂고, 작은 언덕의 형태를 이루면서 나지막하게 꽂는 기법이다. 평면적인 베이싱을 피하기 위해 입체감적인 윤곽으로 높낮이 있게 꽂는다. 한 뭉치씩 각각의 클러스터링을 이루면서 전체적으로는 높낮이를 달리 하여 둥근 형태의 언덕 모양을 이룬다.

4) 스테킹(stacking)

각각의 소재들을 차곡차곡 위로 쌓아 올리는 쌓기 기법으로 잎, 나무줄기, 열매 등으로 단을 쌓는 듯한 형태로 구성한다. 공간 없이 다양한 높이로 쌓는 것이 특징이다. 약간의 부피감을 가진 소재를

그림 3-72. 베이싱 기법(1테라싱, 2파베, 3필로잉, 4스테킹, 5클러스터링, 6레이어링, 7터프팅)

이용하여 더 큰 부피를 만들어 주며 소재와 소재사이의 공간은 최소화해야 한다.

5) 클러스터링(clustering)

클러스터링은 송이를 이룬다는 뜻으로 무리지어 한 덩어리를 이루는 것을 말한다. 색상, 질감, 형태 단위로 모아 빈 공간 없이 덩어리를 만들어 시각적인 강한 효과를 주는 기법으로 가치가 낮은 소재를 뭉치로 꽂아 색, 질감 등이 돋보이게 하고 작은 국화류, 스프레이 카네이션, 금잔화 등을 많이 사용한다. 소재를 뭉치로 밀집시키며 한 송이의 특징이 강조되기보다는 그룹이 하나의 개체처럼 강조효과를 준다.

6) 레이어링(layering)

잎이나 꽃을 면을 중심으로 나란히 포개 나가는 방법으로 기초작업에 가장 많이 사용된다. 색상, 질감, 공간 등의 변화를 주어 부피나 큰 면을 이루면서 연결해 가며 공간을 메우기도 한다. 작은 소재라도 연속적으로 겹쳐 꽂음으로 입체나 면의 표현이 가능하다.

7) 터프팅(tufting)

질감적 표현을 위해 베이스에 거칠거칠한 질감의 소재들을 굴곡 있게 꽂아 주거나 낮게 덮는 기법으로 클러스터링과 비슷하다. 줄기의 기부 또는 플로랄 폼을 가리기 위해 소재의 기부를 짧게 하며 주로 밑면을 강조할 때 사용한다.

(2) 소재 결합(uniting) 기법

여러 가지 소재를 결합시키거나 매는 기법으로 바인딩, 밴딩, 번들링, 번칭, 랩핑, 핸드타잉 등이 있다.

1) 바인딩(binding)

스스로 지탱할 수 없는 소재끼리 서로 결속시켜 기능적, 물리적으로 단단히 묶은 것을 말한다. 대부분의 꽃다발들은 바인딩 포인트를 가지고 있다. 장식적으로 묶기 보다는 기능적으로 묶어서 서로 지탱할 수 있도록 하고 병렬(parallel)은 예외가 되기도 한다.

2) 밴딩(banding)

시선을 끌기 위해 특정 부분을 감싸거나 묶는 방법으로 특별히 강조하고 싶은 줄기나 가지를 칼라 와이어, 색실, 라피아, 노끈 등으로 묶어서 돋보이게 한다. 바인딩과는 달리 장식적인 목적으로 사용된다.

3) 번들링(bundling)

비슷하거나 같은 소재들을 모아 한 지점을 단단히 묶는 기법으로 여러 지점에 묶일 수 있다는 점에서 바인딩 포인트와는 다르다. 볏단

그림 3-73. 소재 결합 기법(1 바인딩, 2 밴딩, 3 번들링, 4 번칭, 5 랩핑, 6 핸드 타잉)

이나 건초를 다발로 만들기 위해 크게 한 덩어리로 묶는다.

4) 번칭(bunching)

비슷한 재료를 함께 고정시켜서 여러 송이를 묶어 꽂기 좋게 만드는 기법이다.

많은 양을 꽂거나, 소재의 줄기가 가늘어 느낌이 약하거나 꽂기가 불편할 경우에 한꺼번에 여러 개를 묶어서 많이 사용한다. 공간을 빠른 시간에 메울 수 있어 효율적이다.

5) 랩핑(wrapping)

리본, 라피아, 칼라와이어 등으로 줄기가 보이지 않도록 감싸주는 기법으로 줄기의 장식적인 효과를 표현한다.

6) 핸드 타잉(hand tying)

줄기들을 한 손으로 잡고 다른 손으로는 꽃과 잎을 병렬형이나 나선형으로 조립하여 끈이나 라피아로 묶는 기법으로 한 방향이나 사방에서 볼 수 있도록 구성한다. 바인딩 포인트는 묶음점에 끈과 리본, 라피아 등을 사용하여 물리적으로 묶어 놓은 지역이다.

(3) 시각적 움직임의 증강(strengthening visual movement) 기법

화훼장식에서 율동감을 살리고 시각적인 움직임을 강조하기 위하여 사용되는 기법으로는 시퀀싱, 프레이밍, 쉐도잉, 베일링, 키네틱 등이 있다.

1) 시퀀싱(sequencing)

소재의 형태, 색, 질감, 크기 등을 단계적 또는 점진적으로 리듬감 있게 배열하는 방법이다. 크고 짙은 색의 소재는 중심 쪽으로, 작고 밝은 소재들은 위쪽 또는 가장자리로 사용해서 점차적인 소재의 변화를 통해 시각적인 안정감을 준다. 봉오리의 꽃에서 활짝 핀 꽃으로, 부드러운 질감에서 거친 질감의 구성으로 소재들의 패턴을 차례대로 변화시키는 디자인 기법이다. 각 개체들의 점진적인 변화로 시각적인 흥미와 리듬감을 연출한다.

2) 프레이밍(framing)

테두리를 이용한 특정한 부분에 작품의 전체가 돋보일 수 있도록 액자의 외곽처럼 선이나 면적인 소재로 둘러싸는 기법이다. 작품 전체를 프레이밍으로 둘러싸서 틀을 이루지만 포컬 포인트 부분을 강조하기도 한다. 시각적 연장선으로 소재가 둘러싸인 것처럼 보이게 하고 외곽선 안의 소재는 최소한으로 사용하여 음화적 공간을 두어 여백의 미를 강조한다.

그림 3-74. 시각적 움직임의 증강 기법(❶시퀀싱, ❷프레이밍, ❸쉐도잉, ❹베일링, ❺키네틱(송성호))

3) 쉐도잉(shadowing)

깊이감이나 입체감이 필요한 경우 같은 소재를 가깝게 배치해서 그림자처럼 보이게 하는 기법으로 시각적인 비중을 강조하고 지나치게 멀리 두지 않도록 조심해야 한다. 음영기법을 이용하여 종류가 다른 소재의 형태와 색상, 질감을 강조하고 몇 군데 배치하여 전체적인 통일감을 준다. 밀러잉(mirroring)이라고도 한다.

4) 베일링(veiling)

가벼운 재료인 베어그라스, 아스파라거스, 엔젤헤어 등을 사용하여 투명한 막을 여러 겹 만드는 기법이다. 밑에 배치한 재료들이 은은하게 표현되어 나타나도록 주의한다.

5) 키네틱(Kinetic)

'움직이다' 라는 뜻의 그리스어 '키네시스(kinesis)' 에서 유래한 말로 움직임을 중시하거나 움직임을 주요소로 하는 기법이다. 최근에 많은 작품들이 응용되고 있다.

(4) 집단화 (group area) 기법

1) 그루핑(grouping)

소재들을 분류해서 집단화시키고 그룹으로 모아서 구분하는 기법으로 같은 성격을 가진 꽃, 유사한 색, 형태끼리 모아서 구별할 수 있도록 배치하고, 소재들이 집단화되어 깔끔하고 시각적으로 정리된 느낌을 준다. 그룹과 그룹 사이에는 반드시 여유 있는 공간이 필요하고 높낮이를 다르게 한다. 그루핑 기법은 디자이너의 의도가 잘 표현되며 조직적이고 계획적인 느낌을 준다.

2) 조닝(zoning)

비슷한 성격의 소재들을 넓은 특정 지역 안에 존(zone) 단위로 배치하는 기법으로 그루핑보다는 작품구성상 더 넓은 개념으로 생각할 수 있다. 비슷한 성격의 그루핑들이 모여 하나의 존(zone)을 형성하듯이 배치하고 그루핑보다 그룹과 그룹의 사이를 넓게 디자인한다. 서로 다른 종류나 색들의 꽃을 특정지역에 세분화하여 장식하고, 밑 부분에는 이끼나 나무껍질 및 돌 등으로 각 구역을 연결시킨다.

그림 3-75. 집단화 기법(왼쪽부터 그루핑, 조닝)

(5) 테크닉(techniques)을 가미한 기법

1) 레이싱(lacing)

용기 안의 줄기들을 제 위치에서 매듭이나 나선형 묶기로 고정시키기 위해 침봉이나 플로랄 폼을 이용하지 않고 꽃을 꽂는 기법이다. 식물의 줄기나 잎 또는 열매 등을 이용하여 화기 안쪽에서 서로 교차시켜 고정시킨다.

2) 위빙(weaving), 브레이딩(braiding), 프래이팅(plaiting)

식물 소재나 그 외의 리본, 긴 잎 등을 이용하여 서로 땋아 주듯이 엮어 주는 기법으로 장식적인 디자인에서 다양하게 사용된다.

3) 업스트렉팅(abstracting)

재료들을 부분적으로 제거하거나 인위적으로 특이한 형태를 만드는 등 식물을 추상적으로 변화시켜서 사용하는 기법이다.

그림 3-76. 테크닉을 가미한 기법
(1레이싱, 2위빙, 3브레이딩, 4업스트렉팅, 5행잉, 6글루잉, 7셸터링)

4) 행잉(hanging)

작품에 율동감을 주고 시선의 움직임을 유도하기 위하여 꽃, 열매, 잎 등을 색실이나 끈 등으로 매어달아 늘어뜨리는 기법이다.

5) 글루잉(gluing)

꽃잎, 잎, 줄기 또는 부소재들의 형태를 변화시켜 접착제로 붙이는 방법이다.

6) 셸터링(sheltering)

용기 속에 사용된 소재와 꽃들이 보호받는 듯한 인상을 주도록 보금자리 공간을 만들어 주는 기법이다.

(6) 잎의 이용(leaf take) 기법

이탈리아와 프랑스 사람들에 의해 보다 더 높은 예술의 세계로 승화된 특별한 디자인으로 엽란이나 잎새란, 팔손이, 갤럭스, 야자나무, 아이비와 같이 강하고 오래가는 상록수의 잎으로 여러 가지 창의적인 형태를 만드는 기법이다.

1) 롤링(rolling)

갤럭스나 버지니아 잎 등을 콘 모양으로 말거나 잎 자체를 수평으로 말아 올리는 기법이다.

2) 루핑(looping)

잎의 끝부분을 아래쪽으로 구부려서 줄기의 윗부분을 만나게 하고 짧은 와이어로 묶는 기법이다. 선 모양으로 생긴 잎의 날카로운 부분을 낮은 부분 안쪽으로 밀어 넣는데 만들어진 구멍이 크지 않으면 고정하기가 쉽다. 아이리스, 튤립, 엽란의 잎 등에 사용한다.

3) 펀칭(punching)

아이비 잎이나 레몬 잎 등을 포개어 와이어나 실로 꿰는 기법으로 강한 이미지를 주어 라인의 강조에 리드미컬하게 사용된다.

4) 쉬래딩(shredding)

잎을 찢어 주는 기법으로 잎의 바깥쪽 형태는 손대지 않은 채 칼로 잎의 표면을 따라 세로로 잘라 준다.

5) 피더링(feathering)

아이비나 갤럭스 등의 잎을 뜯어 멜리아의 한 송이 꽃처럼 몇 개의 작은 뭉치를 만드는 방법이다.

6) 클리핑(clipping)

아이리스 잎이나 잎새란 같은 라인 모양의 잎 끝에 더 강한 형태를 주기 위하여 끝을 자르는 기법이다.

7) 트위스팅(twisting)

엽란 같이 강한 잎 두 개의 끝을 함께 스테플러로 찍은 후 두 개의 잎이 얽히도록 줄기를 꼬는 기법이다.

8) 폴딩(folding, 접기)과 플리팅(pleating, 주름 잡기)

잎의 면적이 넓은 아이비나 갤럭스의 잎 끝을 아래로 주름 잡은 후 양측을 모아서 와이어로 뜬 다음 고정하기 위하여 줄기 둘레에서 트위스팅한다.

9) 프레팅(plaiting)

잎새란 등을 세 가닥으로 만들어 한 쪽 부분을 다른 쪽 부분에 90°로 포갠다. 두 번째에서 첫 번째로 걸치면서 꼬아간다. 10㎝가 남을 때까지 반복하여 풀려있는 두 끝을 묶어준다.

10) 와이어링(wiring)

테이프를 이용하여 잎의 중앙에 세로로 와이어를 덧대고 원하는 모양을 만든다.

(7) 와이어링(wiring) 기법

1) 피어스법(pierce method)

꽃받침 기부에 철사를 관통시키고 두 가닥이 되게 밑으로 구부린다. 이때 한 가닥은 길게 한다. 카네이션, 장미, 다알리아 등 꽃받침 부분이 발달된 꽃에 사용한다.

2) 크로스법(cross method)

피어스법과 같이 두 개의 철사를 십자로 교차시켜 꽃받침이나 줄기에 관통한 후 구부린다.

3) 인서션법(insertion method)

잘 부러지거나 속이 비어 있는 꽃의 줄기 안쪽에 철사를 찔러 넣는다. 거베라, 칼라 등과 같이 줄기가 약한 꽃을 자연 줄기 그대로 이용하고자 할 때 사용한다.

4) 후킹법(hooking method)

철사 끝을 갈고리 모양으로 구부려 꽃의 중심에 꽂아 아래로 당겨서 고정한다. 꽃이 줄기에서 쉽게 떨어지는 국화과 식물에 사용한다.

5) 헤어핀법(hairpin method)

철사를 U자 형태로 잎이나 꽃잎에 덧대거나 찔러 넣어 곧게 지탱시키는 방법으로 주로 잎에 많이 사용한다.

6) 소잉법(sewing method)

꽃잎이나 잎을 바느질 하듯 꿰매는 방법이다. 꽃잎의 면적이 넓은 백합, 카네이션에서 여러 개의 꽃잎을 연결하여 하나의 꽃을 만들 때 이용한다.

7) 시큐어링법(securing method)

프리지어, 스프레이 카네이션 등 부러지기 쉽고 약한 줄기에 철사의 선단을 갈고리 모양으로 만들어 줄기의 갈라진 부분에 건 다음 감아서 보충한다.

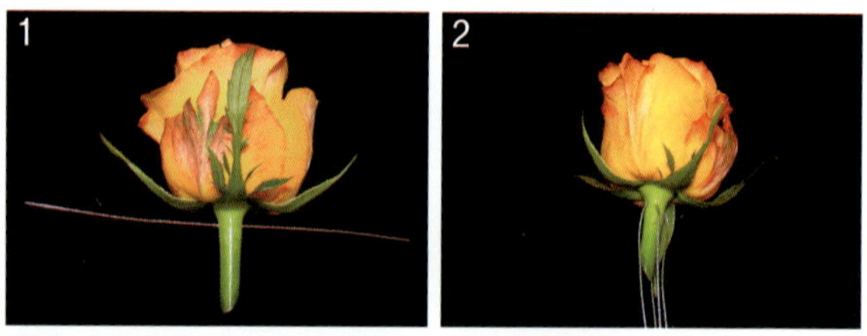

그림 3-77 와이어링 기법
(1피어스법, 2크로스법, 3인서션법, 4후킹법, 5헤어핀법, 6소잉법, 7시큐어링법, 8루핑법, 9트위스팅법, 10익스텐션법)

8) 루핑법(looping method)

철사의 끝 부분을 둥글게 구부려 꽃 속에 넣어 아래로 찔러준다. 수선화, 프리지어, 히아신스, 초롱꽃 등 종 모양의 꽃에 적합하다.

9) 트위스팅법(twisting method)

필러 플라워의 작은 꽃이나 잎을 모아서 기부에 철사를 감아 마무리한다. 숙근안개초, 소국, 스타티스 등과 같이 줄기가 가늘고 약한 꽃에 사용한다.

10) 익스텐션법(extension method)

철사가 약하거나 페더링한 와이어가 짧은 경우에 두 가지 이상의 철사를 첨가하여 길이를 연장하는 방법이다.

| 참고문헌 |

문원 등. 2008. 생활속 원예이야기. 에피스테메.

민경우. 2003. 디자인의 이해. 미진사.

박윤점, 변미순 등. 2005. 화훼장식학. 위즈밸리.

사단법인 일본플라워디자이너 협회편. 1995. 플라워디자인.

손관화. 2002. FLORAL AND PLANT DESIGN. 진흥미디어.

윤평섭, 이화은 등. 2005. 화훼디자인 및 제작론. 위즈밸리.

정병룡, 임영희. 2008. 화훼디자인실습. 청운출판.

진미자. 1998. 화예디자인. 미진사.

04

화훼장식의 소재 및 자재

1. 절화장식

절화 소재의 선택 | 절화 소재의 특성

절화 소재의 품질에 영향을 미치는 요인 | 절화 소재의 취급 요령

2. 분식물장식

분식물 소재의 선택 | 분식물 소재의 종류 | 분식물 소재의 관리

3. 비식물 소재

도구 | 용기 | 부소재 | 액세서리

04 화훼장식의 소재 및 자재

화훼장식에 사용되는 주 소재는 식물이다. 그중 관상가치가 높은 것은 초본류와 목본류 모두를 포함하는 화훼류이다. 따라서 이들 소재의 정의, 특징, 형태, 생리 및 생태를 이해하는 것은 좀 더 나은 화훼장식을 할 수 있는 기본이 된다. 화훼장식은 사용하는 식물의 특성에 따라 뿌리가 있는 분식물과 뿌리 없이 채취하여 사용하는 절화식물로 나눌 수 있다. 식물에 있어서 뿌리의 유무는 장식하여 볼 수 있는 기간이 일시적이냐, 영구적이냐를 결정짓는 중요한 요소로 절화장식과 분식물장식은 큰 차이가 있다.

1. 절화장식

꽃이 주소재인 절화장식은 일반적으로 작은 규모로 만들어지며 매우 화려한 아름다움을 연출할 수 있다. 그러나 절화의 수명이 짧아 화훼장식 시 감상기간이 짧은 단점이 있으므로 사용하는 목적과 식물 소재의 생리적인 특성, 형태, 색상 등을 고려하여 선택하여야 한다.

(1) 절화 소재의 선택

절화장식의 식물 소재는 꽃, 잎, 줄기, 과실, 종자, 균류, 이끼, 나무, 채소까지도 포함하는 넓은 범위를 포괄한다. 또한 이 재료들은 신선할 수도 있으며 생명활동을 하지 않는 죽은 조직이거나 인공적으로 제작된 조화일 수도 있다. 그러나 절화장식에는 생화를 사용하는 것이 일반적이다.

장식의 식물 소재는 정원을 소유하고 있는 경우 정원에서 채취할 수도 있다. 그러나 대부분의 경우 절화 소재는 꽃 도매시장이나 플라워 샵을 통해 구입하는 것이 일반적이다. 이 때 주요 절화별 구입 요령은 〈표 4-1〉과 같다. 꽃 소재를 구입할 경우 명성이 있는 플라워 샵이라고 하더라도 그

신용만을 믿고 구입해서는 안 된다. 반드시 꽃이나 잎 등 한 부분만이 아니라 꽃, 잎, 줄기 등의 외관, 신선도, 생리적 진행 정도 등 소재의 전체적인 상태를 눈으로 확인해서 선택해야 한다. 꽃이 너무 많이 피었다든지, 물통에서 안 좋은 냄새가 난다면 절화의 상태는 좋지 않은 것이다.

생화 소재가 담긴 물통을 먼저 살펴보아야 한다. 소재가 직사광선을 피해서 있어야 하며 물은 맑고 냄새가 나지 않아야 한다. 만약 물통에서 곰팡이 냄새가 난다면 미생물이 증식되어 절화 소재의 줄기 도관을 막아 물올림을 막음으로써 절화의 수명이 단축된다. 절엽 소재는 형태에 있어서 단단하게 외형이 잡혀있어야 하며 절단부위가 반드시 물에 담겨 있어야 한다. 꽃송이는 약간 개화되기 시작하는 때의 것이 오래 동안 관상할 수 있다. 꽃이 많이 달려있는 화서의 줄기는 개화가 약간 진행된 것이 조금 있고 대체적으로 화색이 발현된 봉오리가 많은 소재가 좋다. 봉오리가 너무 단단하고 녹색을 띠게 되는 경우 장식에 활용하면 적합하지 않은데 이 상태의 소재는 실내에서 개화되지 않는 경우가 대부분이다. 너무 성숙한 상태도 적합하지 않은데 완전히 개화된 꽃들은 관상기간이 짧으므로 선택하지 않는 것이 좋다. 그러나 이벤트 장식과 같은 일시적 장식으로 1~2일만 관상하는 경우에는 문제가 되지 않을 수도 있으므로 절화 장식의 용도에 따라 소재 선택의 기준은 약간씩 다를 수 있다.

〈표 4-1〉에서 보는 바와 같이 절화장식에 적합한 주요 식물 소재의 발육단계 기준은 장식 이후의 관상기간이 길어질 수 있는 장식작업 당시의 단계를 말한다. 이 단계의 소재를 구입하여 될 수 있는 한 빠른 시간 내에 장식을 할 수 있는 공간으로 소재를 가져오는 것이 매우 중요하다. 온도가 높은 시기에 자동차 안에 식물 소재를 보관하면 고온에 의해 단시간에 시들어 회복하기 어려운 경우도 있으므로 주의해야 한다.

표 4-1. 절화장식에 적합한 주요 식물 소재의 발달 단계

식물 소재 종류		절화 수명 연장을 위한 구입당시 최적상태
개나리		개화하기 시작한 봉오리가 있을 때
국화	표준형	바깥 꽃잎이 충분히 신장했을 때
	스프레이형	가장 먼저 핀 소화가 충분히 개화했을 때
거베라		통상화의 바깥열에서 꽃가루가 보일 때
극락조화		첫째 소화가 개화했을 때
글라디올러스		봉오리 1~5개가 화색을 보이는 상태
나리		봉오리에 화색이 보이는 상태
난		소화의 2/3가 완전히 개화된 상태 (거의 모든 소화가 개화 후 3~4일째)
다알리아		꽃이 충분히 개화했을 때
델피니움		수상화서의 소화가 1/2 개화했을 때
독일은방울꽃		소화가 1/2 개화했을 때
디기탈리스		수상화서의 소화가 1/2 개화했을 때

식물 소재 종류	절화 수명 연장을 위한 구입당시 최적상태
라넌큘러스	꽃봉오리에 화색이 보이고, 봉오리가 개화하기 시작할 때
라일락	대부분의 꽃송이가 봉오리 상태
루피너스	수상화서의 소화가 1/2 개화했을 때
리아트리스	소화가 1/2 개화했을 때
부바르디아	꽃이 피기 시작할 때
센토레아(수레국화)	완전 개화된 상태
수선	화색이 발현되고 오리목(goose neck) 단계
숙근안개초	거의 모든 꽃이 개화된 상태
스위트피	소화가 1/2 개화하고, 나머지 봉오리도 화색을 보이는 상태
스카비오사	꽃이 반 개화했을 때
스타티스	거의 모든 꽃이 개화된 상태
아네모네	봉오리에 화색이 보이고 피기 시작할 때
아이리스	봉오리에 화색이 보이는 상태

식물 소재 종류	절화 수명 연장을 위한 구입당시 최적상태
아킬레아	꽃이 충분히 개화했을 때
안스리움	육수화서가 충분히 발달했을 때
알스트로메리아	봉오리에 화색이 보이고 소화가 4~5개 개화했을 때
양귀비	봉오리에 화색이 보이는 상태
오르니소갈럼	봉오리에 화색이 보일 때
유스토마(꽃도라지)	소화 5~6개가 개화했을 때
장미	꽃잎 2개가 열리고 꽃받침이 꽃잎으로부터 떨어져 수평으로 젖혀질 때이며, 황색은 이보다 조금 빠른, 흰색은 이보다 조금 늦은 상태
제라니움	봉오리가 개화하기 시작하는 상태

식물 소재 종류		절화 수명 연장을 위한 구입당시 최적상태
철쭉		꽃송이 대부분이 미개화된 봉오리 상태
카네이션	표준형	꽃이 반 개화했을 때, 페인트 솔(paint brush) 단계
	스프레이형	소화 2개가 충분히 개화했을 때
칼라		불염포 끝이 아래로 향하기 직전
튤립		봉오리에 화색이 보이는 상태
트리토마		거의 모든 소화가 색을 보일 때
프리지어		첫 소화가 피기 시작하고 봉오리에 화색이 보이는 상태
해바라기		꽃이 충분히 개화했을 때

(2) 절화 소재의 특성

화훼류의 생산 형태 중 일반적으로 화훼장식에 이용되는 것은 절화(절엽, 절지 포함)이다. 이들 절화의 외형적 분류는 화훼장식 소재 선택의 기본이다. 따라서 절화류의 외형적 분류를 4가지 즉, 선형, 형태형, 뭉치형, 채우기형으로 나누고 대부분 화훼장식에서는 4가지 유형의 소재를 모두 사용한다. 각각에 속하는 식물들을 알아본다.

1) 라인 소재(line material, line flower)

말 그대로 이들의 외형은 선(긴 줄)형으로 되어 있으며 선형 소재 또는 외형 소재(outline material)라고도 불린다. 일반적으로 키가 크고 길며 많은 꽃봉오리를 가지고 있다. 이들은 작품의

그림 4-1. 라인 소재 식물 (왼쪽부터 글라디올러스, 디기탈리스, 리아트리스)

높이, 폭, 깊이를 만들기에 좋은 소재들로 작품 제작 시 가장 먼저 꽂아 작품의 골격을 잡는 기능을 한다. 줄기는 길고 가늘며 뾰족한 편이고, 꽃은 작은 소화가 이삭 모양으로 달려 있어 수상화서를 이루고 있다. 소화는 대개 아래에서 피기 시작하므로 아랫부분의 소화가 가장 크고, 위로 올라갈수록 작은 경향이 있다. 절엽과 절지류는 단단한 잎과 키가 큰 줄기로 이루어져 있다. 라인 소재는 주요 소재와 배경 소재들 간에 시선을 유도하여 보기 좋은 장식물을 만들어내는 선적 요소로 작용한다. 예로서 글라디올러스, 금어초, 스톡, 델피니움, 락스퍼, 디기탈리스, 조개꽃, 부들, 개나리, 갯버들, 화살나무, 석화버들 등이 있고, 소화가 위에서 피어 내려오는 리아트리스, 용담 등도 여기에 속한다. 절엽류로는 베어글라스, 산세베리아와 같은 직선적인 이미지가 강한 것에서부터 유칼립투스, 보스턴고사리, 갈대, 억새 등 부드러운 곡선 이미지를 가진 것들도 있다.

2) 폼 소재(form material, form flower)

초점 소재(focal material), 강조 소재(point material) 또는 주요 소재(dominant material)라고도 불린다. 여기에 속하는 꽃은 그 형태가 흥미롭고 매혹적이다. 폼 소재는 주로 용기의 테두리 근처에 꽂혀지고 전통적으로 포칼 포인트(focal point) 역할을 하는 경우가 많다. 그러나 외곽에 꽂히거나 프레임 작업 시 각각의 모습이 충분히 볼 수 있도록 디자인하면 더욱 훌륭한 구성이 된다. 독특하고 이국적인 모양을 하고 있으며 일반적으로 가격이 비싼 꽃들이 많다. 한 작품 속에서 시선을 끄는 소재이므로 적은 양을 사용하는 것이 바람직하며, 다수의 폼 소재보다 단 한송이의 사용이 더욱 강한 이미지를 전달할 수 있다. 또한 폼 소재의 배치 방향에 따라 작품의 방향을 정할 수 있다. 안스리움, 극락조화, 프로테아, 칼라, 아이리스, 난류, 헬리코니아, 나리, 수선, 칼라디움, 몬스테라, 칼라데아, 방동사니, 파피루스 등이 이에 속한다.

그림 4-2. 폼 소재 식물 (1극락조화, 2수선화, 3안스리움, 4헬리코니아, 5나리)

3) 매스 소재(mass material, mass flower)

주로 화훼장식품에 부피감과 안정감을 주는 역할을 하며, 꽃과 잎이 스프레이형이 아닌 표준형인 경우가 많다. 주로 일경일화(一莖一花)인 단정화서를 이루고 있는 장미, 카네이션, 튤립 또는 두상화서이지만 하나의 꽃처럼 보여지는 국화, 수국 등이 이에 속한다. 절엽, 절지류로는 월귤나무, 동백나무 잎, 엽란 등이 여기에 속하며 주로 플로랄 폼을 덮는 데 효과적이다.

그림 4-3. 매스 소재 식물 (왼쪽부터 튤립, 카네이션, 엽란)

4) 필러 소재(filler material, filler flower)

배경 또는 2차 소재(secondary material)라고도 불린다. 여기에 속하는 식물은 많은 곁가지와 꽃을 가지고 있으며, 가늘고 연약한 깃털 모양을 하고 있다. 반드시 사용해야 하는 것은 아니지만 이들을 꽂음으로써 작품의 분위기를 부드럽게 하거나 강조하는 등 완성도를 높일 수 있다. 프레임 작업 시에는 다른 꽃의 아래 또는 뒤에 꽂는 것이 바람직하다. 필러 소재는 너무 많이 사용하면 작품의 주 소재를 방해할 수 있으므로 주의해야 하고, 복잡해 보이지 않도록 꽂아야 하는 것이 중요하다. 또한 화훼장식에 사용되는 용기 가장자리나 소재를 꽂는 침봉, 플로랄 폼과 같은 지지체를 가리

그림 4-4. 필러 소재 식물 (왼쪽부터 카스피아, 스타티스, 스프레이 국화)

기 위해 사용되는 모든 종류의 잎 소재나 작은 꽃들을 일컫는다. 주요 소재에 부가적인 관심거리가 되는 형태나 색을 연출하며 장식을 하는 데 있어 생길 수 있는 공백을 메우는 역할을 한다. 스타티스, 카스피아, 부바르디아, 숙근안개초, 프리지어, 과꽃, 스프레이형의 국화, 카네이션, 장미, 왁스플라워, 아스틸베, 솔리다고, 솔리다스터, 에리카, 아스파라거스 스프링게리, 회양목, 사철나무, 편백, 아이비 등이 여기에 속한다.

(3) 절화 소재의 품질에 영향을 미치는 요인

절화의 품질평가에 가장 큰 요인은 절화의 수명이다. 또한 절화 생산지의 재배환경에 따라 절화의 건강 상태는 달라지고, 체내의 영양 상태에 따라 소비자의 손에 도착한 절화의 수명은 큰 차이가 있다. 따라서 절화의 수명 연장을 위해 고려되어야 할 유전적 요인과 재배 및 수확 후 환경적 요인에 대해 살펴본다.

1) 유전적 차이

꽃의 종류에 따라 절화 수명의 차이가 크다. 뿐만 아니라 같은 종류라 하더라도 품종에 따라서 수명의 차이가 큰 것도 있다(표 4-2). 따라서 생산지와 소비지의 거리가 먼 곳에서는 가능한 유전적으로 수명이 긴 (품)종을 선택해 재배하여야 한다.

표 4-2. 절화류의 품종 간 수명의 차이

종	품종	절화수명(일)
알스트로메리아	'Rosario' 'Pink Panther'	17.0 8.0
안스리움	'Poolster' 'Nova-Aurora'	30.0 15.0
카네이션 (스프레이형)	'Pink Polka' 'Rolesta'	16.0 7.5
거베라	'Marleen' 'Agnes'	20.5 8.3

2) 광

노지 또는 온실의 경우 충분한 광 조건에서 광합성을 왕성히 한 식물일수록 체내 탄수화물의 양이 많다. 수확 후 실내에 놓이게 되는 절화는 광합성을 하지 않으므로 가지고 있던 영양분을 소비할 뿐이다. 따라서 절화는 수확 시 체내 탄수화물의 양에 의해 수명이 좌우된다고 해도 과언이 아니다. 고광도 하에서 자란 식물이 저광도 하에서 자란 것보다 수명이 긴 것도, 절화의 보존용액에 설탕을 넣어 수명을 연장하고자 하는 것도 이 때문이다. 또한 저광도 하에서 자라면 화경이 과도하게 신장하는 도장(徒長, overgrowth) 증세가 나타난다. 이것은 특히 절화가 지탱할 수 있는 힘을 약하게 하여 장미, 튤립의 꽃목이 굽거나(꽃목굽음현상, 수곡현상, bent-neck), 거베라, 카네이션의 줄기를 굽게(줄기굽음현상, 경곡현상, stem-bending)하여 절화의 수명을 단축시킨다. 그러나 과도한 광도 역시 잎에 반점이 생기거나 갈변, 낙엽 등을 야기할 수 있으므로 적당한 광 조절이 절화 품질에 중요하다.

수확 후 유통 및 이용되고 있는 절화에는 광이 별로 중요하지 않다. 다만 장거리 수송, 저장될 절화, 잎이 넓은 절화(알스트로메리아, 국화, 다알리아, 글라디올러스 등) 및 봉오리 개화가 필요한 절화는 광이 필요하다. 화훼장식에서 이용할 때 절화는 직사광선이 아닌 간접광에 노출되어야 한다. 지나친 광도는 식물체 내의 탄수화물의 소비만 촉진시킬 뿐이다.

3) 온도

지나친 고온으로 재배된 식물은 오히려 탄수화물의 소비를 촉진시키고 증산량을 높이게 되므로 주의해야 한다. 또 온실 내 급격한 온도의 변화나 고온과 저온의 폭을 줄여 재배하는 것이 좋으며, 주간온도보다 야간온도를 5℃ 낮추어 재배하는 것이 건강한 식물을 생산할 수 있다.

또한 수확 후 온도는 절화의 품질 유지에 가장 중요한 요인이다. 절화는 호흡을 하고 그로 인해 체내 양분을 소모한다. 호흡량은 온도에 의존하고 온도가 높을수록 크다(표 4-3). 따라서 수송 전에는 반드시 예냉을 하여 호흡량을 억제시켜 주어야 한다. 예냉은 신속한 체온 저하를 목적으로 저온처리 하는 것을 말한다. 장미 절화의 수확 후 과정 동안 온도에 따른 수명을 비교해 보면(표 4-4) 전 과정을 저온처리하는 것이 수명이 가장 길지만, 예냉의 효과가 가장 큰 것을 알 수 있다. 뿐만 아니라 저온은 식물체 내 수분 손실 및 미생물의 발생도 억제시킨다.

반면 고온은 꽃의 발육을 촉진하고 노화 호르몬인 에틸렌의 생성을 촉진시켜 수명을 급격하게 단축시키는 원인이 된다. 따라서 온실에서 수확한 절화는 바로 저온저장실로 옮겨야 하고, 수송 및 유통 과정에서도 저온상태를 유지하는 것이 바람직하다. 단, 열대원산의 절화는 보통의 저온에 민감하여 냉해를 받을 수 있으므로 8~15℃의 온도에서 저장하여야 한다.

표 4-3. 주요 절화의 호흡량

종 류	CO_2 mg/Kg/hr	
	2℃	20℃
국화	17.5	113.7
카네이션	26.8	94.7
나팔나리	48.6	162.5

표 4-4. 장미 절화의 수확 후 온도와 수명

온도(℃)			수명(일)	비고
물올림	수송	화훼장식		
25	25	25	4.3	물올림과 수송은 각각 12시간
25	25	15	8.5	
25	15	25	6.8	
15(예냉)	25	25	8.5	
15(예냉)	15	15	13.3	

4) 시비

좋은 품질의 꽃을 생산하기 위해서는 최적의 영양분을 공급해 주어야 하며, 비료 성분이 과용되거나 부족하여도 절화의 수명을 단축시키거나 병에 감염될 가능성이 커진다. 재배자들이 비료를 적정 농도로 관리하는 것이야말로 절화 수명의 장단을 결정하게 된다.

5) 물

식물체는 80~90%가 수분으로 이루어져 있는 만큼 식물의 물관리는 중요하다. 수분 과잉상태에서 자란 식물은 연약하며 곰팡이와 같은 질병에 노출되기 쉽고, 지나치게 부족한 상태에서 자란 식물은 형태가 변화하거나 정상적인 생육을 하지 못하게 된다. 과습 또는 건조에 의한 수분 스트레스는 식물의 노화를 촉진하는 만큼 적정 수분 유지가 중요하다.

표 4-5. 불소 이온에 민감한 절화의 종류 및 농도

불소 농도(ppm)	절화 종류
1 ppm 만으로도 피해	거베라, 글라디올러스, 프리지어
5 ppm 정도에서 피해	국화, 금어초, 장미, 포인세티아
저항성이 강한 종류	나팔수선, 라일락, 심비디움

또한 수확한 절화는 바로 물에 담가야 한다. 일반적으로 수돗물에 담그는데 물은 수원지(水源池)에 따라 화학적인 조성, pH, 무기성분 및 유기물의 조성이 다를 뿐만 아니라 미생물에 오염되었을 가능성도 있다. 절화 중 장미, 국화, 카네이션은 무기염이 200ppm만 들어 있어도 수명이 단축되며, 글라디올러스는 700ppm일 때 수명이 짧아진다. 또한 나트륨(Na) 이온이 많이 함유된 연수보다 칼슘(Ca), 마그네슘(Mg) 이온이 들어 있는 경수가 절화 수명을 단축시키는 것으로 알려져 있다. 특히 불소 이온은 〈표 4-5〉와 같이 극소량으로도 절화에 피해를 주므로 절화를 담가 두는 물은 가능한 한 탈이온수, 증류수 등 깨끗한 물을 사용하는 것이 좋다. 물은 pH 3~4일 때가 수분 흡수량이 많고 미생물의 생장도 억제시키며, 끓여서 식힌 물이 공기의 함량도 적어 절화의 수분 흡수에 유리하다.

6) 습도

습한 공기는 회색곰팡이(*Botrytis*)의 발생을 촉진하고 이로 인해 저장, 수송 중에 절화의 품질이 급격하게 낮아지므로 재배 시 과습을 피하기 위한 통풍시설은 반드시 필요하다. 또한 균에 감염된 꽃은 에틸렌의 발생이 급증하여 식물의 노화를 촉진시킨다.

수확 후 절화는 수분 손실이 위조를 일으키는 가장 큰 원인이 된다. 따라서 절화는 상대습도(relative humidity, RH)를 높여 수분 손실을 막아야 한다. 다만 고온 과습 상태에서는 균의 감염이 높아지므로 수확 후 전 기간 동안 높은 습도, 낮은 온도를 유지하면서 적당히 공기순환이 되는 저장환경을 유지하는 것이 가장 이상적이다.

7) 기타

온실 내의 청결 상태 유지는 병해충의 발생을 감소시킬 수 있다. 자동개폐기, 난방 및 관수시설 등 각종 기자재들의 오작동이 없어야 하고, 고장 난 기자재를 빠르게 수리하는 것도 생산되는 식물의 품질 유지에 중요하다.

(4) 절화 소재의 취급 요령

절화는 모주로부터 분리되면서 일반적 식물생리와는 다른 독특한 생리적 환경에 놓이게 된다. 즉, 정상 식물체에서 뿌리가 없다는 것은 수분을 흡수하는 면적이 절대적으로 줄어들게 되어 체내 수분이 급감하게 되고 이로 인해 각종 노화증상이 일어나 결국 시들어 죽게 된다. 절화의 수명이 짧아지는 원인은 흡수면적 축소에 의한 수분불균형 이외에도 광합성 부족에 따른 절화 내 탄수화물의 부족, 고온에 놓인 식물체 잎을 통한 과도한 증산, 절단면으로부터 흘러나오는 유액(latex) 등에 의한 세균증식 등에 따른 도관 막힘, 노화호르몬인 에틸렌가스 분비 등이다. 이러한 요인들은 부적절한 환경에서 가속화될 수 있다. 소비자는 절화를 좀 더 아름답고 신선한 상태로 오래 동안 관상하기 위해서는 다음의 취급 요령을 준수하여야 한다.

1) 이동과정 취급 요령

소비자가 절화를 구입하면 일반적으로 승용차, 버스 등을 이용하여 이동하게 된다. 긴 시간은 아니나 온도나 광선의 조절 없이 이루어지므로 여름철의 강한 광선, 고온의 조건은 절화의 노화를 급격히 진행시킬 수 있다. 한편 열대원산의 절화 소재는 겨울철 저온에 노출될 때 치명적인 저온 피해를 입을 수 있다.

2) 장식 전의 처리방법

식물 소재를 장식 전에 손질하는 것은 줄기의 절단면에 캘러스(치유조직)가 형성되지 않게 하거나 도관을 따라서 기포가 형성되지 않도록 하여 물올림이 잘 되게 함으로써 절화 수명을 길게 하는 것이 주된 목적이다. 이러한 과정은 절화의 처리 즉, 컨디셔닝(conditioning)이라고 한다.

① 절단

구입한 식물 소재는 장식할 장소로 옮긴 후 반드시 재절단하여야 한다. 줄기 끝으로부터 2.5㎝ 가량 비스듬하게 절단하고 장식용 용기에 넣었을 때 수면 아래 있는 하위 잎은 제거한다. 식물 소재를 절단함에 있어서 다음과 같은 점을 주의한다. 첫째, 소재를 자르는 데 사용되는 꽃가위, 꽃칼은 미생물에 감염되지 않도록 깨끗하게 소독해서 사용한다. 둘째, 절단 시 조직이 으깨지는 등 망가지지 않도록 예리한 칼날의 가위나 칼을 사용하여 절단면이 물에 노출되는 면적이 크도록 사선으로 절단한다. 셋째, 줄기의 아래 부위에 있는 잎은 신속히 제거하여 장식하였을 때 물에 잠기지 않도록 한다. 잎이 물에 잠기게 되면 회색으로 변하거나 병 발생의 원인이 될 수 있다. 한편 절단 부위를 공기 중에 노출시켜 건조하게 해서는 안 된다. 절단 후 바로 물통에 넣어야 하며 직사광선을 피해야 한다.

② 절화 소재의 전처리(pre-conditioning)

물올림이 원활하지 않은 절화 소재에 있어서 전처리를 한다.

- 목본성 줄기의 전처리 : 철쭉, 라일락, 광나무 등 목본성 식물 소재는 경사지게 절단하는 것보다 줄기 끝 2.5~5㎝ 정도의 수피를 제거한 후 2.5㎝ 정도를 가위나 칼로 쪼갠다. 망치로 끝을

두드리면 세균에 감염되기 쉬우므로 주의한다. 장미의 경우에는 칼이나 가위로 가시를 제거해야 한다.

- 유액 처리 : 식물 소재에 따라서는 절단부위로부터 물에 녹지 않는 분비물이 나오는 경우가 있다. 라이터나 성냥불 등으로 태워(탄화법) 분비물이 더 이상 나오지 않도록 하고, 분비물이 응고되어 수분의 흡수를 방해하지 않도록 한다. 이런 유액이 분비되는 식물 소재는 꽃양귀비나 유칼립투스, 고사리와 같은 양치식물, 포인세티아, 다알리아 등이다.
- 봄에 개화하는 구근식물 소재의 처리 : 튤립, 히아신스, 수선화 등은 특별한 처리가 필요한데 줄기 끝의 백화된 조직을 잘라내야 물올림이 좋아져 절화 수명이 연장된다. 봄에 개화하는 구근 소재 중 일부는 줄기에서 즙액이 나와 수명을 단축시킨다. 이 경우에는 수화처리 전 물통에 밤새 담가서 줄기에 있는 즙액이 충분히 빠져나오도록 한다.
- 시든 꽃의 처리 : 시든 증상을 보이는 잎이나 꽃 소재의 경우 열탕처리를 하는 경우가 있다. 장미 등 목본성 식물 소재의 경우 이 처리가 매우 효과적이다. 우선 종이봉투 등으로 꽃봉오리 부위를 뒤집어 씌워 물의 열기가 꽃에 닿지 않도록 하고, 80~90℃의 끓는 뜨거운 물에 줄기 기부의 2.5㎝ 정도를 담가 1분간 처리한다. 이 처리 방법은 미생물을 소독할 수 있는 부가적인 효과도 있다.
- 시든 줄기의 처리 : 튤립이나 루핀과 같은 개화된 식물 소재를 이용하는 경우 장식 과정이나 장식 전 수화처리 동안 줄기가 싱싱하지 않고 흐느적거리며 처지는 경우가 있다. 이때는 축축한 신문지로 줄기 부위를 감싸서 물통에 담가 밤새 수직으로 세워 둔다. 이 처리에도 불구하고 튤립 잎이 급격히 처지는 경우에는 철사를 이용하여 꽃 아래 줄기 부위에 구멍을 뚫어 줄기를 감아 지지하는 것이 좋다.
- 큰 잎 절엽 소재의 처리 : 우선 잎을 수돗물로 세척하여 잎 표면의 먼지나 잡물을 제거한 후 잎의 전체 조직이 잠길 수 있는 넓은 용기에 물을 넣고 절엽 소재 전체를 수 시간 동안 침지시킨다. 이 방법을 이용하게 되면 경우에 따라 시든 꽃도 다시 싱싱하게 만들 수 있다. 단, 작은 잎의 절엽 소재는 1시간만 처리해야 하며, 그 이상 처리하는 경우에는 회색으로 변색하거나 곰팡이병에 걸릴 수 있다.

③ 절화 소재의 처리(conditioning)

특별한 전처리의 유무에 관계 없이 화훼장식을 위한 식물 소재 처리의 마지막 단계는 물올림으로 방법은 매우 간단하다. 물통에 물을 담고 식물 소재의 줄기를 넣게 되는데 소재가 담긴 물통을 저온의 어두운 곳에 2~8시간 정도 두게 된다. 이때 절화보존제를 처리하면 더욱 좋다. 대부분 식물 소재의 경우, 물통에 물을 많이 채워 소재의 줄기가 깊이 잠기도록 하는 것이 좋으나 봄에 개화하는 구근식물 소재인 튤립, 수선화 등은 깊이 잠기는 것보다 얕은 수심의 물통에서 수화시키는 것이 좋다. 이렇게 물올림한 식물 소재는 장식할 때까지 물통에 넣어두었다가 장식하면서 물을 넣은 화병이나 수화시킨 플로랄 폼에 바로 꽂는 것이 좋다.

3) 절화보존제의 사용

절화의 선도 유지를 위해 사용되는 화학약제는 선도유지제, 수명연장제, 절화보존제, 품질보존제 등 그 명칭이 다양하지만, 영어로는 floral preservatives라 하고, 한국원예학회에서도 절화보존제로 사용하고 있다. 절화보존제는 절화의 수명을 연장시킬 목적으로 사용하게 되는데 당분, 살균제, 유기산, 에틸렌 생성 및 작용억제제, 생장조절물질, 무기염, 계면활성제 등으로 이루어진다. 물론 사용하는 물의 수질과 식물 소재의 특성에 따라 그 효과는 달라질 수 있으므로 각 성분별로 사용 시 정확한 지식이 필요하다.

① 당분(sugars)

식물의 주 영양분은 광합성의 최종산물인 탄수화물로 식물의 생화학적, 생리적 과정 유지에 필수적인 에너지원이다. 식물이 필요로 하는 탄수화물을 체내 이동성이 좋은 당분으로 공급해 주는 것이 좋은데 값도 싸고 용해도가 높은 자당(설탕, sucrose)을 주로 사용하고 포도당(glucose)과 과당(fructose)도 가능하다. 당분은 에너지원으로 작용하는 것뿐만 아니라, 미토콘드리아의 구조 및 기능을 유지시켜 호흡 및 공변세포의 팽압을 조절한다. 또한 기공의 개폐기능을 정상화시켜 증산을 제어하므로 체내의 수분균형을 개선시키고, 결국 수분 흡수량을 증가시킨다. 그러나 절화보존제 내 당분의 농도는 주의를 필요로 한다. 고농도의 당은 잎과 꽃잎에 해를 끼치고, 저농도의 당은 적당한 반응을 하지 않게 된다. 또한 절화의 종류, 개화 상태, 환경조건에 따라 다르므로 반드시 적정 농도를 준수해야 한다. 한편 당은 물속에서 미생물의 번식을 도우므로 반드시 살균제와 혼용해서 사용하여야 한다.

② 살균제(germicides)

절화를 꽂아두는 물속에는 세균, 효모, 사상균 등이 발생하여 급증하게 되며, 절단면에서 나오는 식물의 유액은 이들의 좋은 먹잇감이 되기도 한다. 각종 균들은 절화의 절단면을 막아 수분 흡수를 방해하고, 또한 이들이 발생시킨 부산물 등은 식물체로부터 에틸렌을 발생시키거나 독소를 생성하여 꽃의 노화를 촉진한다. 절화보존제에 주로 사용되는 살균제는 8-HQC(8-hydroxyquinoline citrate), 8-HQS(8-hydroxyquinoline sulphate), $AgNO_3$(silver nitrate, 질산은), $Al_2(SO_4)_3$(aluminum sulphate, 알루미늄황산) 등이다. 일반적으로 이들은 100~200ppm 수준의 저농도로 사용한다. 고농도로 처리하면 잎의 피해, 줄기 갈변, 황변 등의 해가 나타날 수 있으므로 반드시 사용량을 준수하여야 하며, 특히 알루미늄황산은 살균작용뿐만 아니라 알루미늄 이온이 기공을 닫음으로써 증산을 억제하고 흡수를 촉진하여 생체중을 증가시켜 절화 수명을 연장하는 것으로 알려져 있다.

● $AgNO_3$(silver nitrate, 질산은)의 사용 시 주의할 점
질산은은 살균제 및 에틸렌 생성을 억제하는 효과가 있어 좋은 성분이지만, 몇 가지 단점이 있다. 첫째, 수돗물의 염소 또는 다른 금속성분과도 반응하여 침전된다. 따라서 증류수 및 무기성분을 제거한 물 또는 하루 정도 받아둔 수돗물을 사용해야 하고, 유리 및 플라스틱 용기를 사용하여야 한다. 둘째, 빛에 의해 산화된다. 따라서 질산은 용액은 빛에 노출되지 않도록 불투명 용기를 사용하고 어두운 곳에서 보관하여야 한다.

③ 유기산(organic acids)

절화는 수분균형이 수명의 장단을 좌우한다. 절화 보존용액의 산도(pH)를 낮추어 주면 물의 이동력이 높아져 절화 속으로의 수분흡수량이 증가된다. 용액의 산도는 pH 3~4 정도로 조절해 준다. 용액의 산성화는 수분 흡수뿐만 아니라 균이 번식하는 것도 막아 줄기의 도관폐쇄를 방지할 수 있다. 산도를 낮추면서 절화의 생리적 변화를 주지 않는 것으로는 구연산(citric acid), 아스코르브산(ascorbic acid), 주석산(tartaric acid), 안식향산(benzoic acid) 등이 널리 사용되고 있다. 이 유기산들은 구입하기도 쉽고, 물에 쉽게 용해된다. 이 중 저렴한 가격의 구연산은 장미, 카네이션, 글라디올러스, 극락조화 등 다수의 절화에 사용효과가 크고 50~800ppm의 농도로 권장되고 있다.

④ 에틸렌 생성 및 작용억제제(ethylene retardants)

식물의 성숙을 위해 필요한 에틸렌은 결국 식물을 노화시키는 원인이 되므로 노화호르몬이라고도 불린다. 식물체 내에서 생성이 되며, 특히 꽃에서 생성되고 꽃을 가장 치명적으로 노화시키는 물질이기도 하다. 꽃잎의 위조, 낙화, 낙뢰를 일으키고 절화의 수명을 단축시킨다. 에틸렌은 체내에서 아미노산의 일종인 메티오닌(methionine)을 전구물질로 하여 SAM, ACC 과정을 거쳐 생성되며(그림 4-5), 기체 상태로 체외로 배출된다. 각 과정은 각각의 효소에 의해 활성화되지만 그 외의 환경 요인과 기타 처리에 의해 촉진 및 억제되기도 한다. 따라서 절화의 수명을 연장시키기 위해서는 촉진요인은 최대한 피하고 억제요인으로 처리 또는 환경조건을 갖추어야 한다. 한편 식물체 내에서 생성된 에틸렌은 스스로가 〈그림 4-5〉의 (a) 또는 (b) 과정을 촉진하는 자기촉매적(autocatalytic) 작용을 한다. 이것 때문에 에틸렌은 처음 발생하기만 하면 곧바로 생성량이 급증하는 클라이막테릭 상승(climacteric rise) 곡선을 보인다(그림 4-6). 따라서 에틸렌의 농도는 빠르게 높아지고 에틸렌에 민감한 종류는 생성함과 동시에 절화의 노화가 시작되는 원인이 된다.

절화는 에틸렌에 민감한 종류일수록 수확 후 바로 에틸렌 생합성을 억제할 수 있는 처리를 해 주는 것이 중요하다. 카네이션 'White Sim' 절화의 경우 수명 연장을 위해 STS 또는 AOA로 전처리하였더니 무처리보다 절화의 수명이 2.0~2.4배 길어졌고, 감상 기간 내내 에틸렌의 발생량도 거의 없었다.(표 4-6, 그림 4-6).

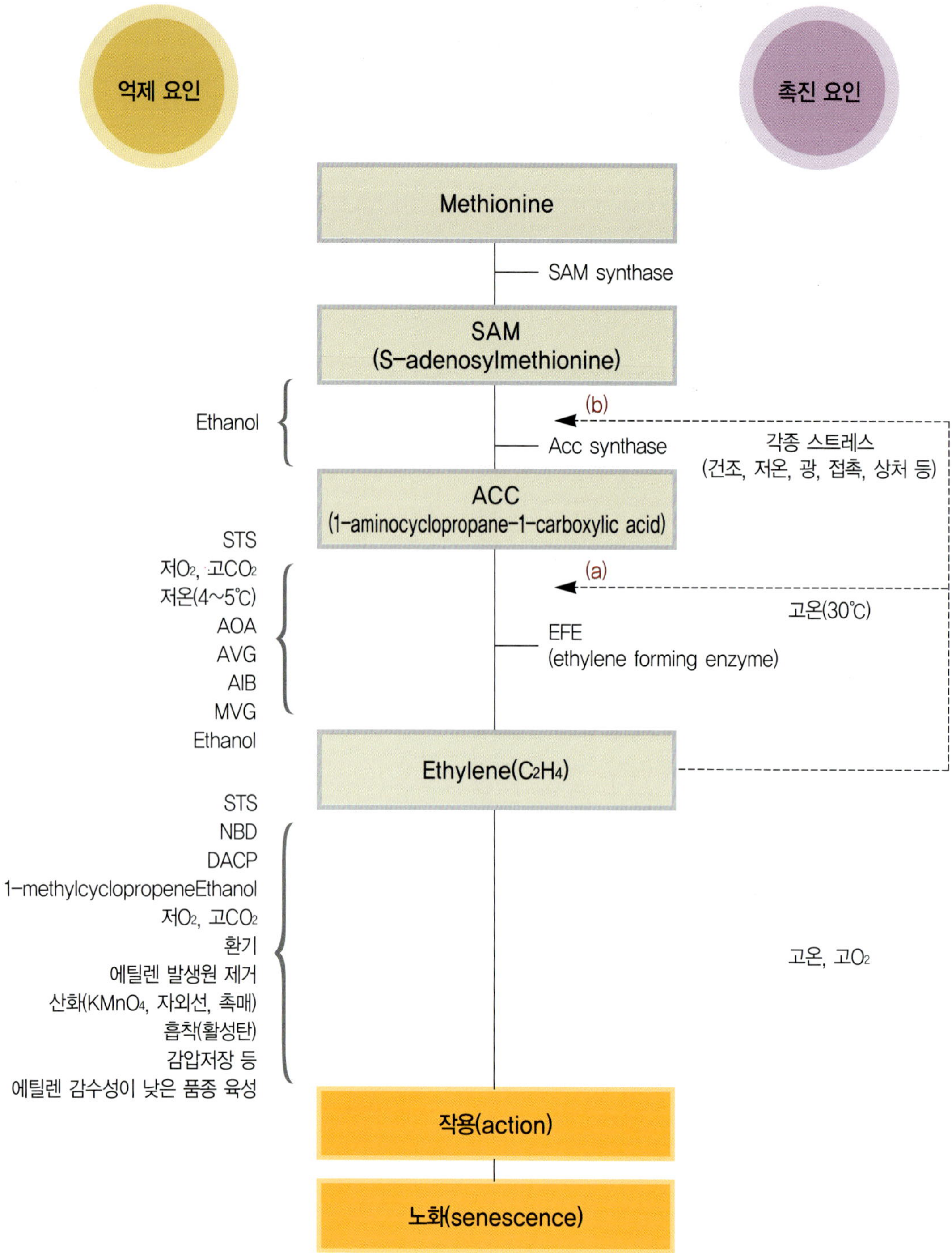

그림 4-5. 에틸렌의 생합성과정과 촉진 및 억제요인

* STS(silver thiosulfate), AOA(aminooxyacetic acid), AVG(aminoethoxyvinyl glycine), AIB(α-aminoisobutyric acid), MVG(methoxyvinyl glycine), NBD(2,5-norbormadiene), DACP(diazocyclopentadiene)

그림 4-6. 전처리에 의한 카네이션 'White Sim' 절화의 에틸렌 발생량

표 4-6. 전처리에 의한 카네이션 'White Sim' 절화의 수명 연장

처리	절화수명(일)	비고
무처리	6.7	1.0
STS(4mM, 30분)	15.9	2.4
AOA(10mM, 2시간)	13.5	2.0

● STS(silver thiosulfate, 치오황산은)는 에틸렌의 생성뿐만 아니라 작용도 억제하는 것으로 에틸렌에 민감한 카네이션, 알스트로메리아, 나리, 금어초, 스위트피와 같은 절화에 효과적이다. STS를 만드는 방법은 다음과 같다(Gorin 등, 1985).

1) 증류수 500mL에 $AgNO_3$(초산은) 0.079g을 녹인다.
2) 증류수 500mL에 $Na_2S_2O_3 \cdot 5H_2O$(치오황산나트륨) 0.462g을 녹인다.
   여기서 $Na_2S_2O_3 \cdot 5H_2O$는 Ag이온의 체내 이동을 돕는 역할만 한다.
3) 2번 용액에 1번 용액을 서서히 부으면서 젓는다. 은의 농도는 0.463mM이 된다.

STS 용액은 준비 즉시 사용하여야 한다. 즉시 사용하지 않을 경우에는 용액을 어두운 유리 또는 플라스틱 용기에 넣고, 20~30℃에서 암 상태로 보관하여야 한다. 또한 보관 가능한 기간은 4일 이내이다. 네덜란드의 알스미어 화훼경매장에서는 카네이션과 알스트로메리아 절화에 STS 처리하지 않을 경우 경매에 부치지 않을만큼 일반화 되어 있다.

⑤ 생장조절물질(growth regulators)

식물에는 옥신(auxins), 지베렐린(gibberellins), 시토키닌(cytokinins), 아브시스산(abscisic acid) 등과 생장억제제(growth retardants)인 B-9, CCC(chloromeguat), MH(maleic hydrazide) 등의 생장조절물질이 있다. 옥신은 포인세티아의 노화 및 낙화를 지연시키고, 지베렐린은 봉오리 개화를 유도하거나 엽록소의 소실을 감소시키며, 시토키닌은 에틸렌에 대한 꽃의 민감도를 감소시키거나 일부 꽃의 에틸렌 생성을 억제하여 잎의 황변을 지연시키는 등 절화의 수명 연장 및 품질 유지에 효과가 있다. 그러나 가격이 비싸고 극미량 사용을 준수하여야 하며, 고농도는 오히려 피해를 줄 수 있다. 또한 절화의 종류 및 환경조건마다 처리방법도 다양하므로 일반인이 손쉽게 사용할 수 있는 성분은 아니다.

⑥ 무기염(inorganic salts)

절화의 대사활성을 조절하기 위해 무기염을 사용하며, Ca, Al, B, Cu, Ni 및 I의 염이 사용되고 있다. 그러나 염의 농도가 200mg · L^{-1} 이상이면 장미, 국화, 카네이션 절화의 수명이 감소되고, 글라디올러스는 700mg · L^{-1} 정도에서 피해를 받는다.

⑦ 계면활성제(sulfactant, surface active agent)

흡수량이 낮은 스톡, 마가렛 그리고 증산량이 많은 숙근안개초, 스프레이 카네이션 등은 계면활성제 처리로 흡수량을 증가시켜 위조를 방지하고 수명을 연장시킬 수 있다. 또한 계면활성제는 절화보존제에 처리된 각종 성분을 물과 같이 체내로 잘 흡수되도록 하는 전착제의 역할에 의해 수명 연장에 도움을 준다. 계면활성제의 종류로는 알코올황산에스텔염, polyoxyethylenelauryl ether, Tween-20, Triton X-100 등이 효과적이며 0.01~0.1% 정도의 저농도로 처리한다. 가정용 중성 세제도 사용할 수 있다.

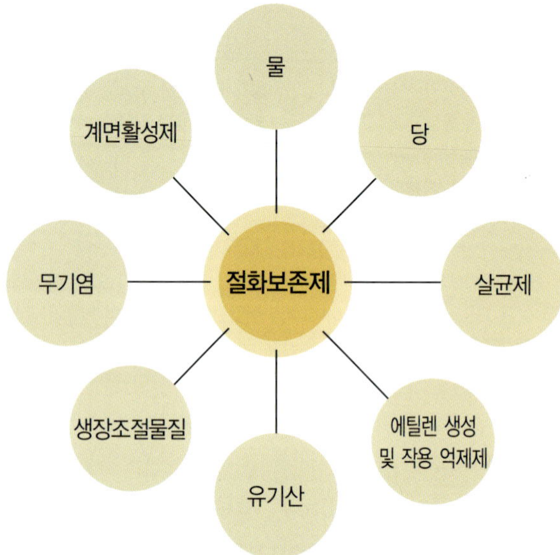

그림 4-7. 절화보존제의 구성성분

2. 분식물장식

아름답지만 수명이 짧다는 절화의 특징과는 반대로 분식물(potted plant, pot plant)은 식물의 모든 요소를 다 갖추고 있으며 자연 상태와 같이 토양에 뿌리 뻗어 생활하는 그대로의 모습이기 때문에 생명력이 길고, 자연미를 더욱 부각시킬 수 있는 장점을 가지고 있다. 또한 최근 실내환경에 대한 소비자들의 관심이 늘어가고 있어 분식물에 대한 소비도 늘어가고 있다.

(1) 분식물 소재의 선택

우리나라 분화류 판매량의 32.6%는 심비디움, 팔레놉시스, 덴파레, 온시디움, 풍란 등의 난류가 차지하고 있다. 그 다음이 선인장, 관음죽, 국화, 벤자민고무나무, 철쭉, 야자류, 산호수, 고무나무, 아이비, 아프리카봉선화, 스파티필룸, 포인세티아 등의 순이다. 최근에는 자생화의 생산 및 소비도 급증하고 있는 추세이고, 분화류보다는 관상기간이 짧지만 화단용으로 분류되고 있는 초화류도 분식물 화훼장식 소재로 많이 이용되고 있다. 팬지, 페튜니아, 매리골드, 꽃베고니아 등이 많이 생산 및 소비되고 있다.

그림 4-8. 전시장의 각종 난류

분식물 장식의 소재는 몇 가지 기준에 의해서 선택된다. 연중 내내 볼 수 있기를 원하는지, 식물 소재에 얼마의 비용이 드는지, 키우기 위한 노력과 기술 여부, 장식할 장소의 환경조건, 식물체의 형태, 크기 등을 주로 고려해야 한다.

일반적으로 관엽식물은 연중 관상이 가능하다. 그러나 꽃을 주로 관상하는 식물이라면 꽃이 시든 후에는 관상가치가 없어진다. 한편 키우는 노력과 기술의 여부에 따라서 어떤 환경조건에서도 잘 자라는 식물체를 키울 수도, 아닐 수도 있다. 대체적으로 꽃시장이나 플라워 샵에서 쉽게 구할 수 있는 산세베리아, 팔손이, 엽란과 같은 관엽식물, 건조하게 관리하는 많은 종류의 다육식물, 물 안에 심는 시페루스와 같은 수생식물들은 쉽게 키울 수 있다. 분식물은 관상기간이 길기 때문에 배치할 곳의 환경에 맞게 식물을 선택하는 것이 가장 중요하다.

(2) 분식물 소재의 종류

1) 이용에 따른 분류

① 실내 관엽식물(foliage house plant)

실내에서 잎을 주로 관상하는 식물을 관엽식물이라고 한다. 관엽식물은 화훼식물을 이용하는 입장에서 분류한 것으로 잎이나 줄기의 형태, 색상, 무늬 또는 식물체 전체 외형의 아름다움이 뛰어난 식물 종을 이른다. 이러한 관엽식물은 1970년대를 기점으로 하여 현재에 이르기까지 그 사용량이 꾸준히 증가하고 있다. 물론 관엽식물도 꽃을 피우지만 관엽식물의 꽃이 관상의 대상이 되는 경우는 적은 편이다.

크로톤, 콜레우스, 베고니아, 코르딜리네, 드라세나류의 많은 품종들은 엽색이 녹색 외에 적색, 크림색, 황색, 연녹색, 흰색 등으로 다양하여 화려함을 더해준다. 색상 외에 다양한 무늬를 가지고 있는 종들로는 콜레우스, 트라데스칸디아, 디펜바키아, 아글라오네마, 클로로피텀, 스킨답서스, 헤

그림 4-9. 실내 관엽식물 (1베고니아렉스, 2아글라오네마, 3알로카시아, 4팔손이, 5싱고니움, 6네펜테스)

데라 등이 있다. 몬스테라, 필로덴드론 셀로움, 알로카시아, 아라우카리아 등은 잎의 형태가 특이하여 인기가 있고, 다양한 색상과 무늬는 없지만 실내 관엽식물의 전형적인 종류인 벤자민고무나무, 팔손이, 싱고니움 등은 꾸준한 인기가 있는 식물종이다.

실내 관엽식물의 인기가 지속되면서 최근에는 틸란드시아, 브레니아 등의 공중식물(air plants)과 네펜테스, 파리지옥 등의 식충식물 등 새로운 식물들과 이용방법들도 많이 도입되고 있다. 관엽식물로 알려진 것들은 겨울철에 난방하지 않는 실내조건에 적합한 식물종도 있으나 대체적으로 따뜻한 실내에서 이용하는 것이 적합하다. 대부분의 관엽식물이 실내에서 계속적으로 관상할 수 있다고는 하지만 물, 광선 등의 적절한 관리가 필요하며, 기누라, 히포에스테스 등과 같이 자라면서 초장이 길어져서 실내에서 쉽게 관상가치가 떨어지는 것들도 있다.

② 꽃을 관상하는 실내식물(flowering house plants)

꽃을 관상하는 실내식물은 가정에서 실내정원 등 분식물 장식에 대한 관심이 커지면서 점차적으로 중요한 비중을 차지하고 있다. 꽃을 관상하는 식물은 2가지 유형으로 나눌 수 있는데 실내에서 계속적으로 관상할 수 있는 관엽식물이 일시적으로 개화하여 그 꽃을 관상하는 경우가 그 중 하나

그림 4-10. 꽃을 관상하는 실내식물 (왼쪽부터 스파티필룸, 임파치엔스, 브론펠시아)

이다. 이 종류의 식물들은 크기, 형태, 향기에 있어서 다양한 꽃을 피우므로 큰 꽃을 보고 싶을 경우에는 극락조화와 같은 식물을, 작고 귀여운 꽃을 보고 싶을 때는 칼랑코에나 헬리오트롭과 같은 식물을 선택할 수 있다. 꽃에 따라서 강하고 좋은 향기가 있는 가데니아, 올란더, 자스민과 같은 식물을 선택할 수도 있으며 캐리온과 같이 불쾌한 냄새가 나는 식물종도 있다.

언제 꽃을 보고 싶은가에 따라서도 식물을 선택할 수 있다. 칼랑코에나 자스민은 겨울철 거실에서 꽃을 피울 수 있으며, 스파티필룸과 안스리움은 봄철, 히비스커스와 캄파눌라는 여름철, 아펠란드라와 올란더 등은 가을철에 개화한다. 한편 아프리칸바이올렛, 임파치엔스, 브론펠시아 등과 같이 필요한 조건만 맞춰주면 언제든지 개화하는 종들도 있다. 꽃에 따라서는 히비스커스와 같이 1~2일 만에 꽃이 지는 것이 있으며 에크메아는 수개월 동안 꽃이 지속된다.

대부분의 관엽식물은 잎 자체가 화려하고 아름다우므로 꽃이 피었다고 해서 관상가치가 훨씬 더 증가하는 것은 아니다. 이런 점은 꽃이 피거나 피지 않거나 늘 관상할 수 있다는 장점이다.

③ 꽃을 위주로 관상하는 분식물(flowering pot plants)

꽃을 관상하는 식물 중 꽃이 피었을 때만 관상가치가 있으며 꽃이 지고 난 후에는 관상가치가 없어 폐기되거나 구근 상태로 저장하였다가 다시 심거나 하는 식물을 별도로 구분한다. 이런 식물들은 꽃이 매우 화려하고 아름다우나 실내에 두고 계속 관상할 수 없으므로 실내에서 식물로 장식하고자 할 때는 식물의 특성을 고려해서 선택해야 한다.

꽃이 피었을 때 매우 화려하고 아름다우므로 주로 선물용 상품으로 많이 이용되며, 실내를 장식할 때도 시선을 끄는 주인공의 역할을 한다. 이런 식물들은 일시적인 관상가치에도 불구하고 매우 화려하고 눈을 끄는 아름다운 꽃으로 꾸준한 인기를 지닌다. 포인세티아, 철쭉, 시클라멘, 글록시니아, 시네라리아, 국화, 수선, 히아신스, 크로커스, 튤립, 꽃베고니아, 글로리오사, 브로왈리아, 분화용 미니장미뿐만 아니라 덩굴성인 툰베르기아와 향이 좋은 엑사쿰 등이 있다.

그림 4-11. 꽃을 위주로 관상하는 분식물 (왼쪽부터 포인세티아, 시클라멘, 시네라리아)

일년생 식물의 경우에는 수일 또는 수개월 후 꽃이 지고 나면 서서히 거의 모든 잎이 지고 식물체가 죽는다. 그럼에도 불구하고 절화에 비해 꽃을 오랫동안 볼 수 있으므로 절화를 대신하여 사용되는 경우가 많다. 식물을 키우는 데 있어 일반적인 규칙이 있다고 할 수는 없지만, 꽃을 위주로 관상하는 분식물은 고온, 건조한 환경이 아니라 대체적으로 밝고 서늘한 환경조건에서 흙이 늘 촉촉이 젖어 있는 상태로 관리한다.

④ 다육식물 및 선인장류(succulent plants and cactuses)

선인장은 물을 자주 주지 않아도 잘 견디는 사막식물이라는 인식 때문에 한때 많은 사람들의 인기를 받으며 실내 분식물로 이용되었다. 그러나 이러한 이유 때문에 때로는 실내에 그냥 방치하여 생육이 저조하거나 급기야 죽는 경우가 자주 있다. 다육 및 선인장류를 좀 더 잘 이용하기 위해서는 이 식물에 대해 좀 더 명확하게 이해할 필요가 있다. 우선 모래에 심어 키우는 것으로 알려져 있는데 너무 가는 모래는 오히려 해롭다. 모래와 뜨거운 사막에서 사는 식물이라고는 해도 여름철의 건조한 기후는 선인장을 휴면 상태로 있게 한다.

선인장의 적절한 발달과 개화를 위해서는 겨울철의 저온도 필요하며, 잘 관리하면 수선화처럼 정기적으로 꽃을 피울 수도 있다. 선인장도 큰 기둥처럼 키가 큰 종부터 땅에 붙어있는 아주 작은 종들까지 매우 다양하고 광범위하다. 선인장의 대부분은 강하거나 부드러운 가시를 가지고 있고, 어떤 것은 긴 털처럼, 어떤 것은 짧은 고리 모양을 하고 있다.

선인장은 원산지의 환경에 따라 사막형과 산림형으로 나눈다. 사막형은 미 대륙의 덥고 반사막 지역이 원산지로 수백 종에 달하는 거의 모든 선인장류가 이 그룹에 속하는데, 대부분 삽목으로 쉽게 번식하고 초봄에서 가을철까지 물을 거의 주지 않거나 아주 조금 준다. 가능한 빛을 많이 받도록 하며 특히 꽃을 피우기 위해서는 남쪽 창가에서 키우는 것이 적합하다.

산림형 선인장은 미 대륙의 열대 삼림지역이 원산지로 나무에 착생해서 자란다. 원예식물로 키우는 것은 많지 않으나 대부분 줄기가 자라면서 늘어지는 습성이 관상가치가 높아 원예종이 된 것이

그림 4-12. 다육 및 선인장류로 장식된 실내와 비모란

며, 사막형 선인장과 달리 겨울철에도 관수나 영양분을 줄 필요가 있다. 일 년 중 가장 더운 시기에 동북쪽 그늘에서 키우는 것이 적합하다.

선인장은 형태에 따라서도 3군으로 나눌 수 있다. 잎이 있는 나뭇잎선인장아과는 약 30종, 작은 잎이 있으나 성숙하면 잎이 탈락하는 부채선인장아과는 약 400종, 잎이 없는 대신 사마귀 모양의 돌기 또는 가시가 발달하고 줄기는 원형 또는 기둥 모양으로 가시가 잘 뽑히지 않는 기둥선인장아과는 2,000여 종이 있다. 원예용으로 가장 많이 이용되고 있는 선인장은 기둥선인장아과이다.

다육식물에는 용설란과의 용설란, 돌나물과의 돌나물과 칼랑코에, 백합과의 알로에 등 많은 과와 종이 있다.

2) 형태에 따른 분류

분식물 장식에 있어서는 식물의 형태, 크기 등을 고려해서 식물 소재를 선택하는 것이 전체 장식물 제작 및 관상에 있어 매우 중요하다. 작고 낮게 자라는 품종은 넓고 큰 벽면에 장식하는 것이 어울리지 않으며, 나무와 같이 키가 큰 식물체는 좁은 창가 베란다에 두면 불안해 보일 수 있다. 분식물 장식을 위해 어린 식물체를 구입할 경우에는 식물체의 키가 크게 자랄 수 있음을 생각해야 한다. 최근에는 품종개량 등으로 왜성품종이 많이 이용되는 경향이나 드라세나나 고무나무의 경우에는 왜성품종이 아니면 사람의 키만큼이나 자랄 수도 있다. 분식물 소재는 형태에 따라 6가지로 분류될 수 있다.

① 그래스 식물(grassy plants)

그래스 식물은 좁은 잎을 가진 사초과나 화본과 식물과 같은 생장습성을 지니지만, 모든 종류가 그렇지는 않다. 클로로피텀이 가장 흔하게 쓰이는 그래스 식물 소재이고, 그 외에 빌베르지아, 틸란드시아와 수선 등이 있다.

그림 4-13. 그래스 식물 (왼쪽부터 클로로피텀, 틸란드시아, 수선)

② 덤불형 식물(bushy plants)

이 분류는 다른 분류에 속하지 않는 거의 모든 식물이 포함될 수 있다. 전형적인 유형은 주지로부터 몇 개의 측지가 거의 같은 지점에서 나와 수직이나 수평의 초형을 보이지 않는다. 페페로미아와 같이 작고 빽빽한 초형이나 아우쿠바와 같이 키가 큰 관목과 같은 것들도 있다. 어떤 식물은 덤불처럼 자연스럽게 측지가 형성되는 것이 있는 반면, 정기적인 적심처리를 통해 초형을 덤불형으로 유도해 주는 경우도 있다. 아키메네스, 베고니아, 콜레우스, 마란타, 필레아 등이 있다.

그림 4-14. 덤불형 식물 (왼쪽부터 콜레우스, 마란타, 필레아)

③ 수직형 식물(upright plants)

주지에 측지가 거의 없으며 수직으로 자라는 생장습성이 뚜렷한 것이 특징이다. 키가 수 cm 정도되는 작은 식물체부터 집 천장까지 닿는 키 큰 식물체까지 다양하다. 여러 가지 형태의 식물 소재들을 함께 장식할 때는 중간 크기의 수직형 식물체를 사용하는 것이 필수적인데 로제트형 식물, 덩굴형 식물, 키가 작은 관목형 식물을 사용해서 생기는 수평적인 효과에 대한 대비의 요소로 사용된다. 곧게 자라는 키가 큰 수직 식물은 그 자체로 공간에서 시선을 끄는 장식 효과가 뚜렷하다.

- 기둥형 식물(column plants) : 두꺼운 수직의 줄기를 가지고 있으며, 잎이 없거나 잎이 있어도 수직기둥 효과가 두드러지는 선인장류나 일부 다육식물들이다. 세레우스, 클레이스토캑터

그림 4-15. 수직형 식물 (1골드 크레스트, 2고무나무, 3디펜바키아, 4아펠란드라)

스, 하워시아, 클레이니아, 노토캑터스, 트리코세레우 등이 있다.

- 수목형 식물(trees) : 별다른 장식이나 다른 식물과의 조화가 필요 없이 그 자체로 관상가치가 뛰어난 식물이다. 주지가 있고 이로부터 곁가지가 나오며 여기에 잎이 달리게 된다. 크로톤의 유식물체와 같이 일부 식물은 꽤 작고, 어떤 식물은 천장에 닿을 정도로 크게 자란다. 골드 크레스트, 아펠란드라, 시트러스, 코디아움, 벤자민고무나무, 인도고무나무, 라우러스, 쉐프렐라 등이 있다.
- 야자형 식물(false palms) : 식물체가 성숙하면 줄기의 윗부분만 잎으로 덮여 있어 마치 야자류와 같은 느낌을 주는 식물 소재이다. 이 중에서 키가 큰 식물은 빌딩 등 공공장소에서 단독으로 배치되는 장식식물로 자주 사용된다. 베아우카르네아, 디펜바키아, 드라세나, 판다누스, 유카 등이 있다.

④ 덩굴형 식물(climbing and trailing plants)

줄기가 자라면서 지지물이 있으면 이를 이용하여 위로 올라가거나 또는 아래로 늘어지는 습성이 있는 식물이 여기에 속한다. 일반적으로 가지가 위로 자라 올라가기 위해서는 지주대, 줄, 망, 고리 등이 설치되어 있어야 한다. 한편 기는 줄기를 활용하기 위해서는 실내정원에서 수평으로 줄기가 뻗어 정원의 표면을 덮게 하거나 걸이화분에 심어 이용하는 방법이 있다.

상향으로 기어 올라가는 습성의 식물체는 화분 위에 지지대를 설치하면 줄기가 지지대를 잡고 올라가면서 생장한다. 이런 식물들은 덩굴손이 있어 일정 간격으로 설치된 지지물을 잡고 올라가는데 그냥 두면 줄기들이 서로 붙잡고 뒤섞여 자라게 된다. 착생뿌리를 갖고 있는 식물은 이끼로 만든 배지에서 가장 잘 자란다. 디플라데니아, 파시플로라, 필로덴드론, 스테파노티스 등이 있다.

한편 기어 올라가는 줄기와 아래로 뻗어 자라는 습성을 모두 가지고 있는 식물종은 화분에 지주대를 설치하면 일부는 감고 올라가고 일부는 뻗어 자라면서 늘어지는 것이 매우 아름답다. 때로는 무성하게 뒤엉키는 것을 막기 위해 줄기를 정리해 줄 필요가 있다. 푸밀라고무나무, 헤데라, 필로덴드론, 스킨답서스 등이 있다.

마지막으로 줄기가 늘 아래로 늘어지면서 생장하는 유형은 줄기가 토양표면을 덮으므로 걸이화분이나 기둥 위에 설치된 화분 등에 이용하면 매우 아름답다. 베고니아, 캄파눌라, 콜룸네아, 피토니아, 헬시네, 네르테라, 세덤, 세네시오, 자이코캑터스 등이 있다.

그림 4-16. 덩굴형 식물 (왼쪽부터 스킨답서스, 푸밀라고무나무, 헤데라)

⑤ 로제트형 식물(rosette plants)

생장점을 중심으로 잎이 원형의 다발을 이루는 형태의 식물이다. 키가 작게 자라는 대부분의 로제트형 식물은 관목형이나 수직형 식물들과 조화를 이룬다. 잎이 크면서 거의 수평으로 자라는 로제트형은 글록시니아, 프리뮬러, 아프리칸바이올렛 등 꽃을 관상하는 종류이다. 로제트형의 일부는 잎이 빽빽이 수평 또는 수직으로 자라는 다육식물로 자연 상태에서 수분을 잘 보유할 수 있는 형태를 가지고 있다. 이러한 예로는 알로에, 에오니엄, 에케베리아, 하워시아, 셈페르비붐이 있다. 한편 파인

그림 4-17. 로제트형 식물 (❶프리뮬러, ❷아프리칸바이올렛, ❸에오니엄, ❹에크메아, ❺구즈마니아, ❻브리시아)

애플과의 식물로 에크메아, 구즈마니아, 니둘라리움, 브리시아 등은 혁대처럼 생긴 잎의 기부가 빗물을 받아 보유할 수 있도록 생겼는데 대체적으로 식물체가 크고 옆으로 벌어져 있는 모양이다.

⑥ 구형 식물(ball plants)

구형 식물은 잎이 없는 구형의 식물로 모두 선인장류이다. 줄기의 표면이 완만하거나 털이나 가시로 덮여있다. 멜로캑터스, 아스트로파이툼, 에키노캑터스, 페로캑터스, 맘밀라리아, 파로디아, 레부티아 등이 있다.

그림 4-18. 구형 식물 (왼쪽부터 멜로캑터스, 아스트로파이툼, 페로캑터스)

(3) 분식물 소재의 관리

분식물은 장식 후에도 지속적으로 성장하므로 식물이 자라기 좋은 환경조건을 마련해 주어야 한다. 특히 광선, 온도, 토양, 수분, 시비(施肥) 등은 판매자와 소비자 모두 관리 요령을 터득하여야 한다.

1) 광선

식물은 기본 광을 이용하여 광합성을 하는 생물체이다. 또한 분식물은 장시간 실내에 장식되어질 것이므로 광합성을 위한 광 조건이 적합하여야 한다. 대부분 열대, 아열대 원산의 수입 관엽식물들은 실내 저광도에서도 잘 자랄 수 있지만 경우에 따라서는 광의 요구도가 높은 종류도 있다. 식물은 광의 요구도에 따라 보통 양생식물, 중생식물, 음생식물로 구분하며 실내에서 배치되어야 할 장소가 정해진다. 가정에 간이 조도계(lux meter)가 있으면 식물이 자라기에 가장 적합한 장소를 확인할 수 있어 편리하다.

표 4-7. 광의 요구도에 따른 실내식물의 분류

구 분	최소광요구도(lux)	종 류
양생식물	5,000 ~ 10,000	국화, 빈카, 선인장류, 아게라툼, 유카, 제라니움, 콜레우스, 크로톤, 히아신스, 칼랑코에, 아마릴리스, 소철 등
중생식물	750 ~ 2,000	디펜바키아, 베고니아, 벤자민고무나무, 스킨답서스, 싱고니움, 자금우, 접란, 철쭉류, 파키라, 팔손이, 페페로미아, 필로덴드론, 드라세나, 남천, 군자란, 관음죽 등
음생식물	500 ~ 1,500	디펜바키아, 마란타, 만년청, 맥문동, 백량금, 산세베리아, 스파티필룸, 아스파라거스, 안스리움, 야자류 등

2) 온도

식물이 광합성으로 탄수화물을 만들고 뿌리로 무기양분과 수분을 흡수 및 이동하는 여러 가지 대사활동은 온도에 따라 크게 영향을 받는다. 따라서 식물에 따라 필요로 하는 온도조건이 다르기 때문에 최적의 온도조건이 주어지지 않으면 생육이 불량해진다. 식물의 최적온도는 각 식물의 원산지에 따라 구분하는 것이 가장 안전하다. 원산지별 식물이 자라는 최적 온도는 〈표 4-8〉과 같으며 생육적온 내에서 온도를 조절해 주어야 한다. 그러나 대부분의 실내는 모든 식물의 생육적온 범위 내에 있으므로 식물의 생육을 위해 따로 온도를 조절해 줄 필요는 없을 것 같다. 다만 겨울철에는 베란다에 있는 관엽식물들을 안으로 들여놓아야 한다.

표 4-8. 식물의 원산지별 생육적온

구 분	생육적온(℃)	종 류
열대원산(고온군)	25 ~ 30	대부분의 관엽식물
온대원산(보통군)	15 ~ 25	국화, 장미, 나리, 개나리 등
온대원산(저온군)	10 ~ 20	솜다리, 구상나무, 만병초 등 고산식물과 야생화

3) 토양

화분 속에서 뿌리가 잘 자랄 수 있는 조건을 갖추어 주어야 하는데 장식하기 전 분갈이를 해 주거나 토양이 입단구조인지 확인하여야 한다. 토양의 삼상 즉, 고상, 액상, 기상의 구조가 50%, 25%, 25% 비율일 때가 가장 좋은 조건이 된다. 입단구조는 소공극과 대공극이 공존하여 물과 공기가 식물 생육에 알맞게 고상, 액상, 기상이 2:1:1의 비율로 존재할 수 있게 한다.

거의 모든 분식물은 1년 정도가 지나면 화분 속에 뿌리만 가득 차게 된다. 뿌리가 정상적으로 자랄 수 있는 수분과 공기가 거의 없는 상황이다. 따라서 정기적으로 분갈이하여 화분 속 토양구조를 입단구조로 바꾸어 주어야 한다. 기본적으로 1년에 1회 분갈이하는 것이 바람직한데 온대식물은 3~4월, 열대식물은 5~6월이 적당하다. 어린 식물은 1년에 1회, 화분의 직경이 30㎝ 이상인 큰 화분은 2~3년에 1회 분갈이하는데 식물체에 꽃이 피어 있을 때는 피해야 한다. 엉키고 묶은 뿌리는 1/2~1/3 정도 제거하고 이식 후 활착률을 높이기 위해서는 기존의 뿌리가 잡고 있던 흙의 일부를 가지고 간다. 분갈이 후 1~2주 정도 음지에서 적응기간을 두는 것이 좋다.

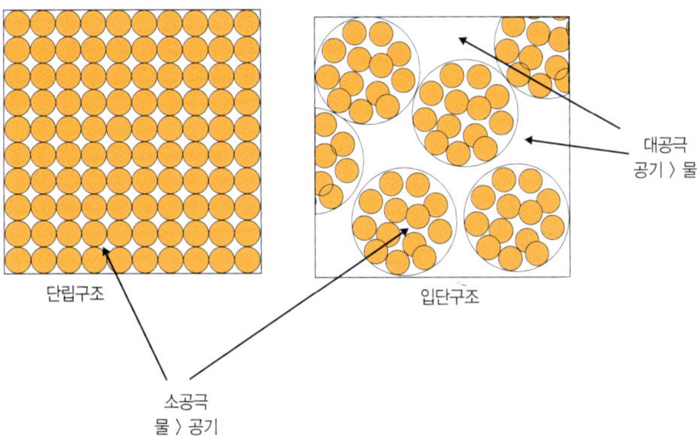

그림 4-19. 토양의 구조별 공극 차이

그림 4-20. 오랫동안 분갈이를 하지 않아 뿌리가 가득 찬 화분

4) 물관리

뿌리로부터 수분 및 양분의 흡수가 지속적으로 일어날 수 있도록 토양의 수분 유지는 식물생육에 있어 필수적이다. 하지만 과습은 오히려 뿌리의 호흡을 불가능하게 하여 생육을 방해하고, 건조는 식물의 위조(萎凋, wilting, 시들음)를 촉진하게 된다. 따라서 적정량의 수분 유지를 위한 관수(灌水, watering)는 식물 관리의 기본이다. 대개

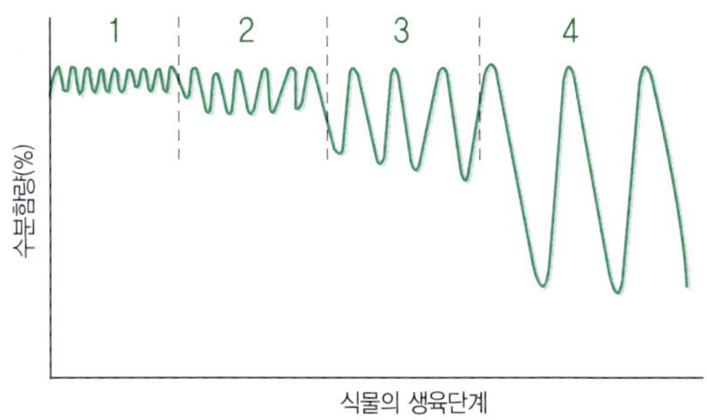

그림 4-21. 식물의 생육단계별 토양의 수분관리 방법

계절별 하루 관수횟수를 수치화할 수 있지만, 토양조건, 공기수분, 생육과정에 따라 차이가 있으므로 표준화하기는 힘든 상황이다. 화분의 표토가 0.5~1.0㎝ 정도 말랐을 때 재관수해주는 것이 가장 바람직하다. 또한 관수 시 잎이나 꽃에 물이 닿지 않도록 하고, 흙이 식물체에 튀지 않도록 해야 깨끗하고 병해충이 없는 식물을 관리할 수 있다. 또한 플러그묘를 전문으로 생산하는 한미프러그에서는 모의 수분관리 방법을 〈그림 4-21〉과 같이 생육단계별로 차이가 있음을 발표한 적이 있다. 어린 단계일수록 관수횟수는 많고 수분유지량이 높아야 하는데 비해 식물이 자랄수록 관수횟수는 적고, 수분함량의 고저폭을 크게 관리하여야 식물의 강건함을 유지할 수 있다.

그림 4-22. 관수 후 잎에 남아 있는 물방울

물주기할 때 계절별로 주의해야 할 사항이 있다. 한여름 햇빛이 강한 시간에는 잎 표면의 관수를 피해야 한다. 관수 후 잎 표면에 남아 있는 물방울이 볼록렌즈 역할을 하여 잎 표면을 태워 반점이 생기는 일소(日燒, sunscald, sunburn) 현상이 나타나기 때문이다. 또한 온실에서 식물을 키우는 경우 여름철 온실 안의 호스 속에 있는 뜨거운 물이 식물체에 바로 닿지 않도록 주의하고, 겨울철 관수는 가능한 저녁관수를 피한다. 하루 중 가장 낮은 온도에 물과 같이 놓이게 되는 뿌리가 저온의 피해를 보기 쉽기 때문이다.

실내에서 키우는 식물의 경우, 특히 겨울철 실내 난방에 의해 공기가 건조하면 뿌리의 흡수량보다 잎을 통한 증산량이 많아 잎이 건조하고 낙엽되는 피해가 발생한다. 따라서 식물의 종류별로 실내 습도를 조절해 주는 것이 좋다. 가습기를 사용하는 것보다 분무기로 2~3회 잎에 물을 분무하면 잎에 수막이 생겨 과도한 증산작용을 막을 수 있다. 식물별 습도에 대한 적응은 〈표 4-9〉와 같다.

표 4-9. 관엽식물의 종류별 습도 요구량

구 분	습도 요구량	식 물 종 류
저습도	50% 미만	야자류, 아스파라거스속, 박쥐란, 기누라, 산세베리아, 선인장류 등
보 통	50 ~ 70%	아나나스, 고무나무, 페페로미아, 호야, 칼라데아, 크로톤, 꽃베고니아, 시클라멘 등
고습도	70% 이상	피토니아, 필레아, 네펜테스, 에피시아, 천남성과 식물 등

5) 시비

광합성을 하는 식물이지만 토양으로부터 지속적인 영양분이 공급되어야 왕성한 생육을 계속할 수 있다. 비료성분 중 질소(N), 인산(P), 칼륨(K) 등 3대 비료뿐만 아니라 칼슘(Ca), 마그네슘(Mg)까지 5대 비료는 식물에게 많은 양이 요구되고 있다. 특히 영양생장 중인 식물에게는 질소 성분의 비료가, 생식생장 중인 식물에게는 인산 성분의 비료가 많이 필요하다. 식물체의 내병성, 내충성을 증가시키기 위해서는 칼륨 성분의 비료가 요구된다. 가능하면 기비(基肥)를 충분히 포함시킨 토양을 사용하고, 부족한 증세가 나타날 때는 추비(追肥)를 주는 것이 좋다. 또한 식물 종류별로 비료요구량이 다르므로 비료 주는 양을 조절해 줄 필요도 있다.

표 4-10. 관엽식물의 종류별 비료 요구량

구 분	식물 종류
저농도	진달래, 동백, 난류, 아디안툼, 선인장류, 아나나스, 아스파라거스, 마란타, 페페로미아, 산세베리아, 프리뮬러, 구근류, 식충식물 등
보 통	프리지어, 안스리움, 시클라멘, 채송화, 데이지, 금어초, 군자란, 모란, 작약, 아라우카리아, 디펜바키아, 호야, 유카, 부겐빌레아, 거베라, 글록시니아, 보스턴고사리 등
고농도	국화, 나리, 튤립, 수국, 카네이션, 알로카시아, 제라니움, 칼라디움, 아프리칸바이올렛, 아스파라거스 스프링게리, 라넌큘러스, 옥잠화, 비비추, 장미, 고무나무 등

3. 비식물 소재

화훼장식의 성공은 어떻게 구성 및 조립하느냐에 달려 있으므로 적당한 도구, 알맞은 용기, 각종 부소재들의 사용은 화훼장식을 구성하는 식물 소재만큼이나 중요하다. 절화장식을 하기 위한 도구에는 꽃칼, 꽃가위, 전정가위, 플라이어, 가시제거기 등이 있고, 화훼장식품을 담고 있는 용기는 그 재질과 형태에 따라 다양하다.

뿐만 아니라 플로랄 폼, 침봉과 같이 꽃을 지지할 수 있도록 하는 것과 철사(wire, 와이어)와 같이 각종 기능을 하는 부소재, 디자인 기법을 다양화하기 위해 사용되는 글루(건), 플로랄테이프, 장식핀, 케이블타이 등과 장식적 기능을 살리기 위한 리본, 라피아 등 다양한 액세서리를 사용하고 있다. 장식용 액세서리는 장식물의 주제와 분위기가 잘 전달될 수 있도록 사용하여야 하며 그 종류 및 범위는 무제한적이라 할 수 있다.

(1) 도구(tools)

꽃가위, 꽃칼, 전정가위, 일반 가위, 플라이어, 가시제거기, 톱 등 화훼장식용으로 제작된 도구를 사용하고, 품질이 좋은 것을 선택하여야 한다. 도구들을 예리하고 깨끗하게 관리하여야 오랫동안 효과적인 작업을 할 수 있다.

1) 꽃칼(knives)

작품 제작에 앞서 모든 소재들이 잘려 있어야 하므로 꽃칼은 화훼장식가들에게 가장 중요한 도구이다. 포켓용 꽃칼을 가장 보편적으로 애용하고 있는데 작업을 하지 않을 때는 날카로운 칼날을 접어 둘 수 있기 때문에 위험도를 줄일 수 있다. 조리용 칼처럼 생긴 것을 선호하는 사람들도 있다.

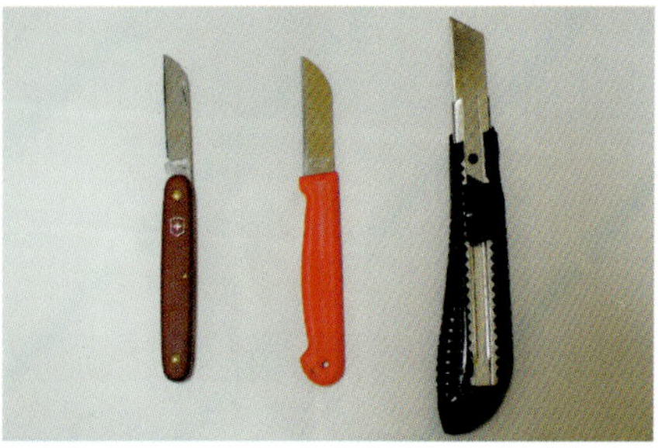

그림 4-23. 화훼장식용 꽃칼의 종류

꽃칼의 형태는 각 개인의 선호도에 따라 다르겠지만 중요한 것은 화훼장식가 자신의 손에 꼭 맞는 것을 선택해야 한다는 것이다. 처음 꽃칼을 사용할 때는 낯설고 서툴겠지만 연습에 의해 곧 자연스러워질 것이다. 꽃칼은 다른 어떤 절단 도구보다 식물 절단면 세포의 파괴를 최소화할 수 있어 식물의 신선도 유지에 가장 바람직한 도구이다.

2) 꽃가위(clippers and scissors)

그림 4-24. 화훼장식용 가위의 종류

꽃가위는 전정가위와 함께 굵은 줄기나 목본성 식물을 자르는 데 사용한다. 가위의 날 부분은 강한 철강으로 만들어져야 하고, 손잡이 부분의 접착이 강해야 한다. 줄기가 부드러운 초본성 식물을 자를 때는 작은 꽃가위가 사용되기도 한다. 리본가위는 보통 문구용 일반가위로 리본, 종이, 천, 망사 등을 예리하고 섬세하게 자를 때 이용한다. 핑킹가위는 잘려지는 면이 거치 모양이 되는 것으로 모양과 크기가 다양하다.

3) 플라이어(plier)

그림 4-25. 화훼장식용 플라이어의 종류

집고 돌리고 자르고 뽑는 기능을 할 수 있는 다양한 도구를 모두 플라이어로 통칭하며, 어떤 작업에 이용하느냐에 따라 적합한 모양의 것을 구입한다. 여러 가지 모양의 철사절단가위(wire cutters)는 칼날이 짧고, 안전을 위해 손잡이 사이에 스프링 잠금장치가 있어 철사가 들어 있는 거베라, 조화 등의 줄기를 자르거나 얇은 철판, 플라스틱 등을 자르는 데 사용한다. 꽃칼과 마찬가지로 가위의 날 또한 예리하고 품질이 좋은 것을 선택한다.

4) 가시제거기(strippers)

일반적으로 장미 가시제거기라고도 부르며, 줄기로부터 잎과 가시를 제거할 때 사용된다. 가시를 제거할 때 줄기의 수피가 벗겨지지 않도록 부드럽게 작업하지 않으면 오히려 꽃에 악영향을 미칠 수 있으므로 주의하여야 한다. 최근 플라스틱 제품으로 만들어져 나오는 것도 수피의 상처를 줄이기 위해서이다.

(2) 용기(containers)

용기는 화훼장식가들에게는 화기로 불리기도 하는데 형태, 크기, 재료, 가격 등이 아주 다양하다. 용기의 선택은 꽃의 종류뿐만 아니라 작품이 놓여질 장소에 따라서도 달라진다. 디자인적으로는 작품과 조화로워야 하고 시각적 · 물리적 요구도 충족되어야 한다.

1) 기능

꽃을 꽂는 전문 용기가 생산되고 있다. 용기는 사용한 모든 꽃을 넣을 수 있는 입구(구멍)와 공간, 꽃이 흡수할 물을 일정기간 넣어 둘 수 있는 깊이, 물과 식물 소재의 무게를 지탱해 낼 수 있는 안정성 등이 확보되어야 한다. 또한 화훼장식품 제작 시 사용된 소재 및 각종 부소재들이 가려질 수 있어야 하고, 디자인 구성요소로서의 역할도 하므로 화기의 적절한 선택은 화훼장식품의 품위를 높여주기도 한다.

2) 형태와 크기

용기는 화훼장식품의 형태에 따라 적절히 선택되어야 하는데 만약 잘못 선택하면 화훼장식품 디자인의 조화를 만들 수 없고 용기와의 비율도 적합하지 못하게 된다. 제작이 끝난 다음 화기가 선택되기도 하고, 화기가 먼저 선택된 후 화훼장식품의 디자인이 정해지기도 한다. 용기는 꽃의 양, 놓여 질 공간의 조건 등에 의해 크기가 정해지는데 용기의 크기가 작품을 압도하거나 과소 비율이 되어서도 안 된다. 또한 대국, 글라디올러스, 극락조화와 같은 꽃은 크고 무거운 용기가 적합하고 숙근안개초, 프리지어, 미니장미 등과 같은 꽃은 작은 화병이 더 적합하다.

용기는 형태와 크기뿐만 아니라 화훼장식품의 주제와 이미지에 적합한 색, 형상, 질감을 가지고 있어야 한다. 예를 들어 크고 무거운 금속성 항아리는 화려하고 풍성한 이미지를 주는 재료를 선택해야 하고, 반대로 낮고 나무로 만든 트레이 또는 작은 자기 찻잔에 꽂는 식물은 전혀 다른 것이어야 한다.

용기의 색은 화훼장식품 전체와 잘 어울려야 하는데 어두운 녹색, 갈색, 회색 등 중성색의 화기는 꽃과 색으로 경쟁하지 않는다. 검정색과 흰색도 중성색 용기로 이용되지만 꽃의 색을 선택할 때 유의하여야 한다. 예를 들어 검정 용기는 봄의 화사함을 전하는 작품에 방해가 되고, 흰색 용기는 노랗고 빨간 소재들을 꽂아 가을의 단풍이나 낙엽의 분위기를 낼 때 소재들의 색과 마찰을 일으킬 수 있다.

한편 용기의 재질이 빛나는 금속성이거나 섬세한 도자기일 때 꽃은 화려하고 공식적인 형태의 것이 적합하며, 나무 또는 흙으로 만든 용기에는 캐주얼하고 토속적인 소재들을 꽂는 것이 바람직하다. 한편 용기가 화훼장식품에서 시각적인 강조 부분으로 구성되기도 하며, 작품에 묻혀 전혀 그 모습을 찾을 수 없는 경우도 있다.

3) 용기의 재료

① 유리(glassware)

그림 4-26. 유리 용기의 종류

크기, 형태, 스타일이 광범위하여 가장 알맞은 재료이며 많이 사용하고 있다. 최근에는 심플한 디자인을 선호하지만 여전히 고급스럽고 우아한 화기도 생산되고 있다. 유리 용기의 장점은 빛이 투과되면서 다른 미를 창조할 수 있다는 것이다. 그러나 투명하기 때문에 플로랄 폼을 사용하지 않는 것이 원칙이며, 어떤 작은 찌꺼기도 있어서는 안 된다. 그렇지만 유리돌, 마블 등을 넣어 줄기의 고정을 돕고 장식의 가치를 높이기도 한다. 유리 용기 사용 시에 가장 중요한 것은 절화보존제를 사용할 수는 있으나 용기 속의 물이 탁해지지 않도록 관리하는 것이다. 매일 물을 갈아주어야 하며, 유액의 분비가 많고 줄기가 쉽게 부패하는 종류는 사용하지 않는 것이 좋다. 최근에는 유리에 복숭아색, 분홍색, 초록색, 청색 등을 넣은 상품이 생산되고 있다.

② 플라스틱(plastics)

그림 4-27. 플라스틱 용기의 종류

크기, 형태, 스타일뿐만 아니라 색상까지 가장 다양하게 생산되고 있는 용기이다. 플라스틱 용기의 가장 큰 장점은 유리, 도자기 등에 비하여 깨지지 않고 가격이 싸다는 점이다. 한편 가격이 싸 보인다는 단점을 가지고 있으므로 작품제작 시에 분위기와 스타일을 고려하여야 한다. 또한 가볍기 때문에 무게가 과도하거나 키가 큰 작품은 피하는 것이 좋다. 그러나 돌이나 회반죽을 용기 하단에 넣어 기본 무게감을 주는 플라스틱 용기가 제작되고 있고 또한 최근 가장 많이 사용하는 플로랄 폼이 물을 머금을 경우 그 무게만으로도 충분히 작품에 안정감을 줄 수 있어 이 문제는 극복이 가능하다.

③ 바구니(baskets)

용기 중 가장 저렴하며 형태, 크기, 스타일이 다양하고, 천으로 장식을 더한 것까지 판매되고 있다. 바구니는 기본적으로 가로와 세로로 짜여진 구조적 멋스러움과 거친 질감이기는 하지만 가장 소박하고 자연스러운 미를 가지고 있다. 따라서 기하학적 형태를 디자인하는 것보다는 내추럴 디자인으로 작업하는 것이 바람직하다. 또한 물이 누수되는 특징 때문에 바구니 속에 방수용 재질로 안감을 대주어야 하는 번거로움이 있었으나 최근에는 대부분 비닐 안감을 대어 놓거나 플라스틱 용기를 갖추고 있는 것이 생산되고 있다.

그림 4-28. 바구니의 종류

④ 세라믹(ceramics)

무기질이나 비금속 재료를 원료로 하여 고온으로 열처리한 제조물을 총칭하는 것으로 도자기, 토기, 마블 등 모두를 포함한다. 열을 가하기 전의 재질도 중요하지만 마감 처리를 어떻게 했느냐에 따라 질감이 다양하다. 도자기는 매끈하고 세련된 이미지인데 반해 토기는 거칠고 투박하며, 마블은 색과 형태를 다양하게 만들어 내고 있다. 또한 세라믹 용기는 독특한 선과 형태를 가지고 있어 화훼장식품의 장식적 가치를 높이는 데 효과적이기도 하다.

그림 4-29. 세라믹 용기의 종류

⑤ 황동(brass)

황동은 구리에 아연을 가하여 만든 합금으로 놋쇠라고도 하는데, 황동으로 제작된 화기는 표면이 반짝이고 화려하며 우아한 고전미를 가지고 있다. 우리나라는 전통적으로 찬기를 놋그릇으로 사용한 전통을 가지고 있으므로 놋쇠를 이용한 용기는 가장 한국적인 작품을 보여줄 수 있다. 놋쇠로 된 용기는 독특한 색을 가지고 있으므로 꽃의 색상 선택에 주의를 요하

그림 4-30. 금속성 용기의 종류

기도 한다. 한편 놋쇠뿐만 아니라 다른 금속성 화기를 사용할 경우에는 절화보존제의 사용을 금해야 한다. 화기의 금속성분과 절화보존제 속의 화학성분이 작용하여 절화의 수명을 단축시키거나 침전을 유발하여 절화보존제의 역할을 소실시키기 때문이다. 이러한 이유 때문에 금속성 용기의 경우 용기 속에 플라스틱으로 내부를 안감처리하면 절화보존제도 사용할 수 있고, 물에 의해 금속 용기가 녹스는 것을 방지할 수 있다.

(3) 부소재(mechanics)

1) 플로랄 폼(floral foam)

그림 4-31. 플로랄 폼의 종류

화훼장식품 제작 시 소재를 고정하기 위해 가장 널리 사용되고 있다. 플로랄 폼은 흡수성의 페놀 수지가 주성분으로 생화를 사용할 때 물을 충전하고 수분을 유지할 수 있는 막으로 커버되어 있다. 흡수성과 보수성이 뛰어나 원래 무게의 30배 이상 물을 흡수한다. 벽돌 모양으로 23×11×8㎝ 크기의 것이 가장 널리 사용되고 있으나 대형 덩어리, 플라스틱으로 모양을 만든 틀에 폼이 들어 있거나 또는 다양한 색을 가진 가루 형태의 것도 판매되고 있다.

벽돌 모양 플로랄 폼의 경우 사용 시 작품의 크기에 따라 자유롭게 잘라 사용할 수 있는데 플로랄 폼 절단 전용 칼을 사용하거나 철사를 이용하면 쉽게 잘려진다. 화훼장식품 제작 시 가장 편리한 고정제이지만 몇 가지 주의를 필요로 한다.

첫째, 사용하기 전 물을 충전할 때 깊은 물 위에 띄우고 서서히 침수하도록 기다려야 한다. 대개 1~2분 내로 플로랄 폼은 가라앉는다. 폼에 힘을 주어 억지로 누르게 되면 플로랄 폼 내부에 물이 충전되지 않은 부분이 있게 되어 꽃에 물을 공급하는 기능을 상실하게 되므로 주의하여야 한다. 둘째, 아래부분으로 수분이 유출되는 것을 막기 위해 밀도가 높게 만들어져 있으므로 상표명이 새겨져 있는 부분을 위로 사용한다. 셋째, 꽃은 정확한 위치에 한 번에 꽂아야 한다. 꽃의 위치를 변경하고자 할 때 꽂은 채 움직이게 되면 플로랄 폼이 부서지므로 뽑아 이동하여야 한다. 이때 한 번 꽃을 꽂았던 자리는 기포가 생기게 되므로 가능하면 다른 꽃을 꽂지 않는다. 넷째, 플로랄 폼 안에서 줄기가 서로 교차되지 않도록 중심을 향해 꽂아 많은 꽃을 꽂을 수 있는 공간을 확보하여야 한다. 다섯째, 작품 제작 후 반드시 플로랄 폼은 밖에서 보이지 않도록 마무리하여야 하고, 마르지 않도록 수시로 물을 공급해 주어야 한다. 작품의 크기가 클 경우 즉, 소재의 양이 많을 때와 튤립과 같이 줄기가 약한 소재를 꽂을 때 플로랄 폼을 철망으로 커버하면 소재에 의해 부서지지 않고, 약한 줄기에

그림 4-32. 플로랄 폼을 대신할 침봉, 철망, 격자 또는 식물들끼리 서로 고정시키는 방법의 연구가 지속적으로 필요하다.

견고성을 보완해 줄 수도 있다.

플로랄 폼은 식물을 쉽게 고정할 수 있고, 방향을 자유롭게 꽂을 수 있어 디자인의 구상이 수월하다는 장점뿐만 아니라 많은 물을 흡수하고 있는 것 때문에 작품의 무게감을 주어 안정감을 제공할 수 있다. 폴리우레탄 성분으로 제조된 비흡수성 플로랄 폼(우레탄)은 건조소재를 꽂아 장식하기 좋은 지지재이다. 가볍고, 불연성이라 안전하며, 핫글루로 재료를 부착할 때 폼이 녹지 않는 장점을 가지고 있다.

최근 플로랄 폼은 주성분이 화학성분이고, 일회성이며, 폐기물의 양이 많아 환경보호 차원에서 사용을 자제하고자 하는 경향이 있다. 따라서 화훼장식에서 플로랄 폼을 대신할 수 있는 식물의 친환경적 지지 방법에 관심이 높고, 디자인도 개발되고 있다. 동양꽃꽂이에서 사용하는 침봉뿐만 아니라 철망, 격자 또는 식물들끼리 서로 지지할 수 있는 디자인기법들이 꾸준히 연구되고 있다.

2) 침봉(pin holders, needlepoint holders, frogs)

하단은 무거운 금속성으로 무게감을 주고, 뾰족한 핀이 빽빽하게 박혀 있다. 보통 침봉은 화기 안에 넣어 사용하고, 고정을 위해 플로랄 점토로 붙이면 안전하다. 핀에 식물재료를 직접 꽂아 눌러 고정시키므로 핀이 날카롭고 빽

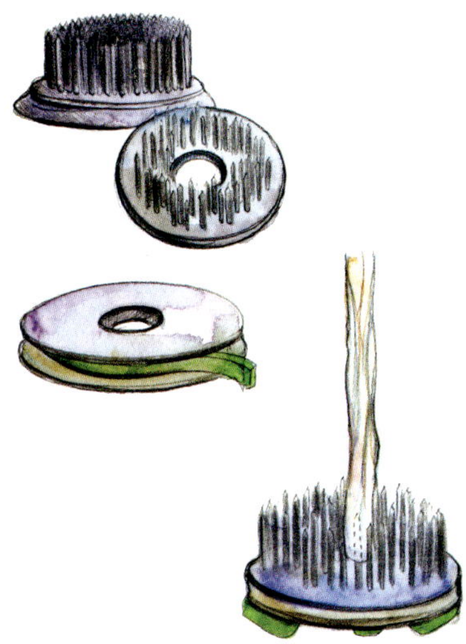

그림 4-33. 침봉은 다양한 모양과 크기가 있으며 하단에 플로랄 점토를 붙이면 흔들리지 않게 사용할 수 있다.

빽할수록 좋다. 물에 담겨 있어야 하므로 반드시 녹이 슬지 않는 재료로 제작되어야 하기 때문에 가격이 비싼 것이 단점이다. 다양한 크기가 있어 특히 동양 꽃꽂이, 현대 화훼장식, 키가 큰 장식에 응용할 수 있다. 최근 친환경적인 이슈에 의해 플로랄 폼을 대신하여 영구적으로 사용하는 침봉이 각광을 받고 있다.

3) 격자(grids)

투명한 유리 용기 입구에 가장 널리 사용한다. 방수 테이프를 교차하여 바둑판 무늬를 만들고, 빈 공간에 식물을 고정하는 방법이다. 테이프는 보통 6㎜ 정도의 폭이 적당하고, 최근에는 플라스틱으로 제작된 격자가 여러 가지 모양 및 크기로 판매되고 있다. 한편, 철망(chicken wire)을 용기의 입구에 놓고 용기 밖으로 가장자리를 꺾어나 공처럼 둥글게 말아 화기 속으로 넣어도 식물을 효율적으로 지지할 수 있다. 물론 철망도 침봉과 마찬가지로 부식되지 않도록 처리되어 있어야 한다. 철망의 날카로운 가장자리가 식물 소재에 상처를 입힐 수 있으므로 주의한다. 상처 입은 식물에서 유액이 분비되면 용액이 쉽게 부패하고 투명한 용기의 경우 탁해진 용액으로 인해 화훼장식의 기능을 상실하게 된다. 따라서 철망은 가장자리가 밖으로 나가지 않도록 잘 마무리하는 것이 중요하다.

4) 식물 격자(foliage grids)

식물 소재를 용기에 꽂을 때는 절화 및 절엽의 줄기가 용기 속에 담기게 된다. 이때 이들의 줄기가 서로 지지대의 역할을 하여 다른 지지 재료를 필요로 하지 않을 수 있는데 깃털형 절엽류가 격자 만들기에 가장 수월하다. 또한 각종 열매류들을 용기 속에 넣어 사용할 수도 있다. 이것이 가장 빠르고 간단한 방법이지만 움직임이나 시간이 지남에 따라 지지 정도가 약해질 수 있다는 단점을 가지고 있다.

5) 철사(wire)

철사는 화훼장식품 제작 시 사용 방법이 다양하다. 철사는 굵기에 따라 번호(gauge)가 정해져 있고, #으로 표시하며, 번호가 낮을수록 철사의 굵기가 굵다(표 4-11). 보통 화훼장식에는 가장 굵은 #16(16번 철사)에서부터 가장 가는 #30(30번 철사)까지가 널리 사용되고 있다.

① 절단 직선철사(straight wire)

다양한 굵기로 절단된 철사가 시판되고 있다. 직선철사는 길이가 한정되어 주로 40~70㎝ 정도의 것이 유통되고 있다. 더 긴 철사를 원하면 릴철사를 사용해야 한다. 또한 갈색, 흰색, 녹색의 플로랄 테이프로 감아둔 것 또는 에나멜로 코팅되어 있는 것도 있는데 종이로 감겨져 있는 것을 지철사(tapping wire)라고 부른다.

표 4-11. 화훼장식에 사용되는 철사의 굵기별 번호와 용도

철사의 번호(gauge, gg, #)	철사의 굵기(mm)	용 도
16	1.45	무거운 재료를 지지하거나 작품의 골격 역할을 한다.
18	1.25	
19	1.00	
20	0.90	
22	0.71	일반적인 줄기를 지지 또는 연장할 때 사용한다.
24	0.60	꽃이나 열매 등에 철사 처리할 때 사용한다.
26	0.46	약한 줄기를 지지할 때 사용한다.
28	0.38	일반적인 꽃과 잎에 철사 처리할 때 사용한다.
30	0.32	연약한 꽃과 잎에 철사 처리할 때 사용한다.
32	0.28	
34	0.24	코사지, 신부화의 재료들을 묶을 때 사용한다.
36	0.20	꽃잎과 같은 섬세한 재료에 사용한다.

② 릴철사(reel wire, paddle wire, spool wire)

둥근 실패와 같은 것에 감겨져 있으며 굵기도 다양하다. 식물 재료를 연결할 때나 묶을 때 사용하고, 굵은 것은 직선철사와 같이 형태를 잡아 골격을 만들 때 사용한다. 특히 실패에 감겨 있는 가는 색철사를 카파와이어(capa wire)라 한다.

③ 색철사(color wire)

철사에 화려한 색상을 넣은 것으로 해마다 새로운 색상이 상품화 되어 있으며 최근에는 굽히기가 훨씬 수월한 알루미늄 철사가 화훼장식에 널리 이용되고 있다. 철사의 기능뿐만 아니라 장식적인 기능을 살리기 좋다.

④ 뷰리온철사(bullion wire)

손으로 잡아 당기면 쉽게 늘어나는 철사로 장식적인 디자인에 많이 사용된다. 디자인 와이어(design wire)로 불리기도 한다.

⑤ 엔젤 헤어(angel hair)

철사의 종류 중 가장 가는 굵기의 철사로 머리카락이 엉킨 모양을 하고 있다. 다양한 색상이 판매되며 장식적인 디자인에 사용한다.

6) 플로랄 테이프(floral tape)

종이에 파라핀을 입혀 방수기능이 있고, 끈끈한 점착성이 있으며, 손으로 당겨지는 신축성도 가

지고 있다. 식물 소재에 다른 것을 부착하였을 때 녹색 플로랄 테이프로 감아 식물의 이미지를 유지하고 부착물을 감추어 주는 역할을 한다. 색상은 녹색, 흰색, 갈색 등으로 다양하며, 폭은 1.2㎝와 2.5㎝가 있으나 주로 1.2㎝인 테이프를 많이 사용한다. 플로랄 테이프는 일회용이므로 재사용할 수 없다. 가능한 작은 양을 사용하기 위해 테이프를 팽팽하게 당겨가며 감아야 하고, 테이프를 너무 많이 사용하거나 느슨하게 감아 풀리는 일이 없어야 한다.

7) 접착제(adhesive)

접착력을 가진 종류는 다양하며 작품의 제작 용도에 따라 적절하게 선택하여 사용한다.

① 접착 테이프(adhesive tape)

방수 처리된 테이프에 접착력을 첨가시킨 것으로 폭은 1.25㎝인 넓은 것과 0.60㎝인 좁은 것이 있다. 화기의 입구에 격자를 만들 때 주로 사용하며, 입구가 좁은 화기에 넓은 테이프로 격자를 만들면 식물재료를 꽂을 공간이 부족하게 되므로 화기의 크기에 따라 접착 테이프의 폭을 적절히 선택하여야 한다. 색상은 녹색, 흰색 및 투명한 것이 있으므로 용기의 색에 맞게 선택한다.

② 접착 점토(adhesive clay)

납작한 검(gum) 모양으로 퍼티(putty)와 같은 물질로 만들어진 점토가 롤 형태로 감겨서 판매되거나 소량씩 개별 비닐포장된 것도 있다. 핀 홀더, 침봉, 플로랄 폼 등을 용기에 고정시키는 데 사용하며 소량의 점토를 용기 바닥에 놓고 침봉 등을 세게 누르면 붙는다. 이때 용기 바닥에는 물기가 없어야 하고, 또 사용한 점토는 밖으로 보이지 않도록 한다. 점토는 잘 제거되지 않아 바닥에 끈적한 자국을 남기는 단점이 있으므로 고급 용기에 사용할 때는 신중을 기해야 한다.

③ 글루(glue)

열을 가해 사용하지만 가장 빠른 시간에 굳고 접착력도 뛰어난 핫 글루(hot glue)와 안전하게 사용할 수 있는 콜드 글루(cold glue)가 있다.

- 핫 글루 : 아교 성분인 글루스틱(glue stick)을 글루건(glue gun)에 꽂거나 글루 조각(pallet)을 글루팬(glue pan)에 놓고 전기를 이용해 녹여서 사용한다. 글루건은 글루팬보다 이용이 자유롭고 사용이 간단한 장점이 있다. 글루팬은 다수의 사람이 동시에 사용하기에 편리하지만, 기온이 4℃ 이하일 때는 접착성이 없어지므로 실외 장식이나 동절기에는 사용하지 않는다.
- 콜드 글루 : 생화에 안전하게 사용할 수 있으며 튜브 타입과 스프레이 타입이 있다. 튜브 타입은 줄기에 직접 글루를 묻혀 플로랄 폼에 꽂아 고정시키는 것으로 보통 생화본드로 불린다. 스프레이 타입은 넓은 면을 잎이나 꽃잎으로 메울 때 분사하여 사용할 수 있다. 또는 좁은 대롱

을 꽂아 분사하면 작품의 아랫부분 또는 깊은 부분까지 접착하는 데 사용할 수 있다.

8) 기타

핀(pins), 픽(picks), 튜브(water tubes), 깔때기(funnels), 케이블 타이(cable tie), 라피아(raffia) 등 화훼장식의 기능이 다양해질수록 기타 부소재의 종류도 무한하다.

① 핀

플로랄 폼을 덮어주기 위해 U자형으로 생긴 금속 핀, 코사지를 고정하기 위해 기능적으로 필요한 코사지 핀, 집게형 나무핀(dixon pin) 등 사용 방법에 따라 종류와 크기가 다양하다.

② 픽

나무 또는 금속으로 만들어지며 굵기 및 길이도 다양하다. 짧은 줄기를 대신하여 길이를 연장하거나 작품의 고정을 도와주는 용도로 사용한다. 금속 픽은 3, 5, 7㎝ 길이가 표준형이며, 부착 기계를 이용하기도 한다.

③ 튜브 및 깔때기

화훼장식품의 크기가 클 경우 생화의 수분 공급을 원활하게 하거나 플로랄 폼의 공간을 유용하게 활용하기 위해 사용된다. 플라스틱 또는 유리로 제작된 것을 사용하고 작품의 크기에 따라 적절하게 구입한다.

④ 케이블 타이

원래 전기공사용 소재이나 최근 화훼장식에서 고정용으로 많이 사용하고 있다. 철사보다 고정 능력이 뛰어나고, 쉽게 작업할 수 있으며, 색상도 다양하여 그 자체가 장식적인 기능을 가지고 있다.

⑤ 라피아

야자나무과 상록 교목에 속하는 라피아속의 식물을 말려 신축성이 작은 섬유질을 끈처럼 활용하는 것으로 소재를 묶거나 리본처럼 사용하기도 한다. 자연 상태 그대로 사용하는 것도 있고, 다양한 색으로 염색하여 장식기능을 높이기도 한다. 철사나 비닐 성분의 끈보다 자연미를 느끼기 좋은 소재로 널리 이용되고 있다.

이 외에도 양면 테이프, 셀로판 테이프, 스테플러, 타커 등 작업의 방법에 따라 부소재의 종류는 무제한적이다. 어떤 소재를 어떻게 이용하여야 화훼장식품의 장식성을 높일 수 있는지가 소재 사용의 관건이 된다.

(4) 액세서리(accessories)

화훼장식품의 견고성을 높이거나 분위기 또는 주제를 강조하기 위해 첨가되는 장식적인 물건들을 총칭한다. 일반적으로 비식물성인 리본, 포장지, 카드, 인형, 초, 풍선 등을 말하며 솔방울, 대나무, 열매 등 식물성 소재도 포함된다. 액세서리는 화훼장식에 있어 부가적인 요소로만 작용해야 한다. 액세서리에 의해 화훼장식품의 전체 이미지를 훼손하거나 부담스럽게 느껴지는 사용은 배제되어야 한다.

1) 리본(ribbon)

리본은 원래 식물의 줄기를 묶어 주는 역할이었으나 지금은 코르사주, 부케, 꽃바구니, 화분장식 등 화훼장식의 필수품으로 자리 잡고 있다. 리본은 넓이에 따라 고유 번호가 정해져 있는데 가장 널리 사용되는 것은 3번과 9번 그리고 40번이다. 리본 3번은 주로 코르사주, 신부 부케, 작은 화분에 적용되며, 9번은 직경 15㎝ 이상의 분화류와 큰 화훼장식에 적용되고, 40번은 근조 또는 축화화환 및 큰 규모의 장식품에 적용된다.

리본의 색, 질감, 형태에는 제한이 없고 시대적 산업의 트랜드에 의해 변화가 많다. 직물류의 천, 종이, 광택이 있는 금속성을 재료로 사용하기도 하고, 단면 또는 양면인 것, 방수성이 있는 것과 없는 것, 신축성이 있는 것과 없는 것, 절기에 알맞은 각종 그림들이 들어 있는 것 등 해마다 새로운 소재, 모양, 특징을 가진 다양한 리본이 생산되고 있다. 다양한 리본이 있지만 화훼장식품의 크기,

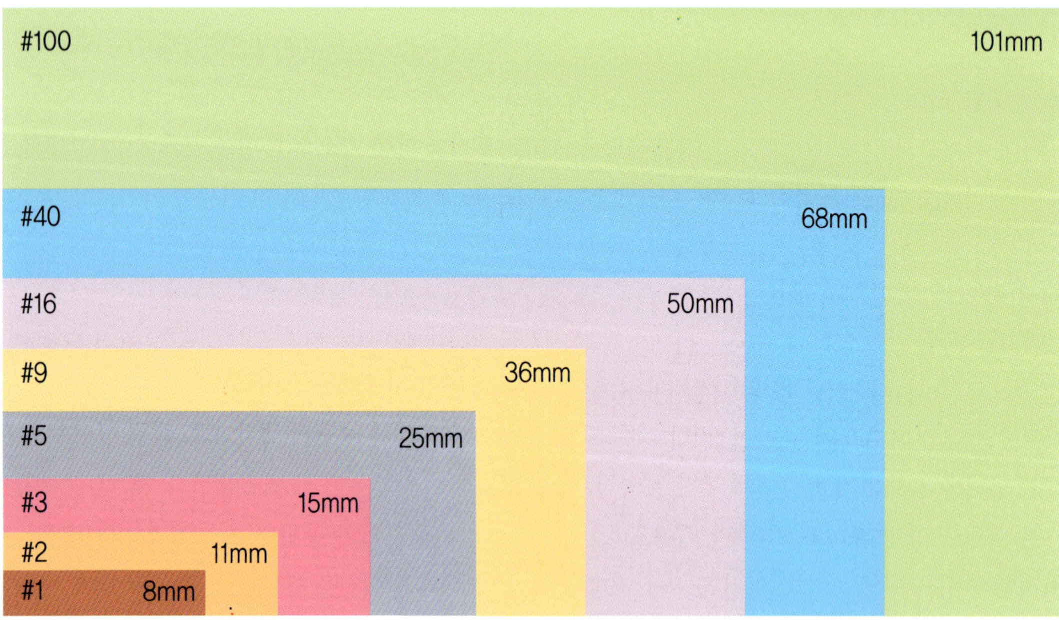

그림 4-34. 리본의 일반 규격

주 색상, 주제와 잘 어울리는 리본을 선택하여 장식품의 미적가치를 돋보이게 하여야 한다.

리본은 화훼장식 작업에서 철사 등의 마무리를 감아줌으로써 안정성을 보완해 주기도 하고, 작품의 한 요소로도 작용한다. 묶음을 이용하는 만큼 리본 또는 철사를 이용해 단단히 고정하여야 하고, 중앙의 고리(loops)는 복잡하지 않게 깔끔한 모양으로 만들고, 꼬리(streamers)의 길이와 수는 장식 목적에 따라 조절해 준다.

그림 4-35. 리본의 다양한 크기와 모양

2) 포장지(wrapping paper)

포장지 역시 리본처럼 장식품의 미적 가치를 높이는 역할을 한다. 또한 상품을 안전하게 사용할 수 있는 물리적 기능, 환경을 보호하는 기능까지 가지고 있다. 최근 여러 종류들을 접목한 다양한 제품들이 개발되고 있다. 포장지는 롤 형태로 감겨진 종류와 낱장으로 판매되는 종류가 있으며 재질에 따라 부직포, 마, 한지, OPP(operation poly propylene), 주름종이, 천, 망사 등으로 구분한다.

① 폴리프로필렌

가장 널리 사용되는 포장지로 방수성과 투명성이 뛰어나고 다양한 문양과 색상을 가지고 있어 화훼장식에 이용하기 좋다. 또한 가격이 저렴하고 크기를 임의로 절단하여 사용할 수 있어 경제적이다.

② 종이류

비닐 소재보다 분위기가 고급스럽지만 물에 쉽게 젖는 것이 단점이다. 또한 한지는 우리나라의 전통 이미지를 살리기 좋은 소재이지만 물에 약한 것 때문에 셀로판지와 같이 사용하는 것이 바람직하다. 최근에는 기름을 먹인 영자신문, 잡지 인쇄지 등을 이용하여 포장하기도 한다.

③ 필리핀산 모시풀

필리핀산 모시풀을 염색하여 가공한 포장지는 통풍성이 좋고 작업 시 다양한 형태를 연출할 수 있어 사람들의 선호도가 높다. 그러나 다른 포장지에 비해 색상이 너무 원색적이고, 잘린 부분이 잘 풀어지는 단점 때문에 차츰 기호도가 낮아지고 있다.

④ 부직포

색상과 무늬가 다양하고, 촉감이 부드럽고 독특하며, 방수성이 있어 꽃 포장에 널리 사용되고 있다. 부직포의 두께에 따라 구성할 수 있는 방법이 다양하고, 부직포와 다른 포장지를 함께 사용하여 장식 가치를 높이기도 한다.

⑤ 폴리 호일

알루미늄 호일에 비닐을 코팅한 것으로 반짝이는 효과가 있고 두께, 무늬, 색상이 다양하다. 두꺼울수록 찢어질 염려는 없지만 가격이 비싸지고, 가공할 때 화학약품 냄새가 풍겨 소비자들이 꺼려하기도 한다. 큰 화분의 바깥 포장으로 가장 널리 사용되고 있다.

3) 초(candles)

초는 정통 테이블 장식에 가장 널리 사용해 왔으며, 촛불의 은은한 불빛은 어떤 조명기구로도 연

그림 4-36. 화훼장식에 사용되는 각종 초

출할 수 없는 부드러운 분위기와 사랑과 감사의 이미지를 높일 수 있다. 초를 사용할 테이블 장식은 미리 화훼장식품의 색, 분위기, 소재 배치 등을 고려하여 디자인하여야 한다.

초는 불을 붙였을 때 가능한 늦게 타고, 촛농이 잘 흘러내리지 않을수록 좋다. 장식하기 전 초를 냉장고에 보관하였다가 사용하면 타는 속도도 느리고, 촛농의 흘러내림도 어느 정도 막을 수 있다. 또한 촛불의 불꽃이 사람의 눈높이와 같으면 어른거림으로 인해 역반응이 있을 수 있으므로, 눈높이보다 낮거나 높게 배치되어야 한다. 초 홀더(candle holder)를 사용하면 촛농에 의해 지저분해지는 것을 막을 수 있고, 화재의 위험 때문에 주변의 건조소재는 멀리 두어야 한다.

플로랄 폼에 직접 초를 꽂을 경우에는 꽃의 공간을 빼앗지 않도록 너무 깊게 꽂지 않아야 하고, 직경이 넓은 초는 나무 픽을 이용하여 고정하는 것이 바람직하다. 최근 다양한 크기, 형태, 색상의 초가 시판되고 있으며, 직접 제작하여 독창적인 모양을 만들기도 한다.

4) 색돌, 자갈, 모래, 유리볼, 구슬 등

투명한 용기에 넣어 장식적 가치를 두기도 하고, 식물 재료를 지지하는 역할 또는 플로랄 폼, 침봉 등을 가리는 용도로도 사용할 수 있다. 각각의 크기, 색상 등을 고려하여 화훼장식품의 디자인과 조화를 이루면 한층 더 멋스러움을 연출할 수 있다.

5) 카드(cards)

화훼장식품을 보내는 사람의 이름, 메시지 등을 적어 전하고자 하는 의미를 더욱 높일 수 있는 매개체 역할을 한다. "축 생일, 축 발전" 등의 글귀가 적힌 형식적인 선물이 아니라 개인적이고 의미가 있는 문장을 적어 보내면 받는 사람에게 따뜻한 마음을 전할 수 있다. 분화류의 경우 식물을 관리하는 요령을 적어 보내면 받는 사람이 훨씬 수월하게 식물을 키울 수 있고 신뢰도도 높일 수 있다. 시판되는 문구용 카드 이외 손수 만든 카드는 받는 사람의 마음을 더욱 감동시킬 수 있다. 카드는 카드 꽂이와 함께 사용하면 카드 자체도 장식의 요소가 될 수 있다.

6) 풍선(balloons)

각종 이벤트성 행사에 사용하여 분위기를 고조시키는 요소로 최근 사용 빈도가 높아지고 있다. 크기, 색상, 디자인 및 재질이 다양하여 화훼장식과 디자인적 조화가 자유롭다. 장식된 풍선이 터졌을 때도 화훼장식품의 가치가 떨어지지 않도록 너무 많은 양을 사용하지 않아야 하며, 유아적인 이미지가 강하므로 용도에 따라 사용에 주의하여야 한다.

7) 각종 첨경물

작품의 이미지를 돋보이게 할 각종 첨경물은 제한성이 없다. 조각물, 민속물, 분수, 악보, 책, 쿠

그림 4-37. 화훼장식품에 첨가하는 각종 팬시용품

션, 부채, 촛대, 컵, 접시, 조개껍질, 액자, 모형 과일 등을 함께 장식하면 작품이 전하고자 하는 분위기를 더욱 높일 수 있다. 또한 각종 팬시용품을 작품에 첨가하면 귀엽고, 독특한 느낌뿐만 아니라 호기심도 유발할 수 있어 화훼장식품에 긍정적인 관심을 가지게 하는 역할을 하기도 한다.

| 참고문헌 |

Gorin N, G.L. Staby, W. Klop, N. Tippet, and D.L. Leussing, Jr. 1985. Quality measurements of carnation treatment solutions in relation to flower silver distribution and longevity. J. Amer. Soc. Hort. Sci. 110:117-123.

Hunter, N.T. 2000. The art of floral design. Delmar Thomas Learning, NY.

Hessayon, D.G. 2004. The flower arranging expert. Expert books, London.

Hessayon, D.G. 2004. The house plant expert. Expert books, London.

05

화훼장식의 요소와 원리

1. 디자인 요소

점 | 선 | 면 | 형태 | 공간 | 질감 | 색채

2. 디자인 원리

구성 | 비율 | 균형 | 강조 | 조화 | 리듬 | 통일 | 대비

05 화훼장식의 요소와 원리

화훼장식은 주된 소재인 식물 재료와 그 외의 인공적인 재료(비식물 재료)를 가지고 다양한 용도와 목적에 따라 장식적이고 기능적인 디자인을 창조하는 조형활동이다. 따라서 미학적 개념의 디자인 요소와 원리를 잘 적용하여 화훼장식을 표현해야 한다. 조형의 요소는 점, 선, 면, 형태, 공간, 질감, 색 등의 디자인 형태를 이루는 외적인 형태이고, 조형의 원리는 통일, 균형, 비율, 리듬, 강조, 조화 등 조형미의 표현에 적용되는 기본원리이다.

1. 디자인 요소

디자인을 할 때 먼저 공간의 구조와 기능, 공간 계획, 색채, 조명, 가구 등 다양한 관점에서 종합적으로 분석하고 검토해야 한다. 실제 디자인 과정에서 이러한 부분들을 세부적으로 종합하여 다양한 용도와 목적에 맞는 공간을 창조하여 표현해야 하는 것이다. 또한 기초 디자인에 대한 요소와 원리의 이해가 필수적이고 점, 선, 면, 형태, 공간, 질감, 색채 등 일반적인 개념들을 이해해야만 창조적인 조형활동으로 발전시켜 디자인의 요소로서 화훼장식의 다양한 연출이 가능하다.

(1) 점(dot)

점의 크기는 일정하지 않으며, 점이 커지면 면이 되고, 입체적인 면이 작아지면 점으로 지각된다. 점은 위치만 있고 길이도 넓이도 없으며, 공간에서 점은 작은 크기의 형태로 추상적인 개념이다.

점의 운동감과 방향성을 살펴보면, 공간에 점 하나가 놓여 있을 때 중량감, 색채감, 형의 크기에 의한 자극으로 공간의 주의력을 집중시킨다. 점은 움직임을 지각하지 못하지만, 점이 모여 있으면 하나의 개체로 인식되고 일정한 간격으로 흩어져 있으면 혼란을 주기도 한다. 점의 크기가 동일하다면 밝은 점은 크게, 어두운 점은 작게 보이고, 점의 크기가 다르다면 시선은 큰 점에서 작은 점으로 이동하는 방향성을 갖게 된다. 이것은 심리적으로 긴장이 해소되는 쪽으로 인간이 반응하기 때문이다. 또한 크기가 다른 점이 불규칙하게 나열되면 점에 의한 공간감을 느낄 수 있다. 점이 많을 경우에는 선이나 면으로 발전할 수 있는데, 점이 일렬로 연결되었을 때 하나의 선을 이루게 되고, 복선으로 병행하여 이루어질 때 면을 이루게 된다. 따라서 점은 선, 면, 형태와 밀접한 관련을 가지고 운동감과 방향감을 나타내기도 한다.

같은 크기의 점이 일정한 간격으로 있으면 체계적이고 강한 느낌을 주고, 밤하늘의 서로 다른 크기의 별들은 자유로운 운동감을 주어 시선의 이동에 의해 자유스러운 패턴이나 선을 연출하게 된다.

(2) 선(line)

공간에서 의도하는 형태를 표현하는 방법은 점, 선, 면이 있는데, 선의 역할이 매우 중요하다. 선의 개념은 점의 움직임을 뜻하고 길이만 있고 넓이나 부피가 없는 것을 의미하지만 공간에서의 선은 기둥, 문틀, 식물용기의 모양, 가구 등 모두 선적인 시각적 요소로 받아들여진다.

선은 크게 직선(straight line)과 곡선(curve line)으로 구분한다. 직선은 수직선(vertical line), 수평선(horizontal line), 사선(diagonal line) 등이 있고, 곡선은 기하곡선과 자유곡선이 있다. 직선은 일반적으로 남성적, 단순함, 속도감, 차가운 느낌을 주고, 수직선은 상승, 엄숙, 희망 등, 수평선은 안정, 안락, 정지 등, 사선은 긴장, 강렬 등의 느낌으로 인간의 감정을 조절하는 효과를 갖는다. 상대적으로 곡선은 길이와 두께 등에 의해 다른 느낌으로 연출되지만 여성적, 우아함, 리듬감을 느끼게 한다. 특히, 자유곡선은 유동감, 여유, 부드러움을 강조한다.

선은 인간의 심리적인 감정을 조절하는 효과가 있어 디자인으로 표현할 때 전체적인 분위기에 맞는 세심한 주의가 필요하다. 수직선은 넓이보다 높이를 강조하고, 실제적인 형태의 높이보다 시각적으로 더욱 수직적으로 길어 보이는 수직상승의 효과가 있어, 키가 큰 선적인 소재(line flower or foliage)를 사용하면 좋다. 수평선은 높이보다 넓이를 강조하고, 편안하고 정적인 느낌을 강조하여 기본적인 형태부터 다양한 변화를 줄 수 있는 수평선을 표현하기 쉬우며, 직선이나 곡선을 가진 다양한 소재를 활용하여 수평선을 짧거나 길게 자유자재로 표현할 수 있다. 사선은 대각선이라고도 하고, 디자인 형태에 좀 더 흥미를 유발하기 위하여 시도하는 선으로서 지나치면 오히려 산만하고 거부감을 줄 수 있다.

따라서 화훼장식에서 선을 표현하는 것은 디자인의 형태적 골격인 윤곽선을 나타내기도 하고, 구성하고자 하는 형태의 배열 및 배치에 의한 선을 표현하기도 한다.

화훼장식에서 선을 표현하는 것은 형태를 결정하고, 선의 자연스러운 움직임의 유도에 따라 시각적인 아름다움을 만들어 낸다. 예를 들어, 삼각형을 만들고자 할 때 라인 플라워로 높이를 표현하는 소재를 배치하고, 다음에 넓이를 표현하는 소재를 좌우로 배치하면 삼각형의 골격이 형성되어 윤곽

그림 5-1. 디자인 요소 '점, 선, 면'으로 표현한 화훼장식

선이 나타난다. 이때 소재를 직선 또는 곡선의 라인 플라워를 사용한 형태의 이미지와 가는 선 또는 굵은 선을 사용한 형태의 이미지는 같은 삼각형이라도 시각적으로 다를 수 있다. 직선의 삼각형보다는 곡선을 사용한 삼각형이 디자인에 있어 좀 더 흥미로울 수 있고, 가는 선을 사용한 삼각형보다는 굵은 선을 사용한 삼각형이 좀 더 남성적이고 강한 힘을 느끼게 할 것이다. 따라서 선은 디자인을 표현하는 사람의 의도와 마음을 나타내기도 한다.

선적 요소인 식물 소재의 줄기를 적절하게 배열하는 것에 따라 형태와 구성이 달라지는데 방사선, 병렬선(병행선), 교차선, 감는 선 등을 들 수 있다. 방사선은 모든 줄기의 선이 한 개의 초점에서 부채 모양으로 사방으로 전개되는 선이고, 병렬선은 여러 개의 초점에서 모든 소재들이 같은 방향(수직, 수평, 사선)으로 병행을 이루며 전개되는 선이다. 교차선은 여러 개의 초점에서 여러 각도의 방향으로 전개되어 서로 교차되는 상태로 배열된 선이고, 감는 선은 교차선 배열에서 발전된 것으로 서로 구부리고 휘감기는 유연하고 자유분방한 선의 전개로 이루어진 선이다.

(3) 면(plane)

면은 점 · 선 등과 함께 도형을 이루는 요소 중의 하나이고, 두 개의 점을 연결한 것이 선이라면 기하학에서 면은 세 개 이상의 점 사이를 서로 연결하여 형성된다. 면은 점의 확대나 선이 이동한 자취를 말한다. 점이 연속되면 선이 되고, 선이 누적되어 수평으로 이동할 때 방향에 따라 다양한 면이 나타난다. 면은 공간을 격리 또는 폐쇄시키는 기본요소이다.

면은 크게 평면과 곡면으로 구분한다. 평면은 구부러지지 않고 편평한 면을 말하고, 하나의 직선을 다른 직선으로 나란히 이동시켜 이루어지며, 가로와 세로 방향으로 한없이 연장되어 있다. 곡면은 편평하지 않은 구부러진 면을 말하는데, 예를 들어 원기둥의 옆면, 원뿔의 옆면, 구의 면 등이 곡면이다. 평면은 단순, 순수, 견고, 엄격, 편안한 느낌을 주고, 곡면은 너그럽고, 풍부하고, 긴장감 있는 느낌을 준다.

공간에서의 면은 우리가 접할 수 있는 모든 사물의 평평한 표면을 의미하며 벽, 바닥, 천장 등이 모든 공간의 면적인 요소이다. 면은 장소를 가지며 형태를 형성하는데 평면의 모양은 선의 이동에 따라 이루어지고 입체의 모양은 면의 이동에 따라 이루어진다.

선이 꺾이거나 휘어지거나 하는 방향을 가지고 닫힌 선이 되는 경우는 구체적인 형태를 이루게 되고, 이것은 내부가 채워지게 되면 면으로 인식된다. 그리고 면은 스스로 형태를 구성할 수 있기 때문에 자유로운 다양한 형태를 연출할 수 있다. 또한 면은 다양한 방법으로 분할되어 디자인에 있어서 창조적인 형태를 나타내기도 한다. 면의 분할은 대각선에 의한 분할과 직선에 의한 분할로 여러 가지 다양한 효과를 나타낸다. 예를 들어, 같은 소재를 선으로 표현할 때와 면으로 표현할 때의 이미지는 크게 다르다. 면으로 표현할 때 좀 더 조형적인 구성이 이루어지고 초점을 이룰 수 있다.

(4) 형태(form)

우리 주변에서 볼 수 있는 모든 물체는 다양한 형태를 가진다. 형태란 시각적인 반응으로 알 수 있는 감성적 요소로서 물체의 외형, 모양, 실루엣이라고도 한다.

작품을 구상하여 스케치를 하는 과정인 2차원적 평면적 모양을 하고 작품 전체 모양의 높이와 넓이를 포함하는 형태는 'shape' 이라 표현하고, 작품 안에서 양감이나 부피로 지각되면서 작품 전체 모양의 높이, 넓이, 깊이를 포함하는 형태는 'form' 이라고 표현하는 차이를 알 수 있다. 따라서 화훼장식에서 작품의 형태는 높이, 넓이, 깊이로 이루어지므로 'form' 의 형태를 사용해야 하고, 작품이 배치되어지는 다양한 공간의 특성 및 이미지를 고려하는 장소의 공간성이 디자인 형태를 결정하는 가장 중요한 요소가 된다. 예를 들어, 화훼장식에 관련된 의뢰가 들어오면 장식할 장소의 사전조사가 이루어지고, 장소의 특성과 용도에 따라 디자인 이미지가 결정되며, 결정된 콘셉트(concept)에 따라 디자인 형태를 확정짓게 되는 공간분석 및 계획을 한다.

형태는 기하학적 구성에 따른 원형(circle), 삼각형(triangle), 사각형(rectangle)의 기본적인 형태에 따라 다양한 형태를 만들어 낸다. 원형은 라운드형, 돔형, 타원형, 부채형, 초승달형, S자형, 나선형 등, 삼각형은 정삼

표 5-1. 형태의 다양한 구분

형 태	종 류
시각적 인지	현실적 형태 : 자연형태, 조형형태 이념적 형태 : 순수형태 또는 추상형태
기하학적 구성	원 형 : 라운드형, 돔형, 타원형, 부채형, 초승달형, S자형, 나선형 등 삼각형 : 정삼각형, 이등변삼각형, 부등변삼각형, 직각삼각형 등 사각형 : 수평형, 수직형, 스퀘어형, 마름모형 등
식물모양의 특성	라인플라워 : 글라디올러스, 리아트리스, 금어초, 델피니움 등 폼 플라워 : 나리, 칼라, 심비디움, 안스리움, 매스플라워 : 카네이션, 수국, 다알리아, 거베라, 장미 등 필러플라워 : 안개초, 스타티스, 소국, 왁스플라워, 솔리다스터 등

각형, 이등변삼각형, 부등변삼각형, 직각삼각형 등, 사각형은 수평형, 수직형, 스퀘어형, 마름모형 등이 속한다.

형태는 시각적으로 인지할 수 있는 현실적 형태(real form)와 시각적으로 인지할 수 없는 이념적 형태(ideal form)로 구분한다. 현실적 형태에는 화훼장식의 주소재인 식물과 같이 자연적으로 형성된 자연형태(natural form)와 상대적으로 인위적으로 만든 조형형태(artificial form)가 있다. 이념적 형태는 사랑, 감사, 애도, 존경 등 시각적으로 나타나지는 않지만 관념적으로 표현되는 형태이다. 이러한 이념적 형태를 시각적으로 인지할 수 있도록 조형언어로 표현하는 과정 중 한 가지 방법이 디자인이다. 이념적 형태를 시각적으로 표현한 형태를 순수형태(pure form) 또는 추상형태(abstract form)라고 한다.

또한 형태는 사용하는 식물 소재의 모양과 특성에 따라 4가지 역할로 구분한다. 디자인 형태의 골격을 형성하기 위한 식물의 직선이나 곡선을 강조하는 라인 플라워(line flower), 디자인의 전체적인 시선을 중심부에서 강조하기 위해 개성적이거나 독특한 모양의 소재를 사용하는 폼 플라워(form flower), 디자인 형태의 골격이 형성되고 나면 라인 플라워와 폼 플라워의 사이사이에 소재를 양적으로 채워주는 매스 플라워(mass flower), 디자인 형태가 완성되어갈 때 전체적으로 부드럽게 조화시키거나 섬세하게 마무리하고자 할 때 사용하는 필러 플라워(filler flower)가 있다.

(5) 공간(space)

공간은 기하학적으로 두 개 이상의 입체가 존재한다면 성립되고, 하나의 입체 안에서도 독립적인 공간이 존재하게 된다. 점이 모여 선으로, 선이 모여 면으로, 면이 모여 입체로, 입체가 모여 공간을 이루게 된다.

공간은 어떤 형태에 의해 생겨나는 현실의 생활에서 볼 수 있는 실제적 공간과 의도적으로 만들어 내는 디스플레이적인 전시목적의 인위적 공간으로 형성되는데, 실제적 공간과 인위적 공간의 차이를 알 수 있다.

공간은 화훼장식의 배치 및 연출을 하기 위한 선과 형태의 중요성을 강조하는 기본적인 요소이다. 바닥면이 1차원이라면 벽면은 2차원, 공간은 3차원이라고 할 수 있다. 3차원적인 공간은 벽면과 바닥면, 천장으로 둘러싸여 있는 실내공간과 실외의 외부에 열린 실외공간, 건축물의 구석 공간, 발코니 공간, 호텔의 로비 공간, 레스토랑 등 다양한 종류의 공간이 있다.

화훼장식에서 조형을 형성하는 가장 근본적인 요소는 공간이고, '어떠한 공간 속에서 자연물을 소재로 조형예술 활동을 한다' 라는 의미가 있다. 화훼장식작품이 놓인 공간은 단순하게 장소로 파악하는 것보다는 작품이 형성하는 장식적인 공간과 주변 환경과의 결합으로 인해 새로운 의미로 창조된다고 할 수 있다.

화훼장식에 사용하는 공간의 종류는 포지티브 스페이스(positive space), 네거티브 스페이스

(negative space), 보이드(voids)가 있다. 포지티브 스페이스는 양성적 공간 또는 양화적 공간으로 소재로 채워져서 디자인 형태를 이루는 점유된 공간(occupied area)을 뜻한다. 네거티브 스페이스는 음성적 공간 또는 음화적 공간으로 소재와 소재 사이의 비어 있는 공간(empty area)을 뜻하고, 여백으로 활용하여 디자인 형태를 더욱 돋보이게 강조하는 매우 중요한 공간이라 할 수 있다. 보이드는 소재들을 다른 디자인 부분과 연결하는 공간(connecting area)으로 선명하고 뚜렷한 선으로 이루어지는 공간을 뜻한다.

화훼장식에 존재하는 공간은 디자인 형태에 매우 큰 영향을 주고, 작품 안에서 비워지는 공간으로 복잡함을 완화시키며, 구성요소를 강조하는 역할을 하기도 한다. 예를 들어 한국의 전통적인 디자인 형태에서도 여백의 미를 고려하여 공간과 선을 강조하는 선의 꽃꽂이(line flower arrangement)가 매우 많으며, 보는 사람의 방향과 각도가 변함에 따라 형태와 공간의 모양도 다르게 변화한다. 웨스턴 스타일이라고 하는 미국식 스타일에서도 전통적인 매스 디자인(mass flower arrangement)에서 현대적인 선과 양의 디자인(line-mass flower arrangement)이 생겨나서 선을 강조함으로써 공간을 더욱 효과적으로 활용한다. 또한 유러피언 스타일도 다양한 디자인 형태와 변화 있는 구성에 따라 공간을 효율적으로 사용하기도 한다.

공간은 여백이라고 말할 수 있는데, 디자인 형태를 구성할 때 모두 채워지는 공간으로 이루어진 다양한 형태를 볼 수 있지만, 여백으로 공간을 활용하여 더욱 흥미롭고 강조할 수 있는 디자인 형태가 현대식 디자인에서 많이 나타난다. 또한, 화훼장식은 단순히 작품을 완성하여 공간을 채우거나 배치하는 것이 아니라 공간 안에서 여백을 활용하고 공간을 비워내는 방법으로 작품을 이용하기도 한다. 따라서 넓은 의미의 공간개념이 매우 중요하고, 화훼장식작품을 만들 때 공간분석 및 계획이라는 과정을 반드시 고려해야 한다.

(6) 질감(texture)

질감은 구조적 재질을 직접 만지면서 느껴지는 촉각적 질감(actual texture)과 만지거나 느껴지는 것이 아닌 눈에 보이는 간접적 질감인 시각적 질감(visual texture)으로 구분한다.

질감이란 촉각적인 감각으로 얻어진 느낌을 시각을 통해 재질에서 오는 면의 시각적 특징을 인식하는 것으로 촉각적 경험과 시각적 경험을 결합하여 시각을 통해 심리적 반응이 나타난다. 다시 말하면, 질감이란 물체가 가지고 있는 입자의 구성이나 표면의 특성을 촉감이나 시각적으로 경험했던 것을 느낌으로 얻게 되는 것을 말한다.

모든 식물 소재와 재료들은 나름대로의 조직과 밀도감, 질량감, 빛의 반사도 등에 따라 시각적인 느낌이 독특한 질감을 가지고 있으며, 재료 상호간의 질감은 대비에 의한 조화에 따라 시각적 및 지각적 쾌감을 보여주는 형태미를 나타낸다.

화훼장식에서 질감은 작품에서 사용하는 소재들의 시각적인 표면 구조를 의미한다. 작품에 사용하는 식물, 용기, 기타 부소재 등 다양한 질감의 특성을 이용하여 디자인을 더욱 돋보이게 하는 역할을 하는 것이 질감이다. 예를 들어 너무 부드럽고 매끄러운 질감만 사용한다면 디자인 전체의 시각적 느낌은 단순하고 지루할 수도 있지만, 거칠거나 털이 있거나 투박하거나 하는 이질적인 느낌의 질감을 첨가함으로 해서 디자인을 더욱 효과적으로 이끌어 낼 수 있는 매우 중요한 요소로 이용할 수 있다.

질감은 같은 재료일지라도 크기에 따라 다르게 나타나고, 다양한 시각적 질감의 느낌에 따라 무겁거나 가볍거나 하는 디자인 원리인 균형과도 밀접한 관련이 있다. 질감의 균형은 대부분 거친 느낌이 매끄러운 것보다 무겁게 느껴지지만, 윤기 나는 매끄러운 면은 거친 질감과 비교해서 시선을 강하게 이끌어서 무게감을 갖는다. 또한 표면에 솜털이 나 있는 것들은 가벼운 느낌을 갖는다.

질감 연출은 균형감과 다양성, 대비의 효과, 빛의 연출, 생동감, 입체감, 전통미, 평온함, 조화미, 친근감, 풍부함을 느낄 수 있다.

(7) 색채(color)

환경은 수많은 자극적인 요소로 구성되어 있으며, 인간은 오감을 통해서 주위의 자극을 받아들인 다음 뇌를 통해서 지각하고 적절히 반응한다. 이 중 시각은 오감의 약 87%를 차지하는 가장 중요한 자극 수용체이며, 우리가 본다는 것은 크게 형태, 질감, 색채로 구분될 수 있다. 이 중 형태란 결국 색채의 차이에 의해서 우리에게 지각되는 것이기 때문에, 이런 의미에서 볼 때 자극의 대상인 자연은 수많은 색의 복사원이라고 볼 수 있다. 실제로 색은 우리 삶의 의식적, 무의식적 측면에서 엄청난 영향을 미치고 있다.

현재 색과 색채는 거의 비슷한 개념적 의미로 사용되고 있으나, 정확히 구분한다면 색채란 색이 무늬로 형상화되거나 아름답고 곱게 칠해진 것과 색을 무늬화해서 배색해 놓은 것을 말한다. 색에서 발견되지 않은 감성적인 느낌과 색이 인간에게 주는 느낌을 서술할 때 색채가 사용된다. 색은 일반적인 의미로 빛에 의해 생기는 물리적인 지각현상이라고 할 수 있으며, 색채는 물리적인 현상과 더불어 생리적이고 심리적인 현상에 의하여 성립되는 시감각이라고 할 수 있다. 즉, 물체의 색이 눈의 망막에 의해 지각됨과 동시에 생겨나는 느낌이나 연상, 상징 등을 함께 경험하는 것을 말한다. 그러므로 색채는 디자인에 있어서의 의미나 상징성, 거리감, 질감, 대비 등의 원리를 느끼게 하는 수단이 된다.

1) 빛과 색

우리는 빛을 통해 색채를 보게 된다. 색채는 빛이 눈에 들어와 시신경을 자극하여 뇌의 시각중추에 전달함으로써 생기는 감각이므로 빛이 없이는 아무 색도 볼 수 없다. 색이란 빛이 물체를 비추었을 때 생겨나는 반사, 흡수, 투과, 굴절, 분해 등의 과정을 통해 인간의 눈을 자극함으로써 생기는

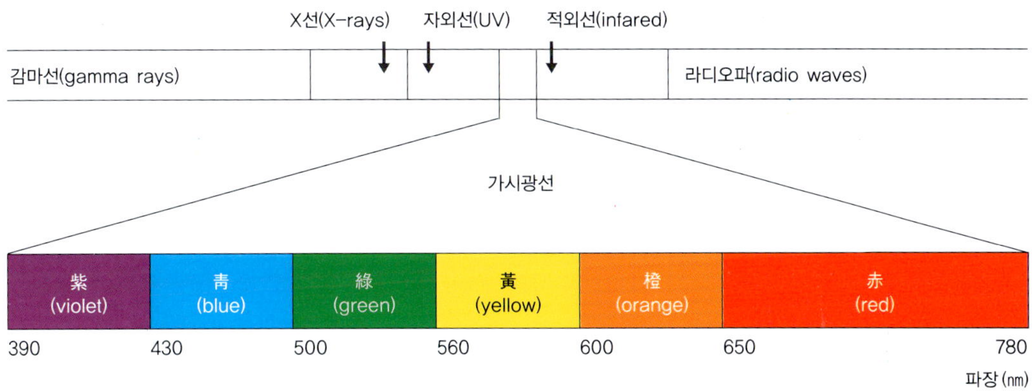

그림 5-2. 인간이 지각할 수 있는 가시광선

물리적인 지각현상을 말한다. 즉, 광원이라고 할 수 있는 자연광과 인공광 등의 발광체에서 나오는 광선이 물체를 비추었을 때 파장별 분광특성과 물체의 특성에 따라 만들어진 빛이 우리 눈의 망막을 자극시켜 생겨나는 감각현상이라고 할 수 있다. 이때는 인간이 지각할 수 있는 광선의 영역 내에서 지각이 되는데, 이 광선의 범위를 가시광선이라고 한다.

영국의 과학자 뉴튼은 프리즘에 백색광(태양광선)을 백색 스크린에 투사시켰더니 빨강, 주황, 노랑, 초록, 파랑, 남색, 보라 일곱 개의 색으로 이루어진 색 띠가 나타나는 것을 스펙트럼이라고 하였다. 우리가 볼 수 있는 스펙트럼을 가시광선 또는 가시 스펙트럼이라고 하며, 각각의 단색광은 파장의 길이가 다르다.

우리의 눈은 빛이 반사됨에 따라 물체를 보게 되고, 빛이 반사할 때의 파장의 길이가 색을 결정하게 된다. 색이란 특정 파장을 가진 빛이라고 말할 수 있다. 가시 색들 중에서 빨강이 가장 긴 파장을 갖고, 보라가 가장 짧은 파장을 갖으며, 모든 가시 색들은 두 가지 빛 사이에 존재한다.

2) 물체와 색

모든 물체들은 그 자체가 색을 가지고 있는 것이 아니라 빛에 의하여 반사, 흡수, 투과 등에 의하여 지각되는 것이다. 즉, 여러 가지 색을 가지고 있는 백색광이 어느 물체에 비추어졌을 때, 물체는 특정한 파장을 흡수하거나 반사, 투과하게 되며 색을 띠게 되는 것이다. 우리가 보는 대부분의 빛은 물체에 의해서 반사되는 것이고, 물체에서 반사되는 빛은 그 물체의 반사율에 의해 결정된다. 예를 들어 노란색 물체는 노란 계열의 파장을 반사하고, 노란 계통의 파장을 제외한 광선을 흡수하기 때문에 우리는 반사된 빛의 자극을 노란색으로 인지하기 때문이다.

따라서 완전한 검은색은 모든 파장을 흡수하고, 완전한 흰색은 모든 파장을 반사한다. 즉, 물체가 빛의 파장을 모두 흡수할 경우 검은색, 모두 반사할 경우 흰색으로 보인다.

3) 색의 지각

반사된 색 파장이라도 우리의 눈을 통과하지 않으면 우리는 색을 볼 수 없다. 따라서 색채를 보게 되는 첫 번째 과정은 빛, 두 번째 과정은 물체, 세 번째 과정은 시각이다. 우리의 눈을 통해 들어온 빛은 망막을 자극하게 되며 망막을 구성하고 있는 세포층이 그것을 자극으로 받아들여야 색을 볼 수 있는 것이다. 즉, 어떤 광원에서 나온 광선은 물체의 표면을 구성하고 있는 화학물질 또는 물리적 구조에 대해 선택반사 또는 투과되어 본래 광선의 파장에 따른 빛의 세기와 분광분포를 변화시키게 한다. 이때 우리 눈에 있는 특별한 세포는 이러한 반사된 빛을 흡수하고 신호화화여 두뇌에 전달하므로 마침내 우리가 그것을 보게 되는 것이다.

빛을 시각적으로 인식한다 하더라도 이것은 단순히 물리적 현상에만 국한된 것이 아니며, 실제로 우리가 느끼는 것은 생리적, 심리적 현상과 미적 현상에까지 그 영향을 준다. 과학적으로 보면 우리가 어떤 색을 지각한다는 것은 우리 눈에 들어오는 것이 색채가 아니라 우리의 시각 체계를 이루는 감각기관이 빛에너지를 신경정보로 바꾸어 결국 우리로 하여금 어떤 색을 느끼도록 하는 것이다.

⬇ 색의 시각적 전달 과정

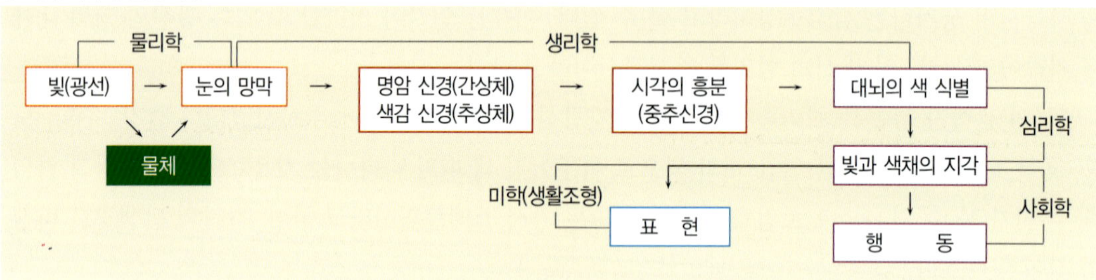

그림 5-3. 색의 지각

4) 색의 혼합

혼합 또는 혼색(color mixing)이란 두 개 이상의 색료(물감, 잉크, 안료, 염료, 페인트 등)나 색필터 또는 색광을 혼합하여 다른 색채 감각을 일으키는 것이다. 색채를 효과적으로 사용하기 위해서는 색이 가진 기본적인 속성을 이해하는 것이 매우 중요하다. 인간의 눈으로 보게 되는 모든 색채는 색을 띤(colored light) 형태로 우리 눈에 도달하게 된다. 그것은 광원이 가지는 색에 의해 만들어진 것일 수도 있고, 안료가 칠해진 색 표면이나 물체로부터 반사된 것일 수도 있다. 이때, 그것이 전자와 같이 광원의 종류에 따른 것이라면, 우리가 하나의 어떤 특정 색채로 보게 되는 것은 여러 가지 색광의 혼합된 결과물인 것이다. 반면, 후자와 같이 안료가 칠해진 색 표면이나 물체로부터 반사된 빛을 보는 경우라면 그것은 우리 눈에 보이는 특정 색채 이외의 모든 색채를 주변의 빛으로부터 흡수해 버리는 색 재료나 안료 혹은 염료의 작용에 따른 결과를 보는 것이다. 이러한 속성에 따라 색광의 혼합을 가법혼합 또는 가법혼색이라 하고, 안료나 염료 혹은 색료의 혼합을 감법혼합 또는 감법혼색이라 한다.

① 가법혼합(additive color mixture)

가법혼합은 동시혼색에 속하며 빛의 혼합, 가색혼색, 플러스혼합이라고도 한다. 색광혼합의 특징은 혼색할수록 점점 밝아지고 선명한 색을 만들 수 있고, 빛의 혼합은 혼합하는 색이 많을수록 명도는 높아지고, 채도는 낮아진다. 색광혼합의 3원색은 빨강(R), 녹색(G), 파랑(B)이며, 색광의 3원색을 모두 합치면 점점 밝아져 백색(백색광)이 된다.

② 감법혼합(subtractive color mixture)

감법혼합은 감산혼합, 감법혼색, 색료혼합이라고도 한다. 색을 혼합하면 할수록 순색의 강도가 약해져 원래의 색보다 명도가 낮아지는 혼합을 말한다. 안료는 혼합할수록 혼합하기 이전의 색보다 명도와 채도가 낮아진다. 감법혼합의 3원색은 마젠타(Magenta), 노랑(Yellow), 시안(Cyan)이다. 이들 3원색을 모두 혼합하면 검정이나 검정에 가까운 회색이 된다. 현재 우리가 접하는 컬러 슬라이드, 컬러 영화필름, 색채사진 등은 모두 감법혼합을 이용하여 재현시키고 있다.

③ 중간혼합

중간혼합은 가법혼합과 감법혼합처럼 직접적인 동시혼합이 아니라 주변의 환경적 요인에 따라 실제로 혼합되어진 것처럼 보이는 시각적인 혼합을 말한다. 중간혼합에서는 두 색의 중간 밝기 내에서 만들어지게 된다. 중간혼합에는 회전혼합과 병치혼합이 있다. 회전혼합은 두 개 이상의 색을 빠르게 회전시키면 색이 혼합되어 보이는 현상으로, 혼합된 색은 혼합된 모든 색들의 중간 색상, 중간 명도가 되며 면적 비율에 따라 색상이 결정된다. 이러한 현상은 색팽이나 바람개비에서 쉽게 찾아볼 수 있다. 병치혼합은 여러 가지 색이 조밀하게 분포되어 있을 경우에 멀리서 보면 각각의 색들이 주위의 색들과 혼합되어 보이는 현상으로, 색을 직접 섞지 않고 색점을 섞어 배열함으로써 거리를 두고 관찰할 때 눈의 착시현상으로 혼합된 것처럼 중간색이 보이는 것이다. 색의 혼합은 색 면적과 거리에 비례하는데 색점이 작을수록 혼합이 잘 되어 보인다. 이러한 현상은 모자이크, 직물, TV의 영상, 신인상파의 점묘화, 옵아트 등에서 찾아 볼 수 있다.

5) 색의 3속성

우리가 어떤 색상을 지각할 때 느끼는 요인에는 세 가지가 있다. 빛의 파장 자체를 나타내는 색상(hue), 밝고 어두운 정도를 나타내는 명도(value), 색 파장의 순수한 정도를 나타내는 채도(chroma)이다. 색을 분류하면 무채색(achromatic color)과 유채색(chromatic color)이 있다. 무채색은 밝고 어두운 정도의 차이인 명도만으로 구분하고, 반사율이 약 85%인 경우를 흰색, 약 3~85% 정도이면 회색, 3% 정도이면 검정색으로 본다. 흰색에서 검정색까지 무채색의 밝은 정도를 등분 나열하고 그 배열에 붙인 번호로서 밝기를 구별하여 표기한다. 유채색은 물체의 색 중에서 순수한 무채색을 제외한 모든 색을 말하고, 순수의 정도에 따라 채도로 구분한다. 개개의 유채색은 색상, 명도, 채도라고 하는 감각적인 요소에 따라 분류된다.

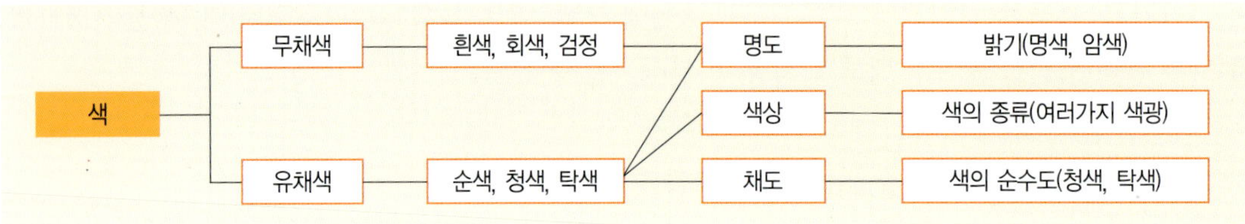

그림 5-4. 색의 3속성

① 색상

색상은 물체의 표면에서 선택적으로 반사되는 색 파장의 종류에 의해 결정되며, 빨강, 노랑, 초록, 파랑, 보라 등 다른 색과 구별되는 고유의 성질을 말한다. 색상은 유채색에서만 존재하며 순수한 색일수록 현저하게 드러나므로 지각하기 쉽다. 색상의 변화를 계통적으로 표시하기 위하여 여러가지 유채색을 둥글게 배열한 것을 색상환(color wheel)이라고 한다. 색상환에서 가까운 거리에 있는 색상차가 작은 색을 유사색, 멀리 떨어져 있어 색상차가 큰 색을 반대색, 서로 마주보고 있어 색상차가 가장 큰 색을 보색이라고 한다.

② 명도(lightness)

물체의 표면이 모든 빛을 반사하면 흰색으로 보이고 우리는 이 흰색을 밝게 느낀다. 반면 물체의 표면이 모든 빛을 흡수하면 검정색으로 보이고 우리는 검정색을 어둡게 느낀다. 이처럼

▲ 명도

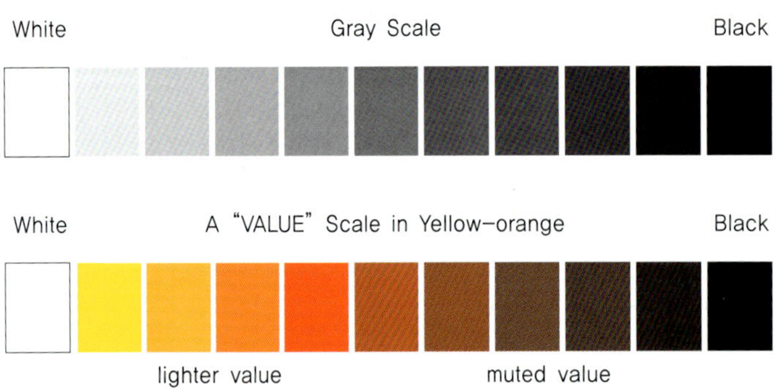

그림 5-5. 저명도, 중명도, 고명도

빛이 반사하는 양에 따라 색의 밝고 어두운 정도를 느끼는 것이 명도이다. 명도는 색의 밝고 어두운 정도로서 무채색과 유채색에 모두 있고, 무채색이 명도를 나타내는 기준이 되며, 가장 밝은 색을 흰색, 가장 어두운 색을 검정색으로 한다. 밝기의 정도에 따라 0(검정색)에서 10(흰색)까지 고명도, 중명도, 저명도로 구분한다. 완전한 흰색과 검정은 현실적으로 얻을 수 없는 색이다.

③ 채도(saturation)

채도는 색의 맑고 탁한 정도로서 유채색에만 있고, 한 색상에서 채도가 가장 높은 색을 순색이라고 한다. 채도는 '순도' 또는 '포화도' 라고도 한다. 유채색에 무채색을 섞을수록 채도는 낮아지고, 무채색 축을 기준으로 하여 바깥쪽으로 멀어질수록 채도가 높아지며, 무채색 축에 가까워질수록 채도는 낮아진다.

▼ 채도

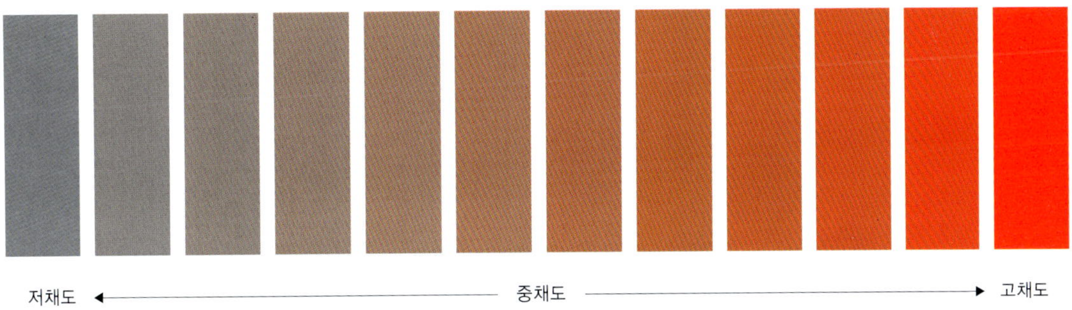

그림 5-6. 저채도, 중채도, 고채도

6) 색채체계

우리나라의 화훼장식에서 사용되고 있는 색체계는 먼셀 색체계, 오스트발트 색체계, NCS 색체계, 이튼 색체계 등 4가지이다.

① 먼셀의 색체계

미국의 색채연구가인 먼셀(Munsell)에 의해 창안되었으며, 표색방법이 합리적이므로 국제적으로 널리 사용되고 있다. 우리나라에서도 한국공업규격(KS A0062)에 의해 규정한 색채교육용으로 채택된 표색계이다.

- 먼셀 색상환 : 빨강(R), 노랑(Y), 녹색(G), 파랑(B), 보라(P)의 5가지 색상을 기본으로 하며, 기본색을 혼색하여 10가지 색상을 만들고, 10색상을 다시 10등분하여 100가지 색상을 만들어 숫자와 기호로 색상을 표시한다. 하나의 색은 1~10까지 10단계로 나타내며, 기준이 되는 기본색은 5에 해당한다. 빨강(R)에 있어서 기본색은 5R이 되며, 1R은 자주(RP)에, 10R은 주황

(YR)에 가까운 빨강(R)을 나타낸다. 먼셀 색상환의 색은 색상(H), 명도(V), 채도(C) 순으로 H V/C로 표기한다. 예를 들어 5R 4/14는 5R 4의 14라고 읽고, 색상은 5R, 명도는 4, 채도는 14이다.

- 먼셀 표색계의 원리 : 색의 감각적 3속성인 색상, 명도, 채도에 따라 3차원 공간의 한 점에 대응시켜 만들었고, 동일한 색상은 명도와 채도로 구분한다. 명도는 무채색을 기준으로 0에서 10까지의 11단계로, 채도는 무채색을 0으로 보고 순색까지의 단계를 1에서 최대 14까지 모두 14단계로 나타낸다. 먼셀 색체계에 있어서 각 색상의 채도 단계는 일정하지 않다.

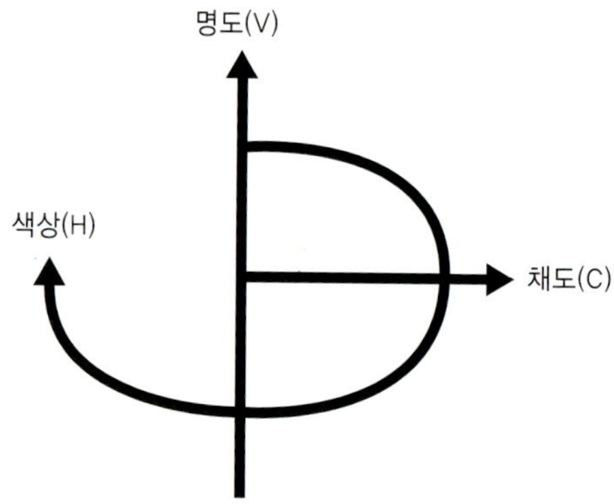

▲ 색입체의 원리

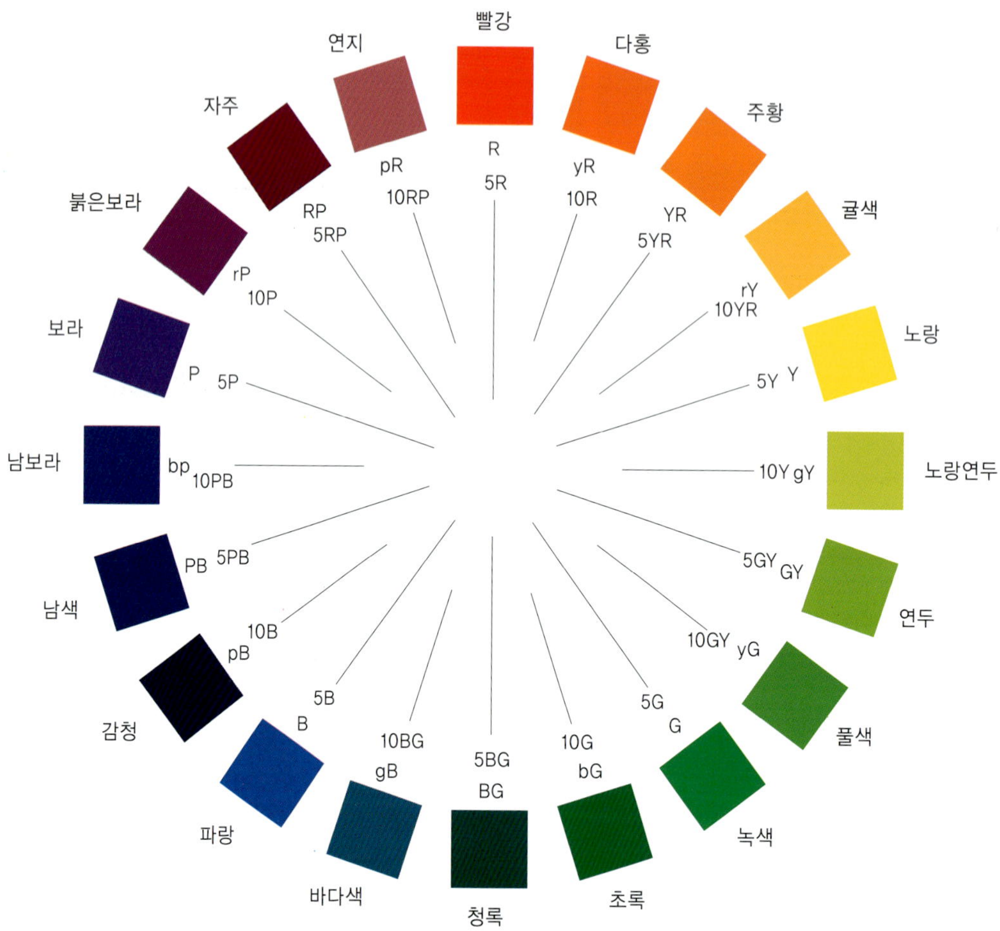

그림 5-7. 먼셀의 20색상환(먼셀 10색상환을 2단계로 나누어 20색상으로 만든 색상으로서 교육과학기술부에서 교육용으로 제정)

● 먼셀 색입체의 특징 : 색의 3속성인 색상, 명도, 채도를 시각적으로 고른 단계가 되도록 체계적으로 배열하였다. 색상과 명도에 따라 채도 단계의 수가 다르기 때문에 전체적으로 일그러진 구의 형태를 띤다. 세로축에 무채색의 명도단계를 중심으로 가로축에 방사선으로 채도 단계를 배치하며, 원둘레에 다양한 색상으로 구성되어 있다.

② 오스트발트의 색체계

독일의 오스트발트(W.Ostwald)에 의해 창안된 표색계로 회전혼색기의 색채 분할면적 비율을 변화시켜 만든 색들을 색표로 나타낸 원리이다. 먼셀 체계가 감각적인 특성을 기초로 한 데 비해 이론적으로 완전한 체계를 갖추기 위하여 혼합되는 색량의 비율로 색을 나타내었다.

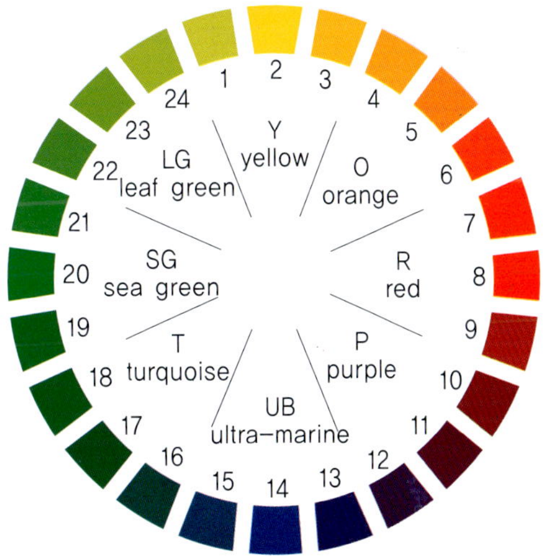

그림 5-8. 오스트발트 24 색상환

● 오스트발트 색상환 : 노랑(Yellow), 남색(Ultramarine Blue), 빨강(Red), 청록(Sea Green)을 기본으로 하며, 기본색을 혼색하여 8개의 색을 만든 다음에, 8색상을 3단계로 나누어 24색상이 된다. 오스트발트 색상환의 색은 색상기호, 흰색량(W), 검정량(B) 순으로 표기한다. 예를 들어 14 gc는 색상기호가 14인 남색계열의 색상이고, g는 흰색량 22%, c는 검정량 44%를 나타낸다. 흰색량(W)+검정량(B)+순색량(C)=100%이므로 순색량은 100−22−44=34%가 된다.

표 5-2. 오스트발트 색의 기호와 혼합비

기호	a	c	e	g	i	l	n	p
흰색량(W)	89	56	35	22	14	8.9	5.6	3.5
검정량(B)	11	44	65	78	86	91.1	94.4	96.5

● 오스트발트 표색계의 원리 : 색상은 1에서 24까지 기호로 표기하고, 이상적인 완전한 검정(B), 흰색(W), 순색(C)을 기본적인 3요소로 한다. 모든 색은 검정(B)+흰색(W)+순색(C)=100%인 혼합비로 구성된다. 무채색 단계는 가장 밝은 색인 흰색을 a, 가장 어두운 색인 검정을 p로 하여 a~p까지 8단계로 나타낸다.

● 오스트발트 색입체의 특징 : 원뿔 2개를 맞붙여 놓은 복원추체 형태이고, 같은 기호인 색이라 하더라도 명도나 채도가 일치하지 않으며, 색의 단계가 시각적으로 고르게 나타나지 않는다. 무채색 축을 수직변으로 하여 완전 흰색, 완전 검정, 순색을 각각 꼭지점으로 하는 정삼각형을 구성하고, 그 내부면에 혼합량의 비율에 따라 등백 계열, 등흑 계열, 등순 계열별로 배열하면 하나의 등색상면이 된다.

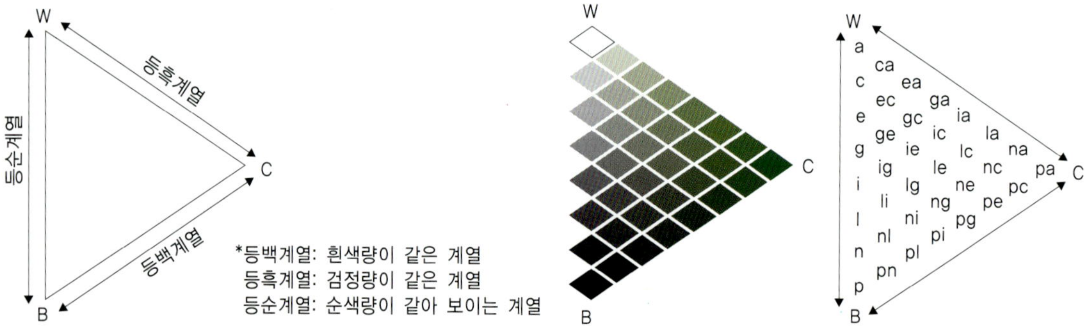

그림 5-9. 오스트발트 색입체의 구조와 원리

③ NCS 색체계

스웨덴에서 개발되어 스웨덴 표준협회(SIS)에서 채택된 NCS(Natural Color System)는 인간의 색지각을 기초로 완성한 논리적인 색체계로 현재 유럽을 비롯하여 전 세계에서 사용되고 있다.

- NCS 색상환 : 노랑(Y), 빨강(R), 파랑(B), 녹색(G)의 4가지 순색을 기본으로 하며, 각 기본색들 사이를 10단계로 나누어 40가지의 색으로 나타낸다. 또한 이웃한 색상 간의 혼합량을 %로 나타낸다. NCS 색체계의 색은 검정량(S), 순색량(C), 색상 순으로 표기한다. 예를 들어, S 2030-Y90R에서 S는 NCS 색표집 제2판을 의미하는 second edition을 나타낸다. 2030은 검정량 20%와 순색량 30%를 의미하고, Y90R은 빨강이 90% 포함된 노랑을 나타낸다. 흰색량(W)+검정량(S)+순색량(C)=100%이므로 흰색량은 100-20-30=50%가 된다.
- NCS 표색계의 원리 : 흰색(W), 검정(S), 노랑(Y), 빨강(R), 파랑(B), 녹색(G)의 6가지 색상을

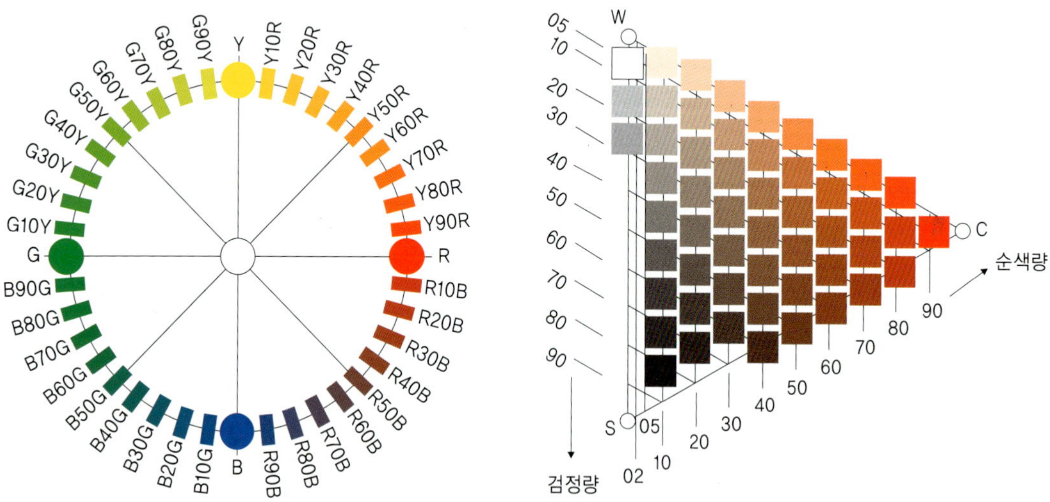

그림 5-10. NCS 40색상환

기본으로 한다. 모든 색상은 기본 6색상과 어느 정도 근접했는지에 따라 표현한다. 무채색은 N(Neutral)으로 표시하는데 '0500-N'은 흰색이며, 1000-N, 1500-N, 2000-N 등의 형식으로' 9000-N'의 검정까지 표기된다.

- NCS 색공간 : 복원추체 형태를 띠며, 세로축의 흰색과 검정, 가로축의 노랑, 빨강, 파랑, 녹색의 6개 색상 안에서 인간이 상상할 수 있는 모든 색상을 위치시킬 수 있고, 이에 따른 정확한 NCS 표기가 가능하다. NCS 색삼각형은 NCS 색공간의 수직단면을 나타낸 것으로 삼각형의 꼭지점 부분에 표기된 W는 흰색(White), S는 검정(독일어 Schwarz), C는 순색(Chromaticness)을 의미한다.

④ 이텐의 색체계

스위스의 화가이며 조각가인 요한네스 이텐(Itten Johannes, 1888~1967)은 조형교육가로도 많은 활동을 하였다. 바우하우스가 설립된 1919년에 바이마르에서 기초조형 교육을 담당한 바 있으며, 1954년에는 취리히 시립공예학교의 교장을 맡아 조형교육과 색채조화론에 있어서 많은 영향을 미쳤다.

- 이텐 색상환 : 3원색인 빨강(R), 노랑(Y), 파랑(B)의 1차색을 기준으로 다시 주황(O), 초록G), 보라(P)의 2차색을 만들고, 1차색과 2차색을 혼합하여 R-O, Y-O, Y-G, B-G, B-V, R-V의 6가지 3차색을 만들어 총 12색상을 구성한다.

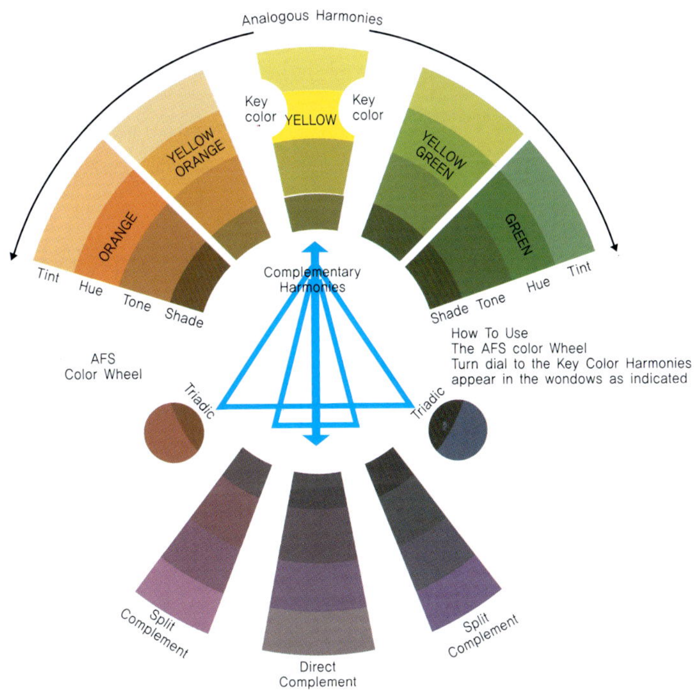

그림 5-11. 이텐 12색상환의 색상배색

7) 색의 대비

하나의 색이 주위의 색이나 먼저 본 색의 영향을 받아 색상, 명도, 채도 등이 다르게 보이는 현상을 색의 대비라고 한다. 명도차가 있으면 명도 대비가 나타나고, 채도차가 있으면 채도 대비가 나타나며, 색상차가 있으면 색상 대비가 나타나는 것이 보통이다. 이러한 색의 대비는 크게 계속 대비와 동시 대비로 나눌 수 있다.

① 계속 대비

하나의 색을 보고 자극을 받은 후 계속해서 다른 색을 보면 그 색이 다르게 보인다. 예를 들어 빨강을 보다가 흰색 또는 밝은 회색의 배경을 보면 청록 기미를 띠는 현상이 일어나는데, 이러한 잔상에 의한 색의 대비를 계속 대비라고 한다.

② 동시 대비

시간의 간격 없이 인접한 두 개의 색을 동시에 놓고 보았을 때 그 주위 색의 영향으로 본래의 색이 다르게 보이는 대비 현상으로 동시 대비에는 무채색의 대비, 유채색의 대비, 면적에 의한 대비가 있다.

- 색상 대비 : 색상이 다른 두 색이 서로 대조가 되어 두 색 간의 색상 차가 크게 보이는 현상을 색상 대비라고 한다. 주로 색상환 상의 거리가 가까운 색들 사이에서 일어나는 대비 현상으로 두 색을 대비시키면 서로 반대방향으로 색상 차가 크게 벌어져 보인다. 색상이 없는 무채색끼리는 색상 대비 현상을 볼 수 없으며 무채색과 유채색 또는 유채색과 유채색 사이에서만 볼 수 있다.
- 명도 대비 : 명도가 다른 두 색이 서로 대조가 되어 두 색 간의 명도 차가 크게 보이는 현상을 명도 대비라고 한다. 주위의 명도가 높으면 본래의 명도보다 낮게 보이고, 주위의 명도가 낮으면 본래보다 높은 명도로 보인다. 우리 눈은 색의 3속성 중에서 명도에 대해 가장 민감하게 반응하므로 색상, 명도, 채도 대비가 동시에 일어날 경우 명도 대비를 가장 강하게 느끼게 된다.
- 채도 대비 : 채도가 다른 두 색이 서로 대조가 되어 두 색 간의 채도 차가 크게 보이는 현상을 채도 대비라고 한다. 주위의 채도가 높으면 본래의 채도보다 낮게 보이고, 주위의 채도가 낮으면 본래보다 높은 채도로 보인다.
- 보색 대비 : 보색 관계의 두 색이 서로 자극을 받아 본래보다 더욱 선명하게 보이는 현상을 보색 대비라고 한다. 보색끼리의 색은 서로의 잔상에 의하여 상대 쪽의 채도를 높이며 색을 강하게 드러나 보이게 한다. 청록의 숲 속에 있는 빨강 지붕이나 바다 위의 노란 돛이 선명한 대조를 이루는 것도 보색 대비의 현상이다.
- 연변 대비 : 색을 명도 단계별로 3단계 이상 나열하면 명도가 높은 색과 접하고 있는 부분은 어둡게 보이고, 반대로 명도가 낮은 색과 접하고 있는 부분은 밝게 보인다. 이와 같이 색의 경계에서 나타나는 대비 현상을 연변 대비 또는 경계 대비라고 한다. 명도의 연변 대비는 명암의 경계에 나타나는 대비 현상으로 흰색과 회색이 접한 부분이 검정색과 회색이 접한 부분보다 더 어두워 보인다. 연변 대비는 색상이나 채도에서도 나타난다. 빨강과 자주의 경계 부근에서 빨강이 더욱 선명하게 보이고 자주는 더욱 탁하게 보인다.

● 면적 대비 : 같은 색이라도 면적이 크고 적음에 따라 명도와 채도가 다르게 보이는 현상으로 큰 면적의 색은 실제보다 명도와 채도가 높아 보이기 때문에 밝고 선명하게 보이나, 작은 면적의 색은 실제보다 명도와 채도가 낮아 보인다. 이와 같은 현상을 면적 대비라고 한다. 작은 색 견본으로 큰 벽면의 색을 선택할 경우 실제와 달라 생각지 않은 실수를 저지르기 쉬운 것도 이와 같은 면적 대비 현상 때문이다.

표 5-3. 동시 대비의 종류

무채색의 대비	유채색의 대비	면적에 의한 대비
명도 대비	명도 대비 색상 대비 채도 대비 보색 대비 한난 대비	명도 대비 채도 대비

8) 색의 심리

색채의 심리는 색채와 관련된 인간의 반응을 연구하는 심리학의 한 분야로서 생리학, 예술, 디자인, 건축 등과도 관계를 가진다. 색채 심리학에서는 색채를 지각하는 과정으로부터 색채에 대하여 가지는 인상, 조화감 등에 이르는 여러 문제를 다룬다. 색을 느끼는 과정에서 하나의 색은 대비를 통하여 본래의 색과 다르게 보일 수 있고, 동화 작용을 통하여 유사한 색이 되기도 하고, 다른 색과 비교됨으로써 무겁거나 가볍거나 또는 감성적인 느낌을 주는 따뜻한 색이나 차가운 색이 될 수도 있다. 따라서 색채의 심리와 반응에 따라 색의 감정은 온도감, 중량감, 경연감, 시간감, 크기, 거리 등에 따라 달라질 수도 있다.

① 색의 감정

● 온도감과 색채 : 색에 따라 따뜻하게 느껴지는 난색과 차갑게 느껴지는 한색을 말한다. 온도감은 색상의 영향을 가장 많이 받으나, 명도와 채도에 의해 다르게 느껴지기도 한다. 난색계는 빨강, 주황, 노랑 등, 한색계는 파랑, 남색, 청록 등, 중성색계는 연두, 녹색, 보라, 자주, 무채색 등이 있는데, 난색은 주로 따뜻함을 필요로 하는 난로, 침구 등에 이용되고 한색은 시원함을 필요로 하는 선풍기, 풀장 등에 이용된다. 색채를 분류하거나 조사 및 기획하는 단계에서 흔히 사용되는 색상의 분류 중 온도감을 최우선으로 하는 이유는 안락함과 불쾌감 그리고 긴장감을 직접 표현하는 색의 수단이 되기 때문이다.

● 중량감과 색채 : 색에 따라 무겁거나 가볍게 느껴지는 것을 말한다. 중량감은 명도의 영향을 가장 많이 받으며, 명도가 높은 밝은 색은 가볍고 경쾌한 느낌을 주는 데 비해 명도가 낮은 어두운 색은 무겁고 가라앉은 느낌을 준다. 디자인 계획 시 무거운 색이 아래쪽에, 가벼운 색이 위쪽에 있을 때 균형감이 생겨 안정감 있게 보인다. 색채 계획상 바닥면보다 천장이나 벽면을 어둡게 하면 시각적으로 불안해 보이고 균형을 잃게 된다.

- 경연감과 색채 : 색에 따라 딱딱하거나 부드럽게 느껴지는 것을 말한다. 경연감은 색상보다 명도와 채도의 영향을 많이 받는다. 고명도, 저채도, 난색은 부드러운 느낌을 주고 저명도, 고채도, 한색은 딱딱한 느낌을 준다.
- 흥분과 진정 : 난색, 고명도, 고채도의 색은 흥분을 느끼게 하고 한색, 저명도, 저채도의 색은 차분함을 느끼게 하는데 채도의 영향을 많이 받는다. 우울증 환자를 붉은 방에 있게 해서 기분을 좋게 하거나, 어린이가 생활하는 방을 파란색으로 하면 상상력을 키우거나 차분해진다고 한다. 이는 색채치료법에 활용되기도 한다.
- 시간감 : 색에 따라 시간이 빠르게 혹은 느리게 느껴지는 것을 말하고, 시간감은 색상과 채도의 영향이 크며 명도의 영향을 받기도 한다. 난색, 고채도 계열은 시간이 길게 느껴지는 데 비해 한색, 저채도 계열은 시간이 빠르게 느껴지는 경향이 있다. 병원의 실내벽을 한색 계통의 색으로 장식하면 지루함을 감소시킬 수 있고, 패스트푸드점이나 카페 등을 빨강, 주황 등으로 장식하면 손님의 회전율이 빨라 효과적이다.
- 크기감 : 크기의 판단은 명도가 크게 영향을 주고, 일반적으로 같은 크기라도 밝은 색 쪽이 더 크게 보인다. 예를 들어 검은색 자동차는 더 작고 무겁게 느껴지는 반면 밝은 색 자동차는 팽창의 효과를 갖고 있다. 또한 같은 색상 내에서 채도가 높을수록 팽창 효과가 커져서 더욱 크게 보이게 된다. 높은 명도나 채도는 물체의 윤곽선을 흐리게 하여 팽창하는 효과와 함께 실체의 재질이나 용적감을 떨어뜨릴 수도 있다.
- 거리감 : 거리의 판단은 채도와 명도가 영향을 준다. 두 개의 색채 자극이 같은 거리에 있는데도 서로 다른 거리에 있는 것처럼 보이는데, 가까이 보이는 것은 진출색, 멀리 보이는 것은 후퇴색이라 한다. 채도가 높고 명도가 높은 색은 대개 가깝게 보이지만, 넓이가 커지면 이런 경향은 일치하지 않는다. 따라서 거리의 판단은 채도, 밝기, 넓이 등과 관련이 있다. 즉, 같은 크기와 같은 거리에 있을 경우 밝고 높은 채도의 색이 가깝게 보이고, 멀리 보이는 색은 이와 반대로 낮은 채도의 경우이다.

② 색의 연상

색상에 따라 각각 특유한 색의 감정을 가지고 있는데, 이것은 곧 연상감정으로서 인간의 정신작용을 야기한다. 성별, 연령, 환경(기후, 풍토), 국민성과 문화수준, 개인성격 등에 따라 차이가 있으나, 대부분의 사람들에게 공통적으로 연상되어 나타나기도 한다. 연상작용은 구체적 연상과 추상적 연상으로 구분한다. 일반적으로 나이가 어린 사람들은 색을 구체적인 사물과 관련지어 연상하고, 나이가 많은 사람들은 그동안의 경험과 더불어 문화, 사회, 정치적인 것 등 추상적인 것까지 연상의 범위가 확대되어 나타난다. 연상작용은 주관적 성향이 강하므로 객관적이기 매우 어렵다.

표 5-4. 색상 종류의 구체적 연상과 추상적 연상

색 상	구체적 연상	추상적 연상
	태양, 불, 사과, 딸기, 장미꽃, 입술	정열, 활력, 혁명, 위험, 분노, 폭발
	오렌지, 감, 호박, 가을, 당근, 저녁놀	애정, 만족, 풍부, 건강, 희열, 유쾌, 식욕, 적극
	개나리, 병아리, 바나나, 유채꽃, 금	희망, 명랑, 야심, 질투, 광명, 팽창, 경박, 미숙
	새싹, 잔디, 대나무, 초여름, 완두콩	휴식, 위안, 안일, 친애, 신선, 생장
	초원, 숲, 수박, 여름, 에메랄드, 교통신호	평화, 안전, 휴식, 건전, 안전, 성장, 지성, 이상
	깊은 바다, 깊은 수풀, 보석, 찬바람	심원, 태동, 비방, 이지, 차가움, 외로움
	물, 하늘, 바다, 사파이어, 호수, 여름	냉정, 경계, 소원, 영원, 명상, 진실, 정숙, 젊음
	도라지꽃, 가지, 난꽃	숭고, 냉철, 심원, 장려, 청초, 고독, 고집
	포도, 보석, 등나무꽃, 라일락	창조, 우아, 예술, 고귀, 불안, 병약, 신비, 신앙
	입술연지, 자두, 모란꽃	열정, 정열, 화려, 몽상, 환상, 비애, 공포, 감미
	눈, 솜, 웨딩드레스, 병원, 백합, 설탕	결백, 소박, 순결, 정직, 순수, 청결, 희망
	구름, 재, 쥐, 제복, 아스팔트, 안개	평화, 온화, 중립, 평범, 실의, 우울, 공포
	밤, 숯, 흑판, 까마귀, 머리카락, 눈동자	죽음, 엄숙, 공포, 어둠, 침묵, 비애, 절망, 허무

9) 화훼디자인과 배색

배색이란 2가지 이상의 색을 균형 있게 조합해서 한 색으로는 표현하기 어려운 색의 효과를 나타내는 것으로 조화로운 배색에는 일정한 법칙성이 있다. 화훼디자인에서 색의 배색은 목적, 주위환경, 면적 비례, 색의 배치나 색상, 명도, 채도의 변화를 고려해야 한다. 또한 이미지, 색상, 색조의 배열 방법에 따라 각기 매우 다른 배색 효과를 낼 수 있다. 색의 배색에 있어서 주의할 점은 너무 많은 수의 색상을 사용하지 않도록 하고, 색의 감성효과(온도감, 중량감, 운동감, 경연감 등)를 이용하면 더 좋은 배색의 조화를 거둘 수 있다. 즉, 색채 조화란 2개 이상의 색채 배색이 보는 사람들에게 즐거운 감정을 주는 미적 효과를 말한다. 통일, 변화, 균형, 강조 등 여러 디자인의 원리를 활용하여 목적에 맞는 색채 구성이 되어야 한다.

① 배색의 구성요소

- 기조색(base color) : 배색의 대상이 되는 부위에서 가장 넓은 면적을 차지하는 색으로 주로 바탕색이나 배경색인 경우가 많고, 전체 색조 중에서 가장 억제된 색을 사용한다.
- 주조색(dominant color) : 배색에 사용되는 색 중에서 가장 많은 양의 색으로 전체 이미지에 영향을 미치며, 통일감 있는 인상을 준다. 전체 배색의 색 중에서 약 70~75%를 차지한다.
- 보조색(assort color) : 주조색에 이어 면적비가 크고 많이 사용되는 색으로 보통 주조색을 보조하는 역할을 하고 동일, 유사, 반대, 보색 등의 관계가 성립한다. 전체 색 중에서 약 20~25%를 차지한다.
- 강조색(accent color) : 사용되는 색 중에서 가장 적은 양을 차지하지만 가장 눈에 띄는 색으로

전체 색조에 긴장감을 주거나 시선을 집중시키는 효과가 있다. 사용되는 색 중에서 약 5%를 차지한다.

② 배색의 조화

● 색상의 배색

a. 동일 색상 배색

색상환에서 색상 차가 작은 배색이며 동일 색상 중에서 명도와 채도가 다른 색상끼리의 배색이다. 동일 색상의 배색은 가장 무난한 배색이며 부드럽고 차분하며 온화한 느낌을 준다.

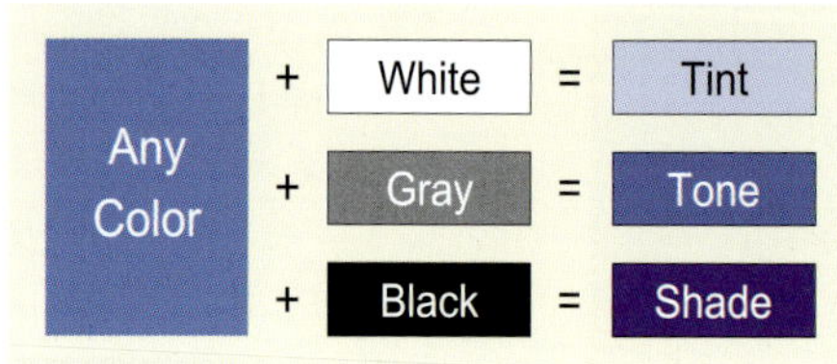

그림 5-12. 틴트, 톤, 쉐이드

- 틴트(tint): 원색이나 일정한 비율로 혼합된 색에 흰색을 섞었을 때 나타나는 색채로 흰색의 비율이 높을수록 명도는 높아지고 채도는 낮아진다. 디자인 작품 제작 시 밝기를 더해줄 수 있다.
- 톤(tone): 원색이나 일정한 비율로 혼합된 색에 검정색을 섞었을 때 나타나는 색채로 검정색의 비율이 높을수록 명도와 채도가 낮아진다. 디자인 작품 제작 시 색채의 깊이를 줄 수 있다.
- 쉐이드(shade): 원색 또는 혼색에 흰색과 검정을 혼합하여 여러 가지 색으로 나타나는 것이다. 디자인 작품 제작 시 부드러움, 밝음, 어두움 등 풍부한 색감을 표현할 수 있다.

b. 유사 색상 배색

색상환에서 색상 차가 중간인 배색이며 유사 색상의 배색은 기준 색과 양 옆의 색상의 배색이다. 유사 색상은 명도와 채도에 변화를 주어 배색하면 부드럽고 편안한 배색 효과를 얻을 수 있다.

c. 반대 색상 배색

색상환에서 색상 차가 큰 배색이며, 색상의 배색 중에서 가장 강한 배색 효과를 내어 화려하고 강한 느낌을 준다. 이 배색은 색상환에서 기준 색상과 먼 거리에 있는 색들과의 조화로 이루어진다. 예를 들어 삼색조화 등이 있다.

d. 보색 색상 배색

색상환에서 기준 색상과 서로 마주보는 색상의 배색이며, 가장 대조적인 색상의 배색이므로 강렬하고 화려한 느낌을 준다. 예를 들어 빨강색과 초록색의 조화, 노란색과 보라색의 조화, 주황색과 파란색과의 조화를 들 수 있다. 보색 관계인 두 색은 서로의 색상을 강조하면서도 보완해 주는 역할을 한다. 발렌타인데이나 크리스마스에 빨간색과 초록색을 강조하여 화려한 이미지 효과를 갖는다.

이텐은 색채 조화를 음악에 있어서의 화음이라고 생각하고, 12색상환을 활용한 색채 조화를 주장하였다. 즉, 12색상환 색들끼리의 2색, 3색, 4색, 6색 등의 배색을 통하여 이상적인 색채 조화를 만들어 낼 수 있다고 생각하였다. 이는 12색끼리의 질서와 유사, 대비 등을 통하여 이루어진 결과라고 할 수 있다.

● 명도의 배색: 색의 밝고 어두운 정도의 명도 차이를 이용하는 배색이다.

a. 명도 차가 큰 배색

명도 차가 큰 고명도와 저명도의 배색은 눈에 잘 띄기 때문에 명확한 느낌을 줄 수 있으며, 화려한 느낌을 표현할 수 있다.

b. 명도 차가 작은 배색

명도 차가 작은 고명도와 고명도의 배색은 밝고 경쾌한 느낌을 주고, 중명도와 중명도의 배색은 변화가 적어서 다소 단조로운 느낌을 줄 수 있다. 저명도와 저명도의 배색은 무겁고 어두운 느낌을 준다.

● 채도의 배색: 색의 순수한 정도 차이를 활용한 배색이다.

a. 채도 차가 큰 배색

채도 차가 큰 고채도와 저채도는 색 면적의 크기에 따라 차이가 많이 난다. 대체적으로 화려하지만 안정된 느낌을 준다.

b. 채도 차가 작은 배색

채도 차가 작은 고채도와 고채도의 배색은 강한 느낌을 주므로 화려하고 자극적인 느낌을 준다. 중채도와 중채도의 배색은 안정감을 주며, 저채도와 저채도의 배색은 약한 느낌을 준다.

● 색조의 배색: 색의 명도와 채도의 변화로 일어나는 색조(tone)의 배색은 색의 조화를 잘 표현할 수 있고, 원하는 이미지를 여러 가지 톤으로 나타낼 수 있다. 톤은 명도와 채도의 복합 개

동일 색상 배색

유사 색상 배색

보색 색상 배색

그림 5-13. 동일 색상, 유사 색상, 보색 색상의 배색 디자인

념으로서 같은 색상에서 명암, 강약, 농담 등의 상태를 나타낸다. 여러 가지 색조들은 해맑은, 밝은, 강한, 짙은, 연한, 부드러운, 칙칙한, 어두운, 엷은, 밝은 회색, 회색, 어두운 회색 12가지로 분류할 수 있다.

a. 밝은 색조의 배색

고명도 또는 저채도의 맑은 색 그룹의 배색으로 자유롭고 생기 있는 분위기, 리듬감 있는 배색을 할 수 있다.

b. 흐린 색조의 배색

중명도, 저채도의 흰색에 가까운 흐린 색 그룹으로 온화하고 부드러운 인상의 배색을 할 수 있다.

c. 선명한 색조의 배색

채도가 높은 색 그룹으로 움직임이 크게 느껴지는 대담한 배색이 가능하다. 그러나 반대 색상을 조합시킬 때 대비가 너무 강해지지 않도록 색의 면적이나 디자인에 세심한 주의가 필요하다.

d. 수수한 색조의 배색

중명도, 저채도의 회색빛이 도는 색 그룹으로 차분하면서 마음이 가라앉는 배색을 할 수 있고, 반대 색상을 조합시키면 차분하면서도 변화 있는 배색을 할 수 있다.

e. 흐린 색조와 선명한 색조의 배색

채도 차가 뚜렷한 배색으로 동일 색상에서 색조의 변화로 배색하면 효과적이다. 예를 들어 빨강과 핑크나 오렌지와 크림색을 들 수 있다.

f. 밝은 색조와 어두운 색조의 배색

명도 차가 큰 배색이고, 색상의 인상이 강한 색끼리의 배색으로 유사 색상의 조합으로 변화를 느낄 수 있다.

표 5-5. 12가지 톤의 분류와 명칭(한국산업인력공단, 2003)

톤	톤(영어)	톤(기호)
해맑은	vivid	v
밝은	bright	b
강한	strong	s
짙은	deep	dp
연한	light	lt
부드러운	soft	st
칙칙한	dull	d
어두운	dark	dk
엷은	pale	p
밝은 회색	light grayish	ltg
회색	grayish	g
어두운 회색	dark grayish	dkg

10) 색채 이미지와 효과

디자인에 있어 이미지의 표현은 매우 중요한데, 시각적인 이미지는 색채, 형태, 재료, 공간 등의 순서로 전달되어진다. 이미지 전달수단의 가장 중요한 요소인 색채는 색상에 따라 온도감과 무게감 등의 영향을 받아 다양한 연상 이미지를 나타낸다. 이러한 이론을 바탕으로 만들어진 이미지 스케일은 배색 계획을 수립하는 데 효과적이다. 이미지 스케일은 10색상의 12가지 톤과 10단계의 무채색에 대한 색 이미지를 측정하여 분석한 것으로 사각형의 공간에 가로로 D-S(Dynamic-Static)축과 세로로 S-H(Soft-Hard)축으로 구성되어 있다. 가로의 축은 주로 색상의 차이가 나며, 세로의 축에서는 주로 명도의 차이가 표현된다.

색채 이미지의 배색 효과를 형용사적 이미지 스케일에서 찾는 방법으로 이미지 스케일은 부드럽고(soft), 딱딱하고(hard), 동적(dynamic)이고, 정적(static)인 네 가지의 축을 기준으로 여러 가지 이미지를 표현할 수 있다.

표 5-6. 이미지별 색상과 조형형태 및 활용범위(장, 2007)

이미지	색상, 색조	조형 형태	용도	연상 이미지
강렬한 (powerful, dynamic, active)	red, green, vivid, strong	구조적 구성, 수직 구성, 집합 구성	넓은 공간의 장식, 무대 장식	열정, 힘
자연스러운 (natural)	brown, green, light, grayish	식생적 구성, 교차 구성	주거공간, 사무공간	부드러움, 편안함
우아한 (elegant)	purple, blue, grayish, pale	장식적 구성	선물용, 숙녀복 매장 디스플레이, 주거공간	진주, 캐시미어 스웨터, 밝은 금발머리 등
낭만적인 (romantic)	pink, yellow-green, pale, very pale	토피어리볼형, 하트 모양 등 장식적 구성	약혼식 및 웨딩 관련 장식	낭만, 부드러움, 사랑스러움, 소녀
대지의 (earthy)	orange, yellow, dull tone, deep tone	파베 디자인, 텍스처(texture)	토착 예술품에 자연 친화적인 디자인, 베이커리 매장 디스플레이	안정감, 구수함, 대지, 가을
신선한 (fresh)	green, yellow, bright, pale	프리 스타일, 피닉스 디자인	차분함을 요구하는 공간, 기다리는 시간이 필요한 대기실, 안정이 필요한 환자	안전, 봄, 차분함
캐주얼한 (casual)	all color, vivid, bright, pale	프리 스타일	청소년의 생일파티 연출, 칵테일파티 등	자유로움, 생동감, 역동성, 복잡성
부드러운 (soft)	orange+white, pale, very pale	돔형(dome style), 볼형(ball shape), 셸터링(sheltering)	출산 선물용 꽃다발 및 바구니, 부드러운 실내공간 연출	포근함, 부드러움, 아이스크림
현대적인 (modern)	white, gray, black, blue, orange, deep tone	수직과 수평을 강조하는 기하학적 구성, 소재 집약	화훼조형, 설치디자인, 디자인 사무실	전문적, 도회적
부유한 (rich)	red-purple, gold, strong, deep tone	소재 집약	만찬 테이블 장식, 중장년층의 주거공간, 선물용	부유함, 고급스러움
신비한 (magical)	purple, orange, strong, pale	프리 스타일	유치원, 파티 공간	어린아이, 어릿광대, 신비함
당당한 (regal)	blue-purple, gold, vivid, strong	수직적 구성, 포멀 리니어(formal-linear)	시상식 꽃다발이나 장식, 남성복 매장 디스플레이	권위, 당당함
시원한 (cool)	white, blue, green, pale, vivid	피닉스 디자인, 스탠딩(standing)	여름 실내장식, 상쾌함, 청결함 연출	청결, 시원함

| 참고문헌 |

김대년 외. 2000. 실내 디자인의 이해. 교문사.

김상권. 2001. 인테리어 디자인. 미진사.

데이비드 A. 라우어(이대일 역). 2008. 조형의 원리. 도서출판 예경.

박윤점 외. 2005. 화훼장식학. 위즈밸리.
손관화. 2004. 아름다운 생활공간을 위한 화훼장식. 중앙생활사.
손기철 외. 2000. 꽃색의 신비. 건국대학교 출판부.
심낙훈 외. 2002. 디스플레이. 기문당.
윤평섭. 1999. 환경미학. 문운당.
윤평섭 외. 2005. 화훼장식 디자인 및 제작론. 위즈밸리.
이현수. 2007. 도시색채이야기. 도서출판 선.
이화은. 2001. 화훼장식론: 이론 및 표현실습. 도서출판 우림출판문화원.
장옥경. 2007. 화훼장식가를 위한 색채학. 도서출판 국제.
한국산업인력공단. 2003. 색채학. 한국산업인력공단.
한국색채연구소. 2006. 색채 I. 한국색채연구소.
한국색채연구소. 2006. 색채 II. 한국색채연구소.
한국실내디자인학회. 2006. 실내건축을 위한 색채 디자인. 기문당.
The afs Education Center. 1983. The AFS color wheel:COLOR. American Floral Services, Inc.
The afs Education Center. 1989. The professional floral design manual. p. 1~70. American Floral Services, Inc.
The Color Wheel Company. 2007. A guide to mixing color:Color Wheel. The Color Wheel Company.

2. 디자인 원리

(1) 구성(composition)

구성이란 몇 가지 디자인 요소를 하나로 만들어 전체를 짜 이루는 것을 말한다. 작품을 디자인하기 전에 먼저 생각하고 분석, 관찰하여 하나의 작품으로 완성시키는 전체적 과정을 말하며, 작가의 사상이나 감정을 표현하기 위하여 소재와 주제를 시간, 장소, 배경, 분위기에 어울리도록 해야 한다. 또한 화기, 액세서리 그리고 사용될 목적(object)에 맞도록 구성하는 것이 중요하다. 꽃을 소재

그림 5-14. 출판사의 높은 천정을 장식한 구성(Henk Mulder, 이윤주)

그림 5-15. 시원한 여름 테이블 장식을 위한 구성(시간, 장소, 목적에 맞도록 구성, 왕경희)

그림 5-16. 교차형 배열의 구성(영남대학교 환경대학원 전시작품, 2007)

그림 5-17. 장식적 구성(왕경희)

로 하는 조형예술에서의 구성은 예술적인 순수한 기능에서 벗어나 필요한 시간과 장식해야 할 주변 환경과 목적에 알맞도록 구성하여야 한다.

재료를 선택할 때는 꽃의 크기, 색깔, 모양 등 재료가 가지고 있는 본래의 특성을 잘 나타낼 수 있도록 해야 하며, 하나의 형태를 이루기 위해서는 각기 서로 다른 특성의 꽃들을 어떻게 어울리게 할 것인가를 조직적으로 계획하는 것도 필요하다.

배열의 종류를 고려하여 대칭 혹은 비대칭으로 할 것인가, 배치의 방식을 고려하여 방사형, 평행형, 교차형 등으로 할 것인가, 구성방식을 고려하여 장식적(decorative), 식생적(vegetative), 선적(formal linear), 라인 어레인지먼트, 형태적, 평행적, 오브제적으로 할 것인가를 고려한다.

(2) 비율(proportion)

디자인에서 비율은 대개 디자인의 한 부분이나 전체에 대해 갖는 관계를 말한다. 즉, 꽃, 잎, 액세서리(accessory), 용기 등 꽃꽂이에 필요한 모든 부분의 상관관계를 지칭한다.

디자이너는 식물과 용기와의 비, 식물과 다른 가구와의 비 그리고 이들이 놓일 전체 공간과 전체적인 비율을 검토하여 디자인의 비가 효과적으로 선택되도록 한다.

화훼장식가들은 일반적으로 다음의 비율 원칙을 두고 디자인한다. 즉 용기가 높은 경우에는 꽃꽂이 높이가 용기 높이의 1.5배가 되어야 하고, 용기가 낮은 경우에는 꽃꽂이의 길이가 용기 높이의 1.5배가 되어야 한다.

그러나 이것은 어디까지나 최소 크기이다. 최대 크기는 배경 공간과 사

그림 5-18. 황금비율 : 꽃꽂이의 높이 또는 길이가 용기의 1.5배가 되어야 한다.

용하는 소재의 무게에 따라 달라진다. 밝은 색상의 경쾌한 소재를 사용하는 경우에는 꽃꽂이의 높이가 용기 높이의 2배에서 3배 또는 그 이상이 될 수도 있다. 또한 디자이너의 목적에 따라 용기를 강조하고 싶은 경우 용기보다 작게 표현하여 과소비율로 표현할 수도 있다.

그림 5-19. 과대비율, 과소비율, 황금비율
(영남대학교 환경대학원 전시작품, 2007)

(3) 균형(balance)

균형이란 꽃꽂이의 안정성을 말한다. 중심점을 기준으로 좌우 어느 각도에서 보더라도 안정되어 보이도록 디자인 요소들이 구성되었을 때 균형을 이루었다고 볼 수 있다. 성공적인 디자인의 필수적인 것이 균형이다. 디자인이 균형을 이루지 못하면 혼란스럽고 유쾌함을 주지 못한다.

균형에는 물리적 균형(physical balance)과 시각적 균형(visual balance)이 있다.

물리적 균형은 화훼장식이 스스로 서 있을 수 있을 때 이루어진다. 예를 들면 용기는 식물을 지탱할 수 있는 적절한 크기와 무게, 형태를 가져야 하며 이러한 물리적 균형은 대부분 용기의 양쪽에 같은 양과 무게의 식물이 배열되면 이루어진다.

시각적 균형은 대칭 균형(symmetrical balance)과 비대칭 균형(asymmetrical balance)으로 나눈다. 대칭 균형의 디자인은 중앙의 수직축을 기준으로 양쪽에 같은 요소가 동일하게 배열되면 이루어진다. 시각적 무게를 똑같이 하기 위해서 동일한 소재를 사용할 필요는 없지만, 대개 매우 유사한 소재를 사용한다.

디자인은 원형(round), 반구형(dome), 타원형(oval), 삼각형(triangle), 부채형(fan shape), 원추형(cone), 수평형(horizontal), 역 T자형(inverted-T) 등으로 매우 안정적이고 위엄이 있으며 동적이라기보다 정적이다.

그림 5-20. 대칭 균형(한인자)

그림 5-21. 대칭 균형 : 어두운 색상의 꽃은 밝은 색상의 꽃보다 무겁게 보인다(왕경희).

비대칭 균형은 중심축을 기준으로 양면에 다른 요소가 배치되지만 동등한 시각적 무게감을 주어 같은 시선을 유도함으로써 이루어진다. 이러한 디자인은 보다 자연스럽고 비정형적이며 시각적 움직임으로 인한 생동감을 준다.

그림 5-22. 비대칭 균형(박성실)

균형은 시각적인 동시에 실제적이어야 한다. 시각적 균형이란 식물 소재의 크기, 색상, 위치에 따라 소재가 얼마나 무겁게 보이느냐를 말한다.

같은 크기의 꽃이라도 어두운 색상의 꽃은 밝은 색상의 꽃보다 무겁게 보인다. 마찬가지로 질감이 거친 꽃이나 소재는 같은 크기의 부드러운 질감의 소재보다 무겁게 보인다. 어두운 색상과 거친 질감의 꽃은 무거워 보이기 때문에, 꽃꽂이의 아랫부분에 배치해야 한다. 밝은 색상에 질감이 부드러운 꽃은 윗부분에 배치해야 전체적으로 균형을 이루게 된다.

(4) 강조(accent)

강조는 주위를 환기시키거나 단조로움을 덜기 위해 강조를 위한 요소를 포함시키는 것이다. 강조는 다른 재료들과 대비를 이룰 때 이루어지며 강조점은 디자인의 나머지 부분에 비해 먼저 보이게 된다. 대체로 강조점의 위치는 디자인의 중앙이거나 비대칭일 경우 중앙에서 약간 벗어난 곳에서 화기 부위의 아래쪽인 경우가 많다.

강조점을 만들기 위해서는 꽃의 종류, 질감, 색상, 움직임 등의 요소들이 결합해야 한다. 강조점을 잘 사용하면 꽃꽂이 작품에 질서를 잡을 수 있다.

꽃을 디자인할 때 여러 가지 다른 종류의 꽃이나 잎, 색상을 사용하기 쉽다. 그러나 그렇게 디자인하면 소재

그림 5-23. 강조(영남대학교 환경대학원 전시작품, 2007)

그림 5-24. 초점(한인자)

그림 5-25. 초점(한인자)

가 서로 지배권 다툼을 하게 되어 전체적인 꽃꽂이는 관심을 끌지 못한다. 한 가지 색상이나 질감, 선 또는 꽃을 사용하고 여기에 약간의 다른 색상과 꽃을 보완하여 한 가지 소재를 지배적으로 사용하면 더욱 기분 좋은 디자인을 완성할 수 있다.

화훼장식에서 초점은 보는 사람의 관심을 끌어 묶어두는 곳을 말하며, 줄기나 주된 선이 만나는 것처럼 보이는 곳 부근에 있다.

현대의 많은 꽃꽂이는 강렬한 초점을 요구한다. 그러나 선형 꽃꽂이에서는 선이 지배해야 하기 때문에 초점은 적당히 강해야 한다. 화훼장식에서 초점은 한 곳에만 있는 경우도 있고 여러 곳에 있는 경우도 있다.

1) 하나의 생장점(초점)

대부분의 화훼장식에서는 하나의 생장점이 가장 많이 사용된다. 이것은 대개 생장점이나 초점이 모든 선들을 같은 초점에서 모두 발산되는 방사상 화훼장식에 사용된다.

하나의 생장점을 가진 화훼장식은 양치류, 야자수, 다년생 초본식물, 관목 등 많은 식물들의 구조에 근거를 두고 있다.

그림 5-26. 하나의 생장점을 가지고 있는 작품(왕경희)

2) 복수의 생장점(초점)

식생적 구성은 생장점을 가지고 있고, 장식적 구성과 형식 및 선적 구성은 의식적으로 사용된 선들로부터 몇 개의 초점을 가질 수 있다.

초점들은 비대칭뿐만 아니라 대칭에서도 사용될 수 있고, 서로 다른 것들의 거리가 같거나 다를 수 있다. 여러 개의 초점을 가진 포멀 리니어(formal linear)는 다른 디자인의 요소뿐만 아니라 복수의 생장점 선택을 위한 집중의 최고 난이도를 요구한다.

또한 수직 평행형(parallel)의 장식은 여러 개의 복수 생장점을 가지고 있다. 여러 개의 강조를 표현함으로써 다양한 강조의 흥미를 유발할 수도 있다. 단, 여러 개의 동일한 강조에서 너무 큰 면적을 차지하는 재료의 강조는 전체 디자인의 균형과 조화를 깨뜨릴 수 있기 때문에 주의해야 한다.

그림 5-27. 복수의 생장점을 가지고 있는 수직 평행형 (영남대학교 환경대학원 전시작품, 2007)

(5) 조화(harmony)

조화는 모든 구성원리가 적절하게 적용되어 전체적인 질서를 이루는 것으로 조화가 결핍되면 디자인이 혼란스럽다. 조화는 모든 디자인 요소를 결합하는 것으로 화훼장식물을 만들 때 주제와 목적이 결정되면 디자이너는 주제에 적합한 형태, 크기, 색상, 질감과 같은 요소들이 잘 어울리도록 제작해야 한다.

즉, 조화로운 감각을 얻기 위하여 다음과 같은 질문을 해 보는 것도 좋다. "어떤 분위기와 주제가 요구되는가?", "크기와 모양이 서로 잘 어울리는가?", "색상은 서로 조화로운가?", "잎이나 액세서리 등을 장식하는 것은 주제를 더 효과적으로 만드는가?" 등을 따져보는 것은 작품의 격을 한층 더 높이는 것으로 플라워디자이너로서는 중요한 부분이다. 또한 비율과 리듬의 요소를 함께 적용하여 디자인할 때 더욱 좋은 디자인이 될 것이다.

조화로운 디자인이란 구성의 다양한 부분 요소들이 서로 잘 어우러져 전체의 모습으로 보이고 그 다음에 부분 요소들이 느껴져야 한다. 또한 배경, 인테리어 등 분위기나 주제에 맞도록 연출할 때 조화로운 작품으로서 돋보일 수 있을 것이다.

그림 5-28. 동일색상 조화(왕경희)

그림 5-29. 그랜드 볼륨의 웨딩장식 : 주제에 적합한 형태, 크기, 색상, 질감이 웨딩장식으로 잘 어울린다(호텔인터불고, 김영주).

(6) 리듬(rhythm)

화훼장식에서의 리듬이란 초점에서 집중되었던 시선을 디자인 모든 부분으로 보내는 것으로 보는 이의 시선이 작품의 초점과 바깥 가장자리로 원활하게 움직일 수 있어야 한다.

움직임의 느낌을 유발하는 것은 색상, 선, 형태, 질감의 흐름이다. 주된 색상이나 가장 강한 선, 지배적인 형태 또는 지배적인 질감을 반복 사용함으로써 리듬을 표현할 수 있으며 방사선 배열, 전진, 전이(transition)를 통해서도 얻을 수 있다. 중앙에서 방사선으로 뻗어 나가는 꽃과 잎의 배열은 시선을 중앙에서 가장자리로 또 다시 중앙으로 반복해서 여러 번 움직이도록 한다.

화훼장식 구성에서의 리듬은 움직이는 느낌을 주는 특성이 있어서 활기 있고 경쾌한 시각적인 즐거움을 준다.

반복 효과를 얻으려면, 원하는 색상의 꽃을 골라서 다자인에 전체적으로 반복 사용하면 된다. 부분적으로 색의 차이가 많은 화훼장식은 강조점에서 가장자리로 시선이 매우 빠르게 움직이도록 하며, 색의 차이가 적은 점진적인 색의 변화일 경우에는 시선이 느리게 움직인다.

대부분의 화훼장식에서는 용기 역시 완성된 디자인의 일부이므로 용기의 색상과 질감도 반복시킬 수 있다.

그림 5-30. 선에 의한 리듬(한인자)

그림 5-31. 꽃의 색상으로 반복한 리듬(왕경희)

(7) 통일(unity)

통일은 여러 부분이 모여서 하나의 전체적인 통일을 이루게 되는 것이다. 따라서 통일은 어느 경우에나 부분일 수 없고, 항상 전체로서 제시되는 것이며 체계화된 전체를 파악하는 것으로서 전체 구성이 개개의 부분에 비해 훨씬 두드러진 것을 의미한다.

통일의 표현은 형태, 모양, 크기를 반복하는 것은 물론 색채, 질감, 재료에서 조화를 이루도록 함으로써 통일감을 줄 수 있다. 따라서 통일은 전체 디자인에서 모든 구성 요소와 주위 환경들이 얼마나 잘 어울려져 하나의 획일화된 분위기로 연출할 수 있는지에 대한 관점에서의 원리로서 반복은 통일감을 이루기 위해 가장 일반적이고 효과적인 방법이다.

그림 5-32. 정적 통일(호텔인터불고, 김영주)

그림 5-33. 동적 통일(호텔인터불고, 김영주)

그림 5-34. 색채의 통일(호텔인터불고, 김영주)

그림 5-35. 형태, 모양, 크기의 반복에 의한 통일(호텔인터불고, 김영주)

통일의 종류에는 정적 통일과 동적 통일이 있다. 정적 통일은 규칙적이고 기하학적인 모양으로 선택하여 차분하게 연출하고, 동적 통일은 식물의 모양처럼 활동적인 형태를 사용하여 활발하게 연출함으로써 유동적이며 살아있는 통일감을 연출할 수 있다.

색채의 통일에서는 디자인의 전체 분위기에 따라 사용하는 용기, 식물 소재, 배경이 되는 커튼, 가구, 벽, 천장, 카펫 등의 색을 통일시킴으로써 획일화된 하나의 통일감을 조성할 수 있다.

선의 통일에 있어서는 실내의 선이 직선일 때 가구나 제품, 화분 등의 모양은 사선으로 된 것보다는 수직으로 된 것을 사용하는 것이 전체적인 분위기를 통일시킨다.

(8) 대비(contrast)

대비는 성질이 반대가 되는 것 혹은 분량을 달리하는 둘 이상의 것이 공간적으로 또는 시각적으로 접근하여 나타날 때 성질의 차이가 더욱 과장되어 일어나는 현상을 말한다. 즉 상대편의 반사 성질에 의해 각자가 가진 특성을 명확하게 강조하기 때문에 각각의 개성이 뚜렷해지고 시각 효과가

그림 5-36. 빨강과 녹색의 대비(왕경희)

강하게 된다.

대비는 중간색을 사용한 디자인보다 정신적 감동과 극적인 즐거움이 있고, 대립이나 변화 등의 흥미를 자극하고 흥분시키는 동적인 효과를 나타내므로 조화보다 훨씬 강렬한 배열이다.

대비는 고의적으로 긴 것과 짧은 것, 큰 것과 작은 것, 무거운 것과 가벼운 것을 사용하며 이는 서로의 특성을 신장시키며 대담하게 조화되어 풍부한 가치를 형성하게 된다. 따라서 대비는 대소, 장단, 강약 등 다양한 변화에 의해 디자인 효과를 가져 올 수 있다. 또한 공간, 양감, 색채, 운동 등의 요소의 대비에 의해서 강조 효과를 가진다.

화훼장식에 있어서는 시각적인 방법으로 대비의 효과를 나타낼 수 있다. 색의 특성 중 보색을 이용한 보색 대비는 각각의 보색이 서로 선명한 색채 효과를 나타내어 작품을 보다 두드러지게 나타내고자 할 때 사용되는 방법이다. 주로 빨간색과 초록색, 노란색과 보라색, 파란색과 오렌지색 등이 대표적인 보색으로 이용되고 있다.

그러나 대비 효과는 초기에는 감동과 극적인 즐거움을 주지만 시간이 지날수록 싫증이 나기도 하고 빨리 피로감을 느끼게 하는 단점도 있다. 또한 대비 관계가 적절하지 못하면 흥미가 없어지고, 반대로 너무 지나친 대비 관계는 전체적인 통일성을 해치게 된다.

| 참고문헌 |

김장미. 2002. 제대로 배우는 화훼장식 기초이론과 실제. 도서출판 Top.
손관화. 2004. 아름다운 생활공간을 위한 화훼장식. 중앙생활사.
윤평섭, 이화은, 정혜인 등. 2003. 화훼장식 디자인 및 제작론. 위즈밸리.
이화은. 2001. 화훼장식론 이론 및 표현실습. 도서출판 우림출판문화원.
Charles griner(이영병 옮김). 2001. 화훼디자인과 산업. 시그마프레스.
진미자. 2001. 화예디자인의 표현과 기법. 미진사.

06

화훼장식과 공간연출 프로세스 및 관리

1. 디자인 방법론과 프로세스의 이해

2. 화훼장식 프로세스의 개념과 콘셉트

화훼장식 프로세스의 개념 | 화훼장식 디자인 콘셉트 | 화훼장식 프로세스의 실제

3. 상품디자인으로의 화훼장식

플라워 샵 상품 | 이벤트 상품

4. 실내공간에서의 화훼장식

조사 분석 단계 | 디자인 단계 | 시공 및 유지관리 단계 | 평가

06 화훼장식과 공간연출 프로세스 및 관리

1. 디자인 방법론과 프로세스의 이해

디자인이란 디자이너가 의도하고자 하는 어떤 목적물을 특정 개념(concept) 또는 이미지(image)로서 계획을 통한 실체화나 시각화하는 행위 또는 과정(process)으로 이해할 수 있다. 현대 사회가 점차 복잡해짐에 따라 화훼장식 과정에 있어 플로리스트가 고려해야 할 사항도 광범위하고 복잡해지고 있다. 일반적으로 좋은 화훼장식 프로세스가 있으면 대부분 좋은 디자인 결과물로 나타난다. 그러므로 화훼장식에 있어 좋은 작품을 만들기 위해서는 합리적이고 효과적인 실내조경 디자인 프로세스를 이해하고, 그것을 통해 접근하는 것이 매우 중요하다.

우리는 흔히 '방법'과 '과정'에 대해 정확한 의미의 구별 없이 유사의미로 사용하고 있다. 방법은 목적을 이루는 결과를 얻기 위한 준비과정이다. 목적을 얻기 위한 방법은 항상 다수가 존재하고, 그 중에는 언제나 최적의 방법이 있다. 흔히 방법을 쓸모없는 것으로 간주하거나 결과와의 결부되지 않는 것으로 생각하게 되는 경우가 많다. 그러나 방법에 따라서 결과는 천차만별이므로 효율적인 측면에서 올바른 방법에 의한 지식을 객관적으로 정확하게 체계화하는 것이 필요하다.

프로세스는 일련의 적절한 단계들로 정의되며, 디자인 방법은 그러한 단계를 수행하는 데 있어서의 적당한 기술로 정의할 수 있다. 다시 말해서 화훼장식 프로세스는 화훼장식 결과물을 완성할 때까지 시간적 흐름에 따라 일어나는 모든 상황을 의미하며, 화훼장식 방법은 화훼장식 프로세스의 각 단계에서 상황을 해결하기 위하여 사용되는 기술을 의미한다.

| 참고문헌 |

송민숙. 2006. 화예디자인 프로세스에 관한 연구. 숙명여자대학교디자인대학원.

2. 화훼장식 프로세스의 개념과 콘셉트

(1) 화훼장식 프로세스의 개념

디자인을 디자이너가 실질적으로 하는 행동의 양식으로 볼 수 있다면, 디자인 방법은 화훼장식 프로세스에서 플로리스트가 해야 할 일을 효율적으로 수행할 수 있도록 돕기 위한 일련의 방법과 지시문이다. 이는 주어진 정보를 조작하고 조작된 정보들을 종합해서 하나의 일관된 생각으로 만들고 이를 실체화하는 고도로 조직화된 정신적 과정을 포함하고 있다. 이 정신적 과정을 우리는 문제해결 과정 또는 화훼장식 프로세스라고 한다.

화훼장식 프로세스는 화훼장식을 기획하는 단계에서부터 조사, 분석 등의 리서치 단계, 구체적인 디자인으로 전개하는 과정을 거쳐 주어진 공간에 시공되어 우리에게 전달되는 전 과정에 걸쳐 직·간접적으로 발생할 수 있는 문제를 해결하는 개념의 개발 과정을 의미한다고 볼 수 있다.

화훼장식은 건축적 요소, 디자인적 요소, 식물적 요소가 상호 연관된 분야이다. 그래서 화훼장식은 개인의 지식만으로는 문제 접근 및 해결 가능성이 효율적이지 못한 경우가 많다. 즉, 만족스러운 결과를 위해서는 다양한 접근과 기획 과정 및 각 단계에서 각 분야 전문가의 도움과 협력이 매우 중요하다. 또한, 화훼장식에 있어 디자인 방법은 매우 다양하고 각각의 프로젝트마다 또는 진행하는 플로리스트마다 개인차가 있으나, 효율적인 화훼장식 프로세스의 모형을 통하여 각 단계에서 필요한 행동 지침을 명확히 한다면 보다 효과적인 결과물을 도출하는 데 도움이 될 것이다.

(2) 화훼장식 디자인 콘셉트

화훼장식뿐만 아니라 모든 예술과 디자인은 기본적으로 창의성을 바탕으로 한다. 디자이너는 자신의 생각을 조형으로 완성하기 위해 고정된 물질을 보이는 그대로의 시각으로 바라보는 것이 아니라 내재되어 있는 의미를 찾고 부여하고자 한다.

디자이너 개인이 주어진 문제를 해결하는 과정에서 제일 먼저 수행해야 할 과업이 결과물의 개념을 잡는 것이다. 우리는 개념이라는 단어보다는 콘셉트(concept)라는 단어에 더 익숙하며, 또 자주 사용한다.

원래 콘셉트의 사전적 의미는 '개념, 생각하는 방법'을 말한다. 또한 디자인에 있어서 콘셉트는 개념화, 아이디어, 구상, 계획 등의 의미를 포함하고 있다. 따라서 화훼장식 디자인 측면에서는 디자인의 본질적인 의미 부여 또는 근본이념, 철학 등의 매우 포괄적인 의미를 내포한다고 말할 수 있다. 콘셉트는 주어진 문제를 해결하기 위한 아이디어의 발상과 조형으로 풀기 위한 사유 과정을 포함하며, 구체적인 디자인 방향을 결정하기 전 단계로서의 과정을 의미한다.

화훼장식에서 콘셉트는 결과물을 만들기 위한 디자인의 문제점을 어떻게 해결할 것인지에 대한 플로리스트의 기본적인 의도이며 방법이다. 따라서 화훼장식 디자인 콘셉트의 좋고 나쁨이 직접적으로 디자인 결과물을 좌우할 수 있다고 해도 과언이 아니다. 그러므로 화훼장식에 있어 콘셉트는 화훼장식 결과물의 방향을 결정한다. 즉, 화훼장식 결과물과 관련하여 무엇을 어떻게 디자인 할 것인지에 대한 플로리스트의 의사표명인 동시에 소비자에게 어떤 이미지, 어떤 가치를 제공할 것인가에 대한 의도를 분명하게 표현할 수 있게 하는 디자인 아이디어가 바로 화훼장식 디자인 콘셉트인 것이다.

(3) 화훼장식 프로세스의 실제

1) 프로토타입

① 화훼장식 디자인 프로세스의 프로토타입

화훼장식 프로세스라 함은 화훼장식에 있어 발상을 통한 개념화를 기반으로 시각화 단계를 거쳐 최종의 구체화 단계에 이르는 일련의 과정을 의미한다. 이는 기존 타 장르의 디자인 프로세스에서도 공통적으로 추출할 수 있는 프로토타입(prototype)으로 각각의 과정은 주어진 대상지 환경이나 특성에 따라 세부적으로 다양하게 전개될 수 있다.

- 개념화 : 화훼장식에 있어 디자인 문제의 목표와 제한점, 용도 파악, 요소 분석 등이 이루어지는 단계이다. 또한, 화훼장식의 성격을 이해하고 형상화를 위한 아이디어 발상과 디자인 콘셉트를 정한다. 구체적인 내용은 다음과 같다.
  - 현황 조사 및 분석
  - 아이디어 발상과 콘셉트 설정(아이디어 스케치 등)
  - 디자인 방향 설정 (플로리스트, 클라이언트 협의 등)
- 시각화 : 개념화 단계에서 언급한 내용을 보다 구체적 이미지로 보여주는 단계로 개념화 과정에서 제안된 각종 아이디어와 디자인 콘셉트를 보다 구체적인 표현 방법들로 제시하는 단계이다. 개념화 과정에서 수행되는 결과물들은 구체적이지 못한 반면 실제 시각화 과정에서 수행되는 결과물들은 보다 구체적이기 때문에 개념화 과정에서 생각하지 못했던 디자인 변수 등이 발생하기도 한다. 클라이언트에게 제시되는 이미지 보드나 제안서 등의 작업이 이루어지는 단계이며, 제작되는 이미지 보드, 제안서 등은 결과적으로 전체 디자인의 개념이나 발상에서부터 콘셉트를 정리하는 것으로 개념화 단계의 총체가 시각화 단계에서 수행된다.
- 구체화 : 구체화 단계에서는 시각화 단계에서 구체화된 조형 형태들을 각각의 재료를 사용하여 형상화 할 수 있도록 구체적으로 표현하고 기술하는 단계이다. 이 과정은 일반적으로 조형 과정이라 불리기도 한다. 대부분의 화훼장식 결과물은 공산품처럼 기계화된 시스템을 거치는 것이 아니기에 세심한 주의가 요구된다.

② 일반적인 화훼장식 프로세스

플로리스트가 작업해야 하는 화훼장식의 목적은 매우 다양하고, 이에 따라서 화훼장식 프로세스는 각각 문제의 성격에 따라 달라져야 하므로 화훼장식 프로세스도 다양하게 존재할 수 있다. 예를 들어 생일에 선물하기 위한 꽃다발을 만드는 화훼장식 과정과 호텔 로비를 장식하기 위한 화훼장식 과정은 같은 방법을 통해서 접근할 수 없다. 따라서 실제 작업을 하면서 플로리스트가 부딪치고 해결해야 할 문제들은 그 종류가 매우 다양한 만큼 화훼장식 전개 과정도 다양한 방법론으로 접근해야 할 것이다.

표 6-1. 화훼장식 과정과 내용

화훼장식 과정	내 용
욕구 과정	화훼장식 목표 설정
조형 과정	목표한 이미지 및 형태의 구상 및 스케치 과정
재료 과정	사용할 재료의 이해 및 재료 선택 과정
기술 과정	재료의 가공법 및 조형의 실체화를 위한 방법에 따른 과정

현대 사회가 점차 복잡해짐에 따라 화훼장식 과정에 있어 플로리스트가 고려해야 할 분야도 광범위하고 복잡해졌다. 플로리스트는 자신의 작품에 대한 결과로 평가를 받는다. 일반적으로 좋은 디자인 과정에 있으면 대부분 좋은 디자인 작품의 결과로 나타난다. 그러므로 플로리스트가 좋은 작품을 만들기 위해서는 가장 합리적이고 효과적인 프로세스로 접근하는 것이 매우 중요하다.

클라이언트의 의뢰 → 문제 분석 및 관련 자료 조사 및 분석 → 복수의 개념디자인 → 디자인 선택 → 계획의 구체화 → 계획의 상세화 → 완성

그림 6-1. 일반적인 화훼장식 과정

- 클라이언트의 의뢰 : 일반적으로 클라이언트의 의뢰에 의해 화훼장식 프로젝트가 발생한다.
- 문제 분석 및 자료 조사 : 클라이언트에 의해 의뢰를 받게 되면 제일 먼저 화훼장식의 목적이 무엇인지, 예산은 얼마인지, 목적 공간과 관련된 도면 및 관련 자료 등 클라이언트의 정확한 의도를 전달 받아야 한다. 공간장식의 경우 현장 및 장소를 방문하여 상태, 특징, 규모, 설비 및 기존 공간의 이미지 콘셉트를 확인한다. 또한 상품디자인의 경우에는 클라이언트의 예산 및 취향에 대한 충분한 고려가 필요하다.
- 개념디자인 : 문제 분석 및 자료 조사 과정에서 얻어진 데이터를 바탕으로 디자인 콘셉트를 정하고, 여러 가지 안(案)의 개념디자인을 한다. 화훼장식 과정은 머릿속의 과정 즉, 존재하지 않는 것을 창작하여 보여주는 과정이기 때문에 이러한 것을 시각화하여 표현하여야만 한다. 이 단계에서는 아이디어 스케치가 주로 이루어지기 때문에 머릿속에 있는 아이디어를 간단한 러프스케치(rough sketch)로 표현한다. 이때 개념디자인은 2개 이상의 복수 디자인 안으로 스케치 한 후 검토 및 결정한다.
- 디자인 선택 : 개념디자인 단계에서 얻은 여러 가지 시안 중에서 1차적으로 클라이언트와 논의를 통해 가장 효과적인 디자인 안을 선택한다. 이때 클라이언트 측에 시각적이고 효과적으

로 보일 수 있는 프레젠테이션 스킬은 매우 유용하다. 기본 구상안의 표현인 개념도의 기본설계도가 이 단계에서 만들어진다. 기본설계에는 공간의 형태와 동선, 다른 구조물 그리고 꽃과 식물 등을 개념적으로 표현해 주면 된다.

- 계획의 구체화 : 선택된 디자인이 실체화 될 수 있도록 화훼디자인 작업에 필요한 도면을 작성한다. 공간장식의 경우 이러한 과정을 실시설계라고 하는데 기본설계를 발전시켜 마지막으로 실체화시키는 과정에 있어 착오가 없이, 다른 제작진과의 커뮤니케이션의 기본이 되는 것으로 특히 공간장식에 있어서는 구조물 및 배치도, 식물식재 계획도, 상세도, 입면도 등을 포함한다.
- 계획의 상세화 : 구체화된 도면 및 각종 서류를 가지고 필요한 재료를 모아서 제작 및 설치하는 과정이다. 제작에 필요한 인원 및 도구, 재료 등을 확인하고 정해진 시간 안에 시공을 완료한다.
- 완성 : 제작 및 설치가 끝나면 화훼장식 결과물을 다시 한 번 점검하여 부적한 부분을 보완한다. 공간장식의 경우에는 시공 장소 청소 및 정리를 하고, 상품디자인의 경우에는 포장 마무리와 레이블을 부착하는 작업을 한다. 최종적으로 화훼장식 결과물에 대한 클라이언트의 피드백까지 완성 단계에 포함된다.

| 참고문헌 |

강호철. 1997. 식재디자인: 식재기법과 설계. 도서출판 국제.

윤성은. 2007. 화훼디자인개론. 기문당.

윤성은. 2008. 화훼디자이너를 위한 색채학. 도서출판 좋은땅

3. 상품디자인으로의 화훼장식

(1) 플라워 샵 상품

현대인들은 즐겁거나 슬플 때 꽃으로 감정을 표현하므로 플라워 샵에서는 매일 상품이 만들어지고 판매되고 있다. 여러 가지의 상품 중 가장 손쉽고 일반적으로 판매되는 상품은 꽃다발, 꽃바구니 등이며 식물을 심어서 또는 있는 그대로를 판매하기도 한다.

이러한 상품을 판매할 때 항상 고려해야 하는 과정을 살펴보면 다음과 같다.

1) 플라워 샵 상품디자인 프로세스

가. 상품 의뢰 – 고객

나. 상품 개념 설정 – 고객 분석

– 용도 및 목적 파악

- 트랜드 분석
- 디자인 방향 설정

다. 재료 계획 - 형태, 색채, 질감 설정
- 가격 분류

라. 상품디자인 전개 - 전체 형태 디자인 전개
- 식물소재 및 부소재 색채 결정 적용

마. 상품디자인 채택

바. 상품디자인 제작 및 판매

① 상품 의뢰

상품 의뢰는 직접 방문하여 주문을 할 경우와 전화로 주문을 할 경우로 구분한다. 방문하여 주문을 할 경우에는 상품을 직접 보기도 하고 좋아하는 꽃이나 식물을 고르기 때문에 고객의 취향을 쉽게 알 수 있지만, 전화로 주문을 받을 경우에는 많은 정보를 알아내는 것에 한계가 있다. 주문을 받을 때 가장 중요한 것은 고객이 어떤 것을 원하는지를 정확하게 알아내는 것으로 반복적인 대화기법이 중요하다. 그리고 친절한 태도는 인격적인 특성에 의해 고객에게 전달된다. 플라워 샵의 판매원은 고객의 목소리 톤과 행동으로 그 고객을 어떻게 상대하면 좋을지 감을 잡을 수 있다.

② 상품 개념 설정

고객이 주문한 상품을 만들기 전에 고객 분석이 우선적으로 이루어져야 한다. 일반적인 꽃 상품을 원하는지 특별한 것을 원하는지를 구분하고 정확한 용도를 알아내도록 한다.

- 꽃다발
  - 선물용 : 입학, 졸업, 환영, 환송, 영접, 증정 등
  - 장식용 : 결혼식(신부 부케, 신부 들러리 부케, 화동 부케), 테이블장식 등
- 꽃바구니 : 선물용, 기념일, 축하용, 근조용 등
- 식물심기 : 선물용, 기념일, 축하용 등

용도를 분석한 다음 현대 감각에 맞는 트렌드(trend)를 알고 디자인의 방향을 설정한다. 건축, 인테리어, 패션 등 지금 현재 의, 식, 주생활에서의 모든 것을 이해하고 시대에 맞는 디자인을 하는 것이 중요하다.

③ 재료 계획

제작하기 전에 형태, 색채, 질감 등 디자인의 요소를 잘 정리하여 계획한다. 이 부분은 가격과 매우 밀접한 관계를 가지고 있다.

● 꽃다발
- 형태 : 선물용, 장식용 - 원형(사방형)
  증정용 - 삼각형과 타원형(일방형)
- 색채 : 다양함
- 가격 : 꽃다발의 형태 및 크기에 따라 결정되지만 꽃의 종류에 따라서도 달라진다.
  보통 생화 재료비의 3배, 포장지 및 부재료비의 2배 가격을 합산하여 책정한다.
- 재료 선택 : 원형의 꽃다발일 경우 매스 꽃과 필러 꽃을 사용하여 풍성한 느낌이 나도록 하며 프레젠테이션 꽃다발일 경우 라인 꽃을 사용하여 크기를 조절하는 경우가 많다.
- 색채 결정 : 고객의 취향에 맞추는 것이 좋으며 일반적으로 여성에게 선물하는 것은 분홍 계열이나 적보라 계열, 남성에게 선물하는 것은 빨강 계열을 선호하는 경향이 있다. 최근에는 파스텔톤으로 꽃다발을 만드는 경우가 많다.

● 꽃바구니
- 형태 : 선물용 - 원형(사방형)
  축하용, 근조용 - 삼각형(일방형), 타원형(일방형), 부채형(일반형)
- 색채 : 다양함
- 가격 : 형태 및 크기에 따라 달라지며 보통 생화 재료비의 3배, 포장지 및 부재료비의 2배 가격을 합산하여 책정한다. 꽃바구니는 배달을 요청할 때 배달료를 따로 청구하는 경우도 있다.
- 재료 선택 : 디자인의 형태에 따라 재료 선택의 폭이 달라지는데 꽃의 길이를 거의 같게 할 경우에는 매스 꽃을 많이 사용하고, 꽃의 길이를 크게 그리고 일방형으로 할 경우에는 라인 꽃도 많이 사용한다. 특히 꽃바구니는 플로랄 폼을 주로 사용하기 때문에 잎 종류를 사용하여 플로랄 폼을 잘 가리는 것이 중요하다.
- 색채 결정 : 한 가지 종류의 꽃으로 꽃바구니를 꽂을 때는 잎의 녹색만 잘 사용하면 되지만 여러 가지의 꽃을 사용할 때는 유사색과 보색의 조화를 고려한다.

● 식물 상품
- 형태 : 식물을 심는 화기에 맞게 결정된다.
- 가격 : 원재료비의 3배, 화분이나 나머지 부재료비의 가격 2배를 합산한다.
- 재료 선택 : 여러 가지 식물을 한 용기에 넣어서 심는 경우에는 비율과 균형을 고려하여 큰 것, 중간 것, 아주 작은 것을 골고루 배치한다.
- 색채 결정 : 식물은 거의 녹색이므로 단일색으로 조화롭게 제작하고, 색이 있는 것은 악센트로 사용하면 좋다. 최근에는 흙 위에 돌을 깔아 색채의 악센트를 주는 경우도 많다.

④ 상품디자인 전개

전체 형태의 디자인을 전개한다. 식물소재 및 부소재의 색채를 결정하여 고객이 의뢰한 상품을 만들기 전의 모든 준비 과정을 마무리한다.

⑤ 상품디자인 채택

상품디자인을 채택하여 제작 및 판매를 한다. 고객이 보는 자리에서 상품을 제작할 때는 보다 신속 정확하게 하고, 상품에 대해서 잘 설명해 준다. 그리고 식물(꽃)의 다루는 방법이나 상품을 오래 보관하는 법 등도 알려준다.

⑥ 상품디자인 제작 및 판매

● 꽃다발
- 가격 : 5만원
- 형태 : 원형
- 색채 : 분홍계열
- 재료
  장미(5개) : Mass
  수국(1개) : Point
  국화 사무록(3개) : Mass
  리시언서스(1/2단) : Filler
  엽란(8장)
  레몬잎(1/5단)
  포장지(4장)
  비닐포장지(1.2m)
  리본(30㎝)

● 꽃바구니
- 가격 : 8만원
- 형태 : 수평형
- 색채 : 보라 & 핑크
- 재료
  수국(1개) : Point
  스카비오사(5개) : Point
  장미(6개) : Mass
  카네이션(3개) : Mass
  반다 난(3개) : Mass
  톳꽃(1/4단) : Filler
  구바사리카(3개) : Filler
  레몬잎(1/10단)
  유우까리(1/5단)

● 식물심기
- 가격 : 7만원
- 재료
  호접란 2대
  곱슬버들 1줄기
  이끼 조금
  나비 1개
  유리화기

(2) 이벤트 상품

이벤트 상품은 파티, 결혼식, 장례식에 사용되는 모든 화훼장식을 말하며 이러한 상품들은 시간, 장소, 목적에 관한 TPO를 정확하게 이해하고 그에 맞게 연출해야 한다. TPO란 시간(Time), 장소(Place), 목적 또는 대상(Object)을 뜻하는 말로 이들이 정확하게 일치하여야 제대로 된 이벤트를 할 수 있다.

시간은 이벤트의 시기를 말하는 것으로 계절적인 요소가 많이 포함되며 시간적인 의미도 중요하다. 특히 저녁에 이벤트를 할 경우에는 재료 부분에서도 색채나 분위기 연출에 조명등이 요구된다.

장소는 실내와 실외, 파티의 경우 집과 호텔 등의 외부 공간, 결혼식의 경우 교회나 특별한 장소, 장례식의 경우 병원이나 성당 등 여러 가지의 고려하여야 할 요소들이 많다.

목적이나 대상은 무엇 때문에 누구를 위하여 이벤트를 하는지에 대한 사항이다. 예를 들면 파티의 경우 개인의 사생활적인 파티인지 아니면 기업의 신년회, 송년회 또는 런칭파티인지에 따라 그에 맞는 이벤트 화훼장식이 있어야 한다.

1) 이벤트 상품의 구성요소

이벤트 상품을 구성하는 데는 여러 가지 요소가 있지만 그 중에서도 이벤트의 행사에 참여하는 사람들의 연령과 취향도 고려되어야 한다. 디자인적인 면에서 고려되어야 할 사항은 다음과 같이 다섯 가지로 나눌 수 있다.

첫째, 미적인 기능성이다. 이벤트 화훼장식의 가장 큰 목적은 꽃의 아름다움을 만족시키는 것이다. 둘째, 효율적 기능성이다. 디자인 측면만 지나치게 강조하면 이벤트 본연의 목적이 훼손될 수 있으므로 실용적이고 효율적인 부분도 고려되어야 한다. 셋째, 독창적인 측면이다. 핵심적 디자인 요소인 독창적이고 새로운 아이디어로 다른 데서는 볼 수 없는 색다른 것을 보여주는 것이다. 넷째, 조형적인 질서성이다. 이벤트 화훼장식에 있어 여러 가지 요소들 사이의 조형적인 요소와 원리 사이의 조화를 이루어야 한다. 다섯째, 경제적인 측면이다. 최소한의 시간과 비용 투자로 최대한의 효과를 얻을 수 있는 것으로 매우 중요한 부분이다.

2) 이벤트 상품의 프로세스

가. 상품 의뢰 – 고객

나. 상품 개념 설정 – 고객 분석
– 용도 및 목적 파악
– 트랜드 분석
– 디자인 방향 설정

다. 재료 계획 – 형태, 색채, 질감 설정
– 가격 분류
라. 상품 디자인 전개 – 전체 형태 디자인 전개
– 식물소재 및 부소재 색채 결정 적용
마. 상품디자인 채택
바. 상품디자인 제작 및 판매

① 상품 의뢰

이벤트 상품의 경우 상품을 의뢰할 때 상담을 우선적으로 한다. 고객이 가지고 있는 모든 생각을 듣고 표현해 내는 것이 중요하며, 전체적인 공간 분석을 위해 여러 가지를 적절하게 질문한다.

② 상품 개념 설정

● 파티의 경우

일시, 장소, 초대할 인원, 용도 및 목적을 알아보고 레이아웃을 잡는다.

첫째, 개인의 파티인지 기업의 파티인지를 구별한다. 개인의 파티인 경우 개인의 취향에 따라 모든 것을 맞추어 나간다. 특히 돌잔치나 고희연의 경우에는 상차림이 있어야 하므로 꽃장식에 비중이 있다. 기업의 경우 그 기업의 로고에서부터 홍보 효과까지 고려하여야 한다.

둘째, 스탠딩파티인지 만찬파티인지를 알아본다. 스탠딩파티의 경우 꽃장식이 화려해야 하며 전체 공간 구성이 까다롭다. 만찬파티의 경우 테이블에 올려 놓는 센터피스가 중요하며 무대가 있는 경우에는 무대장식도 하나의 이슈가 될 수 있다.

셋째, 꽃장식에 사용될 예산에 대해 알아본다. 물론 제안서를 제시하여야 하지만 전체적인 이벤트 행사비용의 약 10%를 사용하는 경우가 많다.

● 웨딩의 경우

기본적으로 주문서 양식을 작성해 본 후에 고객과의 상담을 통해 맞춤형 웨딩장식을 하는 것이 좋다.

● 장례식의 경우

장례식장에 보내는 꽃뿐만 아니라 영정장식, 묘지에 갖다 놓는 영구적인 꽃과 분식물도 포함된다. 장례식 꽃은 추모의 뜻으로 유가족이나 친구들에게 애정과 위로를 보낸다. 고인이 사망하고 바로 꽃장식이 되어야 하기 때문에 신속하게 주문을 받아야 한다. 장례식 꽃은 거의 정해진 것에 따라 움직이며 장례식장에 배치되어 있는 목록에 따라 꽃장식을 정하고 있는 실정이다.

결혼식 꽃 주문 양식

신부이름 : 　　　　　　　　　　신랑이름 :
주　　소 : 　　　　　　　　　　주　　소 :
전화번호 : 　　　　　　　　　　전화번호 :
결혼식장 : 　　　　　　　　　　날짜 : 　　　　시간 :
피로연장 : 　　　　　　　　　　날짜 : 　　　　시간 :

신부

웨딩드레스 색 및 스타일 :
신부 부케 색, 스타일, 꽃 종류 :
머리 장식용 꽃 : 　　　　　　　　　　계 : 　　　　원

부토니어와 코르사주

신랑 :
신랑 부모님 :
신부 부모님 :
주례자 :
사회자 : 　　　　　　　　　　계 : 　　　　원

결혼식장 데코레이션

단상 :
꽃길 :
기둥장식 :
입구장식 : 　　　　　　　　　　계 : 　　　　원
테이블 센터피스 :
신부, 신랑 케이크 꾸미기 :
기타 : 　　　　　　　　　　계 : 　　　　원

Acceptance by : 　　　　날짜 : 　　　　합계 : 　　　　원

● 디스플레이의 경우

어떤 목적에서 디스플레이가 되는지 알아보고 전시, 공간, 테이블 디스플레인지로 구분하여 각각에 어울리는 요소를 맞추어 해 나가는 것이 중요하다. 디스플레이의 경우 보여지는 것이 우선적이라 실제 작업이 들어가기 전에 공간 계획이나 재료 선정에 주의를 기울여야 한다. 그리고 전체의 공간을 목적에 맞게 계획하는 경우는 천정과 바닥, 벽부분의 색채와 꽃장식의 적용 부분도 고려해야 한다. 판매를 위한 공간일 경우에는 그 상품이 돋보이게 하는 역할과 목적에 맞는 이미지 표현이 중요하다.

③ 재료 계획

이벤트 상품의 경우 센터피스나 코르사주처럼 작은 디자인도 있지만 전체 공간에 놓아야 할 큰

작품도 제작된다. 따라서 가장 조화로운 형태나 색채 계획이 우선적으로 고려되어야 하며 그것을 바탕으로 제안서를 작성하여 고객에게 선택하게 한다. 이때 견적서를 작성하여 예산을 세울 수 있도록 준비하면 고객의 신뢰를 얻을 수 있다.

④ 상품디자인 전개

● 파티의 경우

장 소	디 자 인	예
돌잔치	여자아이인지 남자아이인지에 따라 색채를 다르게 하며, 먼저 상차림의 중심에 놓을 디자인을 결정하는 것이 중요하다. 최근에는 과일이나 떡도 스타일링을 하여 장식하는 것이 좋다.	 여자아이 돌잔치  남자아이 돌잔치
약혼식	테이블 위에 놓이는 센터피스는 간단하게 만드는 경우가 대부분이지만, 가족이나 친척이 많을 경우에는 테이블을 ㄷ자 모양으로 세팅하고 앞좌석에는 신랑 신부와 부모님, 양쪽에는 친척이나 친구들이 앉는다. 전체적으로 어울리도록 모든 테이블에 꽃장식을 하기도 한다.	 약혼식  약혼식 사방화
회갑 고희연	상차림에 올라가는 꽃과 테이블 위에 올라가는 센터피스를 디자인한다.	 고희연 연회장 장식  고희연 사방화
생일파티 (와인파티)	생일파티는 주인공이 원하는 특별한 콘셉트가 있을 경우 그 목적에 맞게 디자인할 수 있지만, 그렇지 않을 경우에는 연령, 성별, 장소 등을 고려하여 디자인한다. 와인파티의 경우 초와 꽃을 잘 어울리게 장식하며, 주로 스탠딩파티인 경우가 많다.	 와인파티 테이블장식  만찬파티 테이블장식

● 웨딩의 경우

장 소	디자인	예
웨딩홀	전체적으로 홀이 작은 편이므로 단상, 꽃길, 기둥에 꽃을 주로 꽂는다. 파스텔톤이나 원형의 디자인이 많으며 웨딩홀의 분위기와 오브제에 따라 디자인이 변한다.	 웨딩홀 꽃장식
호텔	고급스러운 인테리어에 전체적인 조명이 특이하고 어두우며 스포트라이트가 있어 무대 같은 분위기를 보여준다. 고객의 취향에 따라 꽃장식이 많이 바뀌며 테마성이 많이 표현된다. 단상, 꽃길, 기둥, 테이블, 리셉션장 등 여러 곳에 꽃장식이 들어간다.	 호텔웨딩 꽃장식
컨벤션	단상, 꽃길, 기둥 등 여러 곳에 장식이 필요하며, 기업의 대강당이나 컨벤션홀은 장소가 넓고 인테리어가 고급스럽지 않기 때문에 오브제도 화려한 것을 사용한다. 패브릭을 이용하여 주변장식을 하는 경우가 있다.	 컨벤션웨딩 꽃장식
야외웨딩	야외웨딩의 경우 기후 변화에 민감하기 때문에 사전에 날씨 정보를 확실히 알아야 하며, 공간이 차단 없이 아주 넓기 때문에 집중적인 장식이 필요하다. 오브제의 경우 아주 높고, 큰 것을 사용하여 색다른 분위기를 연출하여야 한다.	 야외웨딩 꽃 장식

● 장례식의 경우

장 소	디자인	예
장례식장	영정틀과 단상을 주로 장식하며 국화를 사용하므로 흰색 위주의 장식이 통용된다.	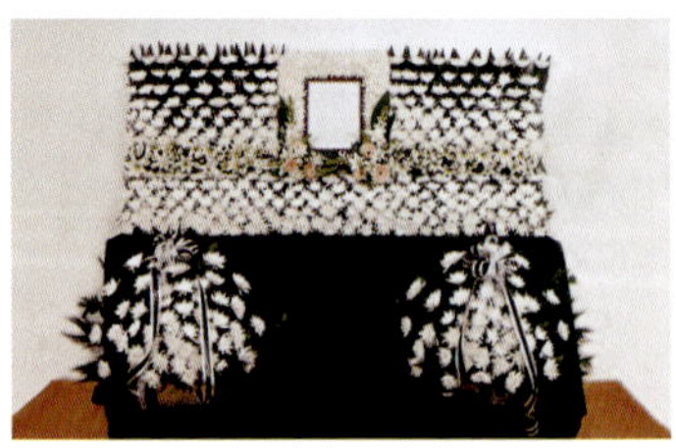 장례식 꽃장식

● 디스플레이의 경우

장 소	디 자 인	예
로비 디스플레이	로비 디스플레이의 경우 중앙에 놓여야 할 경우가 많기 때문에 사방에서 볼 수 있게 제작한다. 오래 갈 수 있는 꽃을 선택하는 것이 중요하다.	  호텔로비 디스플레이 로비 중앙 디스플레이
플라워 샵 디스플레이	고객의 구매 동기를 유발할 수 있게 디스플레이하며 색상, 대비, 조명, 움직임들을 고려하여 관심을 끌 수 있는 것이 있어야 한다.	 플라워 샵 디스플레이
크리스마스 디스플레이	1년 중 가장 많이 이용되는 디스플레이로 색상이나 형태도 단순하여 특수성을 보여 주기에는 좋다. 백화점, 호텔, 쇼핑센터 등 최근에는 자연적 크리스마스 디스플레이가 유행이다.	 크리스마스 디스플레이
무대장식 디스플레이	패션쇼나 뮤지컬 그리고 여러 가지의 무대에서 식물(꽃)장식이 가장 돋보일 수 있으며 생화와 조화를 접목시켜 많이 이용된다. 각각의 주제에 맞게 색상을 선정하며, 악센트적인 부분도 있지만 분위기를 연출하는 것이 좋다.	 무대장식 디스플레이

⑤ 상품디자인 채택

상품디자인을 각각의 목적이나 용도에 맞게 선택할 수 있도록 제안서를 제출할 수 있으며 제안서에는 이벤트에 맞는 일시, 장소, 그리고 인원과 장소에 어울리는 테이블이나 꽃장식의 레이아웃이 있어야 하고 각각의 것에 대한 샘플이 제시되어야 한다. 단, 샘플을 보여 줄 때에는 꼭 같은 디자인이 아니어도 색채나 형태의 이미지가 중요하고 그것의 활용도가 맞아야 한다. 마지막으로 견적서를 제출하는데 세부적인 재료의 견적서보다는 약간은 러프한 견적서가 어울린다.

내 용	제 안 서
장소 안의 테이블과 꽃장식 레이아웃	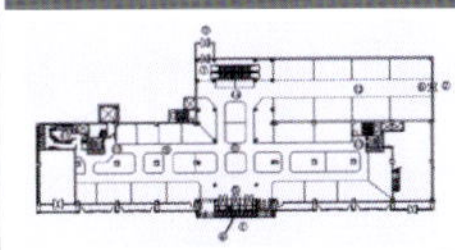
꽃장식하였을 경우의 예시	
견적서	(아래 표)

내용	수량	단가	가격	비고
1. 무대 장식	2			
2. 중앙 장식	1			
3. 테이블 장식-A	2			
4. 테이블 장식-B	2			
5. Bar 테이블 장식	2			
합계				

⑥ 상품디자인 제작 및 판매

- 센터피스 Ⅰ
  - 가격 : 5만원
  - 형태 : 라운드
  - 색채 : 유사색의 조화
  - 재료

    장미(10개) : Mass

    보리수(10개) : Mass

    리시안서스(1/2단) : Filler

    트라켈리움(1/2단) : Filler

    갤럭스 잎(5장)

    보리(1/3단) : Accent

- 센터피스 Ⅱ
  - 가격 : 10만원
  - 형태 : 수평 사방화
  - 색채 : 핑크톤의 유사색 조화
  - 재료

    장미(10개) : Mass

    물수국(1/2단) : Mass

    작약(6개) : Mass

    히페리쿰(1/5단) : Filler

    루스커스(1단): Filler

- 신부부케
  - 가격 : 20만원
  - 형태 : 라운드
  - 색채 : 화이트 계통의 핑크 악센트
  - 재료

    수국(2개)

    화이트장미(10개)

    라넌쿨러스(8개)

    프리지어(10개)

    트라켈리움(7개)

    리본(화이트 or 미색)

    코르사주핀(3개)

- 코르사주
  - 가격 : 5천원
  - 재료

    카네이션 또는 장미(1송이)

    아이비 잎 또는 헤드라 잎(3장)

    철사

    플로랄 테이프

    코르사주 핀

3) 웨딩장식의 매뉴얼

① 로맨틱 웨딩

- 색 : 핑크톤이 주가 되며, 파스텔톤 위주의 꽃을 사용하여 전체적인 분위기를 밝게 표현한다.
- 꽃 종류 : 장미, 리시안서스, 라넌쿨러스, 카네이션, 작약 등을 사용한다.
- 디자인 : 액세서리나 리본, 레이스 등을 첨가한 공주풍의 디자인을 한다.

② 모던 웨딩

- 색 : 색의 제한은 없지만 단일색으로 하는 경우가 많으며 웨딩이므로 White, Orange, Red 등 신부가 원하는 색으로 한다.
- 꽃 종류 : 칼라, 튤립, 장미, 카네이션, 시베리아 등 한 종류의 꽃을 사용한다.
- 디자인 : 유리 용기 위주로 사용하며 단순하면서 깔끔한 디자인을 연출한다. 용기에 식물적인 소재들을 접목시켜 새로운 스타일을 보여준다.

③ 내추럴 웨딩

- 색 : 보라색톤이나 녹색톤을 많이 선호하며, 여러 가지 색을 섞어서 자연스러운 분위기를 보여준다.
- 꽃 종류 : 수국, 작약, 스케비오사, 라넌쿨러스, 델피니움, 리시안서스, 장미 등을 사용한다.
- 디자인 : 용기는 고전적인 형태를 사용하며 풍성하면서 자연스러운 분위기를 연출한다. 녹색톤(아이비, 스마일락스, 유우까리 등)을 많이 사용하여 야외 웨딩 같은 느낌을 준다.

로맨틱 웨딩

모던 웨딩

내추럴 웨딩

그림 6-2. 웨딩장식의 종류

- 웨딩 매뉴얼

- 장소 : 단상, 꽃길, 단상 앞부분, 입구, 케이크, 촛대 등(Table 30개, Table 1개당 3만원 기준)
- 가격 : 4백만원
- 색 : White + Pink + Purple

장 소	금 액	꽃 이름	개 수	비 고
단상	800,000원	수국(White)	6대	플라스틱 판(4개)
		수국(연보라)	4대	플로랄 폼(8개)
		장미(테이네)	8단	
		장미(오션송)	6단	
		스톡(White)	7단	
		겹리시안서스(Pink)	5단	
		스케비오사(보라)	3단	
		셀렘 잎(소)	4단	
		아스파라거스	1단	
		조팝	2단	
꽃길	120,000×10 = 1,200,000원	장미(마르샤)		플로랄 폼(5장)
		장미(오션송)	10단(1단)	각1/2장
		스톡(White)	10단(1단)	
		겹리시안서스(Pink)	20단(2단)	
		스케비오사(보라)	10단(1단)	
		셀렘 잎(소)	10단(1단)	
		아스파라거스	5단(1/2단)	
		조팝	5단(1/2단)	
		줄아이비	10단(1단)	
앞 기둥	250,000원×2 = 500,000원	수국(White)	10대(5대)	플로랄 폼(8개)
		수국(연보라)	10대(5대)	화기(2개)
		장미(마르샤)	4단(2단)	
		장미(오션송)	4단(2단)	
		스톡(White)	4단(2단)	
		겹리시안서스(Pink)	4단(2단)	
		셀렘 잎(소)	2단(1단)	
		아스파라거스	2단(1단)	
테이블	50,000×30= 1,500,000원	장미(테이네)	15단(1/2단)	화기(30개)
		장미(오션송)	12단(4개)	플로랄 폼(9장)
		스톡(White)	15단(1/2단)	플로랄 폼(각 1/3장)
		겹리시안서스(Pink)	15단(1/2단)	
		스프레이 카네이션(크리스탈)	10단(1/3단)	
		담쟁이열매	8단(1/4단)	
		조팝	6단(1/5단)	

- 단상장식
  - 재료
    장미(5단)
    알스트로메리아(3단)
    리시안서스(3단)
    갈잎(2단)
    몬스테라 잎(2단)

● 꽃길장식
- 재료
백합(1단)
거베라(1단)
줄 아이비(1단)
팔손이(1/2단)

| 참고문헌 |

김정민. 2009. 플로럴컬러디자인. 일진사.
왕경희. 2008. 테이블스타일링&프라워. 도서출판 예신.

4. 실내공간에서의 화훼장식

현대인들이 실내에서 체류하는 시간이 증가함에 따라 각종 매체를 통해 알 수 있듯이 실내공간에 대한 관심은 더욱 높아 가고 있다.

실내공간은 기상이나 외부로부터의 보호, 공간배치, 공간규모, 동선 등의 기능적인 측면뿐만 아니라 좀 더 아름답고 편안하며 쾌적한 환경 등 삶의 질을 높이고자 하는 측면에서 이해되고 있다. 특히 자연을 보다 가까이에서 느끼고자 하는 현대인들의 요구가 반영된 친환경적인 화훼식물의 도입은 다양한 형태와 방법으로 활발히 이루어지고 있으며, 이는 단순히 장식적인 기능뿐만 아니라 심리적인 안정감, 환경적인 쾌적함, 경제적인 부가가치 등 다양한 역할들을 충분히 수행하고 있다.

실내공간에서의 화훼장식은 주거공간을 비롯하여 호텔, 백

백화점 쇼윈도의 화훼장식

고양시 꽃박람회 홍보 전시(이주헌, 2008)

백화점 로비를 장식한 실내조경(이애경, 2003)

일본 나리타공항의 식물장식

그림 6-3. 실내공간에서의 화훼장식

화점, 사무실, 학교, 도서관, 미술관, 상가, 교회, 병원, 공항, 역사 등 폭넓은 범위에서 전시나 이벤트, 실내조경의 형태로 다양하게 확대되고 있다.

실내공간에서의 화훼장식은 광범위한 공간 각각의 요구조건과 목적에 부합되는 계획과 기술이 필요하고, 건축, 가구, 환경, 인간과의 조화를 고려하여 다양한 문제점들을 돌출해 낼 수 있어야 하며, 이를 해결할 수 있는 대안들을 만들고 실체화시켜 해결안을 실행해 나가는 과정을 거쳐 완성에 이르게 된다. 이러한 과정 중에 화훼장식은 예술과 과학적인 기반을 활용하여 인식된 문제점들을 상황에 맞게 해결해 나가는 창조적인 전략이라 할 수 있다.

따라서 실내공간에서의 화훼장식은 구상에서부터 완성단계에 이르기까지 다양한 문제를 발견하게 되며, 이를 해결하는 과정을 거치게 되는데, 그러한 과정은 크게 조사 분석 단계(programming), 해결안을 제시하는 디자인 단계(design), 실제 작업이 이루어지는 시공 및 유지관리 단계(execution and management)로 나눌 수 있다.

조사 분석 단계는 화훼장식과 관련된 모든 정보를 수집하고 분석하는 단계로서 의뢰인의 요구사항을 파악하고, 주어진 공간의 용도와 목적 등의 현황을 조사 분석하는 단계이다. 디자

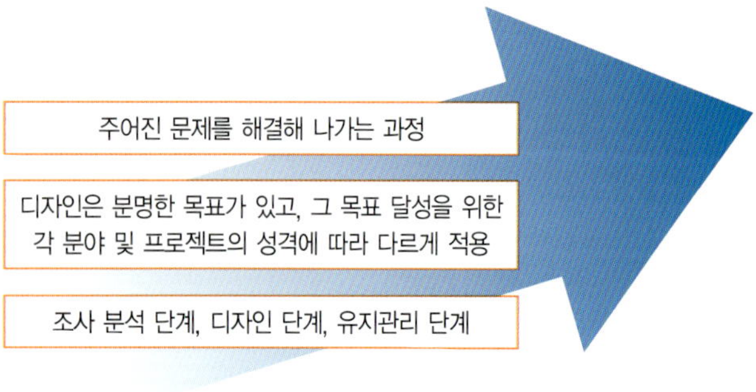

그림 6-4. 실내공간에서의 화훼장식

그림 6-5. 실내공간에서의 화훼장식 프로세스

표 6-2. 화훼장식의 단계별 내용

단 계	항 목	세부 항목
조사 분석 단계	의뢰인의 요구사항	
	현황 조사 및 분석	물리적 요인 – 건축구조물 분석 실내재료 분석 시각구조 분석 기후환경 분석
		사회적 요인 – 이용자 분석 동선 분석
디자인 단계	기본 구상	
	동선 계획	
	배치 계획	
	배식 계획	수목배치 순서, 실내식물 규격 등
	시설물 계획	조명등, 수경시설, 첨경물 등
	도면 및 모형 제작	개념도, 식재 계획 평면도, 입단면도, 투시도, 스케치, 모형 제작
	문서 작성	시방서, 내역서, 견적서
시공 및 유지관리 단계	자재구입 계획	
	재료 검사	
	시공 순서	
	사용자 평가	

인 단계는 조사 분석 단계에서 수집한 정보를 최대한 활용하여 대상 공간에 대한 디자인 개념의 설정과 디자인을 결정하며, 모든 계획을 도면화하고 시각화하여 고객이 선택할 수 있도록 하는 단계이다. 시공 및 유지관리 단계는 고객과 디자이너와의 의견이 일치되어 확정된 디자인에 대한 실제 작업이 이루어지고, 이를 유지하고 관리하는 단계로 화훼식물을 지속적으로 장식하는 경우에 있어 무엇보다 중요한 단계라고 할 수 있다.

(1) 조사 분석 단계

조사 분석 단계는 의뢰인의 요구사항을 파악하고, 주어진 공간의 현황을 조사 분석하는 단계이다. 이 단계에서 일반적으로 요구사항과 제약사항, 문제점 그리고 디자이너의 끊임없는 질문을 통해 문제의 상황을 해결할 수 있는 기초 자료가 마련된다.

1) 의뢰인의 요구사항 파악

디자이너는 의뢰인과의 면담을 통해 실내공간의 용도와 목적, 조성하고자 하는 목적, 사용자의 기호와 선호도, 예산 및 유지관리 여부 등과 시공 기간과 전시 기간 등 기타 요구사항 등을 파악하여야 한다. 의뢰인의 요구사항이나 면담을 위한 설문지를 이용하는 것도 문제 해결을 위해 좋은 방법이다.

표 6-3. 의뢰인의 요구사항 항목과 조사내용의 예

단 계	경기도에 위치한 마사회 건물
일 시	2008년
조사 항목	조사 내용
공간의 용도	유락시설 공간
공간의 목적	유락 및 휴게 공간
조성 목적	실내공기 정화, 동선 유도, 기존 시설물 보호
기호 및 취미	30대에서 50대 사이의 남성 대상
경제적 조건	예산 규모, 유지관리 여부 등
기타	지속성, 저관리

2) 현황 조사 및 분석

실내공간은 물리적, 사회적 요인들을 분석하여야 한다. 특히 실내조경의 경우 건축물의 완공 여부에 따라 다양한 문제점과 해결책이 나올 수 있으므로 건축물은 주요 분석 요인이 된다.

① 물리적 요인

건축구조물과 그 공간의 분위기를 좌우하는 제요소들, 그리고 소기후적인 실내공간 내 기후환경 요소가 포함된다.

- 건축구조물 분석 : 실내공간 장식의 대상지인 건축물의 기본적 요소인 바닥, 벽, 천장, 기둥과 보, 개구부, 통로공간 등 건축적인 조건을 검토하고 배수, 관수를 위한 급수조와 환기상태, 냉난방 설비의 위치와 상태, 전기, 조명 등의 설비적인 조건을 파악하여야 한다. 이러한 구조적 분석은 안전과 건강 측면에서 고려되어 계획에 반영되어야 한다.
- 실내재료 분석 : 실내공간을 구성하는 바닥, 벽, 천장, 가구, 조명 등 모든 요소들은 재료의 종

류도 다양하며 그 재료가 지닌 특성이나 재질감도 다양하다. 마감재료는 다른 여러 요소들의 특성을 통합하여 공간의 성격과 분위기를 형성하는 중요 요소의 하나이므로 이를 검토하여 화훼식물을 이용한 장식이 주변 환경으로부터 고립되지 않고 조화를 이루도록 한다.

- 시각구조 분석 : 시각구조 분석은 실내공간의 시각적 위치와 주변과의 시각적 관계를 분석하는 것으로 화훼장식이 상징적인 초점의 대상이 되기도 하며, 시각적으로 공간을 차단하는 역할을 할 수도 있다.
- 기후환경 분석 : 실내공간은 실외공간의 자연기후와 다르게 인위적인 기후를 형성하는 특이성을 지니고 있다. 특히 경제적인 효율성을 우선으로 건축된 밀폐되어 있는 실내공간에서는 일정한 실내온도와 습도를 유지하고 있으며, 장식 시공된 조도, 통풍 및 환기장치 등이 화훼식물의 선택과 관리에 있어 중요한 요소로 작용하게 된다.

백화점 1층 공간의 온도, 습도, 조명, 통풍 (– 없음, ○ 있음)

지점	온도 (℃)	습도 (%)	조 명		통풍
			인공광	자연광	
①	17	58	–	○	○
②	23.8	35	○	–	○
③	17.2	60	–	○	○
④	19.6	48	○	○	○
⑤	21.9	44	○	○	○
⑥	23.8	35	○	–	○
⑦	22.4	40	○	–	○
⑧	21.9	43	○	–	–
⑨	23.2	36	○	–	–
⑩	23.1	36	○	–	–
⑪	23.1	37	○	–	–
⑫	23.3	35	○	–	–
⑬	23.1	36	○	–	–
⑭	22.1	41	○	–	–

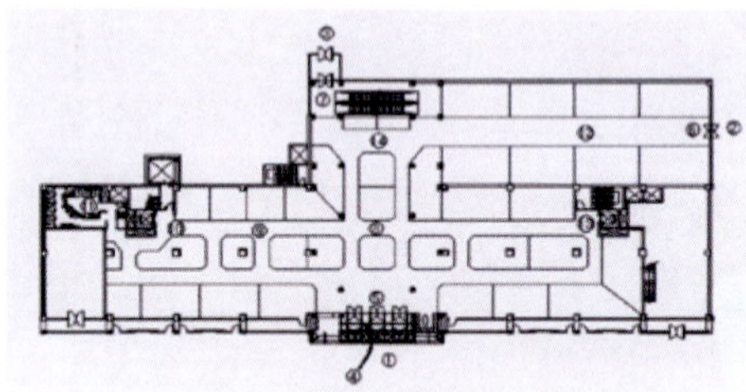

그림 6-6. 기후환경 분석의 예(백화점 1층 공간)

② 사회적 요인

- 동선 분석 : 모든 동선은 시작이 있고 연속적인 공간을 통하여 목적하는 동선까지 이어진다. 이 동선이 짧으면 짧을수록 효율적이나 공간의 성격에 따라 길게 하여 더 많은 시간 동안 머무르도록 유도되기도 한다. 사람이나 물건의 통행량과 함께 동선의 방향, 교차 그리고 이

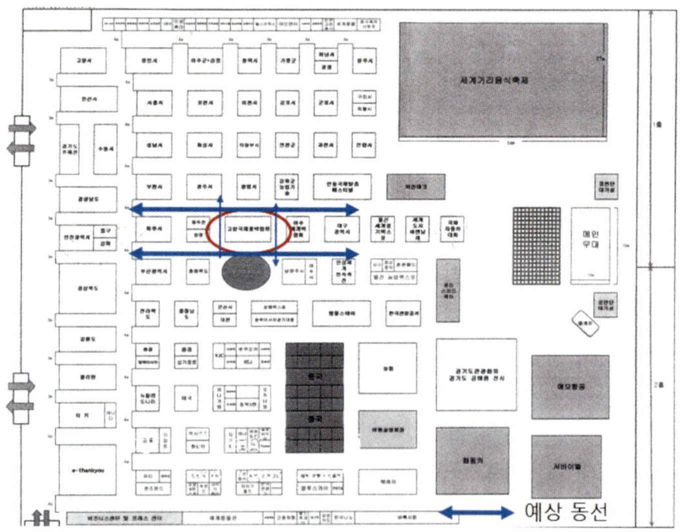

그림 6-7. 동선 분석도(2009 경기국제관광박람회 전시공간)

동하면서 이루어지는 사람의 행위나 물건의 흐름을 동선계획 시 고려해야 한다.

- 이용자 분석 : 실내공간을 실제 사용하게 될 이용자의 요구사항과 이용자의 행태 및 심리를 파악하여야 한다. 이용자의 수, 행위의 흐름, 빈도, 시간대 등은 동선계획과 규모 등에 직접 반영되며, 공간의 기능에도 큰 영향을 미치게 된다. 예를 들어 업무용 공간은 연령이나 성별이 일의 특성에 따라서 제한적이고 이용 시간도 비교적 짧으며, 상업용 공간의 경우에는 이용자의 성별, 나이, 직업의 범위가 매우 다양하다.

(2) 디자인 단계

1) 기본 구상

기본 구상은 디자인 과정 중 가장 흥미롭고 창의적인 부분으로 전반적인 디자인 개념을 만들고, 디자인 문제 해결을 위해 창의적인 여러 방법들을 찾는 단계이다. 그러나 이러한 모든 일들은 디자인 초반부에 정해진 틀로서 문제점을 충분히 이해한 후에 만들어져야만 한다.

주어진 문제점들을 해결하기 위해, 디자이너의 상상력은 가능한 많은 창조적인 대안들을 찾아서 넓게 펼쳐야 한다. 문제를 해결하기 위한 다양한 방법들을 정립하기 위해 이러한 대안들은 스케치로 그려지거나 기록된다. 창조적인 디자이너는 스스로 이러한 문제점들을 다양한 각도에서 검토하여, 하나의 강력한 해결안으로 문제점들을 푼다. 이 단계에서는 요구되는 공간과 기능뿐만 아니라 주위 환경의 성격과 느낌, 분위기를 표현하는 개략적인 스케치와 도면, 다이어그램, 스터디모델링 등으로 시각화 작업을 한다. 일반적으로 면적의 크기와 비례에 맞춰 그려지고, 공간이 갖는 경계와 동선체계 등을 제안하기 시작한다. 전망과 기능에 의한 컨테이너 또는 베드의 위치 등과 같이 중요한 공간들이 배치된다.

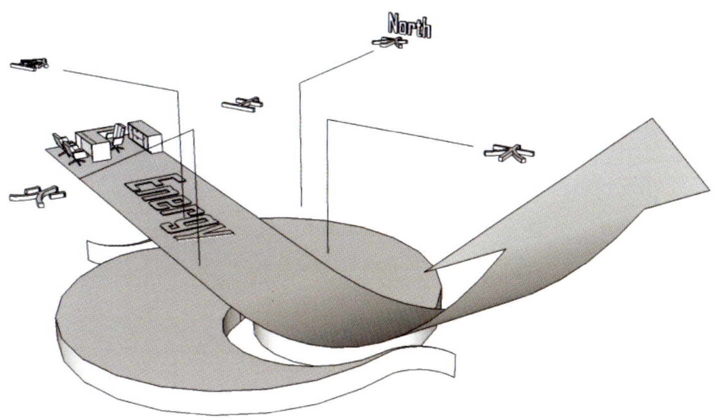

그림 6-8. 기본 구상도(김재희, 이애경, 2009)

2) 동선계획

동선계획은 건물의 용도에 따라 이용자의 행태가 다르며 건물 내부에서 활동이 이루어지므로 동선체계 역시 건물의 구조와 밀접한 관계가 있다. 주어진 실내공간 내에서 일어나는 모든 움직임을 동선의 빈도, 속도, 하중의 요소에 의해 정리, 분석하여 계획하며, 동선계획은 먼저 공간 내에서의 이용자 행태와 규모를 분석하여 주동선 및 보조동선을 구분하고 활동에 방해가 되지 않도록 해야 한다.

동선계획은 공간분할이 먼저 이루어짐으로써 공간 간의 기능 역할 및 구조 등에 맞게 보행자의 움직임이 이루어지며, 동선체계를 파악하기 위해서는 일반적인 인간의 행동 습성인 우측통행, 짧은 길의 동선, 본능에 따른 통행 등의 동선 행태를 파악할 수 있다. 또한 가능한 간단하고, 직선적이며, 쉽게 인지될 수 있도록 동선을 처리하며, 전시공간이나 상점의 경우는 관람자나 고객이 오래 머물도록 동선을 길게 처리하기도 한다.

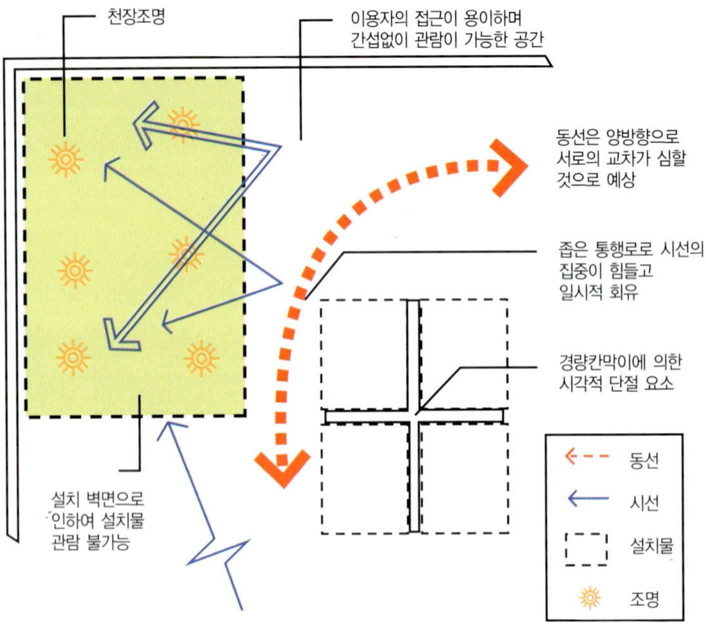

그림 6-9. 전시공간의 동선계획도 예시(김금녀, 이애경, 2007)

3) 배치계획

실내공간을 대상으로 하는 식물디자인에 있어서 공간을 한정하는 요소가 건축물 혹은 구조물들이기 때문에 이러한 건축적 요소들로부터 완전히 자유로울 수 없으며 이들과 조화를 이루도록 배치계획을 수립하여야 한다. 배치계획은 지금까지 이루어진 모든 조사 분석 내용들의 종합과 독창적인 기본 구상도를 바탕으로 대상공간을 완벽하게 이해한 상태에서 이루어져야 하며, 특히 공간의 특수성을 잘 파악하여야 한다. 대상공간에 포함되어야 할 내용과 요소들의 개략적 크기와 적절한 위치를 정하며, 요소나 세부 공간 간의 상대적 크기 비율, 조망 조건 등을 표시해 준다.

장식될 공간의 배치계획은 다음과 같은 일련의 과정이 강조되는데 그 첫째는 공간의 기존 목적을 완전히 숙지하는 것이다. 잘 된 디자인은 미적인 충족 이외에 공간 자체가 갖는 목적에 얼마나 잘 부합되느냐가 중요하다. 둘째, 배치계획은 디자인의 대상이 되는 전체 공간의 전반적인 이미지와 분위기 파악이 완전히 이루어진 기반 위에 수립되어야 한다. 구상된 각 세부공간의 개념들은 전체 공간 내에서 서로 조화되며 그 특징과 효과가 최대한 발휘되도록 이루어져야 한다. 셋째, 전체 공간의 목적이나 개념을 확실히 나타낼 수 있는 요소나 세부공간이 먼저 우선적으로 배치되어야 한다. 이를 위해서는 사전에 이루어진 동선 분석 및 계획이나 조망이 관여되는 시각적인 분석이 깊게 고려되어 진다. 넷째는 디자인의 주 소재가 되는 식물들의 배치로 개념 식재군을 포함하는 모든 식물의 배식이 이에 속한다. 이 단계에서 환경적인 면과 시각적인 면이 복합적으로 고려되어야 하는 까다로운 작업이 이루어지게 된다. 다섯째, 시각적인 흥미를 부여하는 첨경물의 배치로 이에는 분수, 연못, 물계단, 폭포, 벽천 등의 수공간과 조각, 동상, 석등, 경관석 등이 있다. 이와 같은 첨경물이나 구조물들은 전반적인 공간의 이미지를 강조하거나 특정한 경우는 이미지를 이끌 수도 있는 대상이 된다. 여섯째는 표면 마감처리로 호박돌, 옥돌, 해미석, 조개껍질, 굵은 마사토, 하이드로볼이나 바크 등과 같은 부자재를 사용하여 마무리한다.

4) 배식계획

실내공간이라는 환경의 특수성은 수목의 선택에 있어 가장 큰 제약이자 요인이 되며 이에 따라 식물의 생리와 생태, 그리고 환경적응력을 파악하고 적절한 식물을 선택 도입하여야 한다. 또한 배치계획을 통해 돌출된 개념과 구도의 표현을 위하여 각 식물의 형태와 질감 그리고 색상에 이르는 전반적인 사항을 주시하고 이를 적용하여야 한다.

계획되는 실내공간의 특성과 계획된 개념과 구상을 철저하게 파악하고 이에 따라 전체적인 개념과 분위기를 선도할 중심목을 먼저 선정한다. 관람자들에게 매혹적인 경관과 만족감을 주기 위해서는 다양한 디자인 요소들이 상호 조화를 이루며 개념 안에서 이루어지는 통일성을 바탕으로 변화를 주고 단순한 반복의 요소들은 배제하여 오래도록 즐길 수 있는 분위기가 연출되도록 한다.

① 수목배치 순서

경관 조성에서 식물의 배치는 입면구도의 중심이 되는 높은 수고의 교목류 배치에서 시작되는 것이 일반적이다. 이어 배경이 되는 관목류와 초화류 그리고 지피류의 배치로 이어진다. 또는 구도상의 높이에 따라 상층목, 중층목, 하층목, 지피류로 구분하여 순서대로 배치하는 경우도 있다. 지표면은 지피류 이외에 해미석, 마사, 하이드로볼, 자갈이나 바크 등으로 피복하여 마감 처리한다.

단계	내용
준비단계	● 동선배치, 공간배치, 포장계획, 시설물배치 ● 기본설계도 작성
중간단계	● 지반조성, 수종선정 및 배식기준 마련 ● 식재개념도 작성
최종단계	● 배식설계 : 정확한 도면 작성 ● 수목수량표 작성 : 수종별 수량을 집계 작성

그림 6-10. 배식 순서

② 실내식물 규격

식물의 규격을 나타내는 요소로는 일반적으로 수고(H), 수관폭(W), 흉고직경(B), 근원직경(R), 덩굴길이(L) 등이 측정되어 표기된다. 디자이너들은 자신의 구상이 정확하게 구현되도록 수목의 규격을 식물의 특성에 따라 2가지 이상의 규격 요소를 조합하여 H×B, H×W, H×R 등과 같이 표기한다. 이때 수고와 수관폭은 m 단위로, 흉고직경과 근원직경은 ㎝ 단위로 표기하여야 한다.

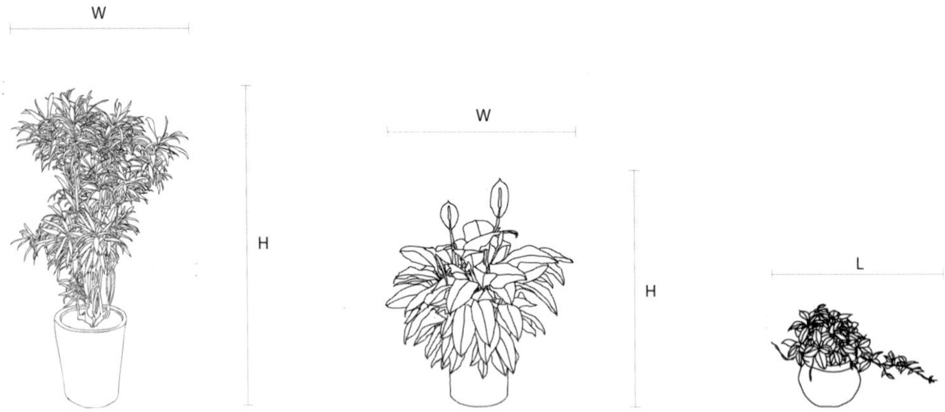

그림 6-11. 식물의 규격

③ 식재층 조성 깊이

실내에 장식되는 식물의 경우 대부분이 인공지반 상에 식재되게 된다. 이때 계획된 경관이 일시적인 연출공간이 아니라고 한다면 경관의 유지는 물론 식물의 생존과 정상적인 생육을 위해서는 수종에 따라 적절한 근권 지반의 깊이를 형성하여야 한다.

표 6-4. 식물의 종류에 따른 최소심도(이종석, 방광자, 2002)

구 분	생존 최소심도(cm)	생장 최소심도(cm)
잔디, 초본	15	30
소(小)관목	30	45
대(大)관목	45	60
천근성 교목	60	90
심근성 교목	90	120

④ 식재 간격 기준

대상 면적 내에 재식되는 식물의 밀도는 각각 식물의 성장을 고려하여 식재 간격으로 조절되어지며 이를 토대로 하여 면적당 식물의 수량을 산정할 수 있다.

표 6-5. 식물의 식재간격과 밀도(이종석, 방광자, 2002)

구 분	식재간격(m)	식재밀도(본/㎡)	비 고
작고 성장이 느린 관목	0.45~0.06	3~5	단식 또는 군식
크고 성장이 보통인 관목	1.0~1.2	1	단식 또는 군식
성장이 빠른 관목	1.5~1.8	0.3~0.5	단식 또는 군식
산울타리용 관목	0.35~0.75	1.5~4	밀식
지피, 초화류	0.2~0.3	11~25	
	0.14~0.2	25~49	

5) 시설물계획

① 조명등

조명은 쾌적한 실내를 위한 기능성과 공간의 분위기를 연출하는 효율적인 매개 수단이 되기도 하지만 실내공간에서 화훼식물을 장식할 경우 부족한 빛을 보충해 주는 중요한 역할을 담당하기도 한다. 실내공간에서 부족한 빛을 인공조명을 통해 보충하게 되면 식물의 광합성 작용 및 엽록소 합성 작용에 도움을 줄 수 있다. 실내에서 일반적으로 많이 사용하는 조명은 형광등과 백열등이 있는데, 형광등은 비교적 광도가 높고 열 발생이 적으며 수명이 길어 식물 생육에 적당하고, 백열등은 열이 많이 나므로 최소한 15㎝ 정도 떨어진 곳에 식물을 두어야 하고 식물이 웃자라는 경향이 있다. 대부분의 관엽식물은 낮은 광도에서도 잘 자라지만 실내가 너무 어두우면 웃자라서 모양이 엉성해질 수 있으므로 인공조명으로 광을 보충해 주어야 한다.

- 형광등 : 형광등은 발열하지 않고 조명의 효율이 좋아 실내조명에 많이 사용한다. 형광등은 1930년대에 개발되어 현재 가장 보편적인 조명등으로 백열등보다 훨씬 높은 효율성과 수명을 갖는다. 튜브관 안에서 발생된 전자기파가 가스에 작용하여 적외선을 생성시키고 다시 튜브 내벽의 형광체에 의해 이것이 가시광선으로 변환된다. 형광빛은 정상적으로 백색을 제공하지만 실제로는 많은 물체의 자연색을 손상시키기도 하는데 이 손상을 완화시키기 위해 다양한 색상으로 생산되어 사용되기도 한다. 식물에 있어서는 생장에 유효한 파장을 지니고 있으나 식물과의 거리가 3m 이상 되면 그 효과가 급격히 저하되므로 유의하여야 한다.
- 백열등 : 백열등은 일반적으로 작고 가벼우며 거의 점광원에 가깝기 때문에 배광의 억제가 용이하며 주위 온도의 영향을 덜 받는 장점이 있다. 백열등은 역사가 가장 오래된 인공광원으로 설치에 드는 비용은 비교적 저렴하나 에너지 소비량에 비해 효율적이지 못하다. 빛은 적색광과 황색광이 조금 더 많고 청색광과 녹색광은 조금 적게 갖고 있으나 분광 스펙트럼상 태양광에 유사한 빛을 낸다. 발생 빛이 가열에 의해 생성되기 때문에 상당량의 열을 발생시킨다. 실내조경에서는 단독적으로 사용되기 보나는 대부분 보조광원으로 설치된다.
- 수은등 : 수은등은 수은증기가 압력이 적은 경우에는 자외선이 발생하나, 증기의 압력이 많아지면 가시광선이 발생하여 효율이 강한 빛을 내게 된다. 수은등은 휘도가 높고 자외선을 다량으로 발하므로 다른 광원보다 효율이 높아 스포츠시설, 강당, 전시장 등 천장인 높은 실내에 적합하고, 강력한 빛을 내기 때문에 대형 실내정원에 적합하다.
- 나트륨등 : 발광효율이 다른 광원에 비해 극히 높으며 수명도 비교적 길다. 황등색의 단색광이며 연색성은 나쁘나 색수차가 없다. 주로 체육관, 도로, 광장 등에 사용하며, 3m가 넘는 실내정원에서 사용되지만 색감이 좋지 못하다.
- LED등: 발광 다이오드는 종래의 광원(光源)에 비해 소형이며 수명은 길고 전기에너지가 빛에너지로 직접 변환하기 때문에 전력이 적게 들어 그 효율이 좋다. 발광파장은 반도체에 첨가되

는 불순물의 종류에 따라 달라지는데 불순물이 인화갈륨인 경우, 아연 및 산소 원자가 관여하는 발광은 적색(파장 700nm)이고, 질소 원자가 관여하는 발광은 녹색(파장 550nm)이다.

표 6-6. 관엽식물의 종류에 따른 광 요구도(이종석, 방광자, 2002)

요구 광도	식 물 명
500~800 lux	아글라오네마, 엽란, 스킨답서스, 필로덴드론, 산세베리아, 쉐플레라, 대나무, 야자, 관음죽
800~1,500 lux	아스파라거스, 접란, 호야, 디펜바키아, 드라세나 와네키, 드라세나 맛상게아나, 판다누스, 페페로미아, 네프롤레피스, 벤자민고무나무, 푸미라고무나무, 프테리스, 시서스, 헤데라
1,500~5,000 lux	에크메아, 아펠란드라, 렉스베고니아, 코르딜리네, 크라슐라, 디지고데카, 아라우카리아, 크로톤, 아레카야자

② 수경시설

디자인되는 실내공간에 적용되는 물 요소로서 기능적인 면과 미적인 면을 충족시키며, 주변의 식물공간과 대비 혹은 강조의 기능을 담당하는 시설 일체를 의미한다. 수경시설에는 동적 요소인 인공폭포 및 벽천과 분수, 그리고 정적 요소인 연못과 수로 등이 있다.

- 분수 : 수경시설 중 구획된 물받이 공간 안에서 다양한 형태로 물을 내뿜어 올리며 능동적인 아름다움을 연출하는 수경시설이 분수이다. 분수는 주로 종교적인 장소에서 실용적인 목적으로 사용되거나 장식적인 목적으로 설치되었다. 방사상으로 퍼지는 물살은 공기 내 수분의 능동적인 확산을 가능하게 하여 가습효과가 클뿐만 아니라 제공되는 시각적인 효과 이외에도 특유의 청각적인 효과로 인하여 청량감을 높이는 효과를 지닌다.
- 인공폭포 및 벽천 : 물리적인 수위나 단차를 이용하여 낙수를 유도하는 가장 일반적인 수경시설 중 하나이다. 경우에 따라 시설물 자체가 수직적 요소로서 경관 내에 주도적 역할을 담당하기도 하며 특유의 음향 효과를 지닌다. 실내에 설치되는 시설이므로 하중 문제에서 자유로울 수 없는데 이를 극복하기 위하여 FRP 등 다양한 재료와 공법이 시도되고 있다.
- 연못 : 분수나 폭포와는 달리 정적인 수경을 제공하는 요소이다. 그 형태는 조형적인 미를 가미하여 다양하게 장식될 수 있지만 연못이 지면과 이루는 수위나 깊이는 안전상의 고려가 충분히 검토되어야 한다. 또한 흐름이 제한되므로 내부의 오염을 방지하고 이물질을 계속적으로 제거함으로써 건강한 환경을 만들 수 있는 부가시설을 필요로 한다.

③ 첨경물

첨경물은 디자인되는 공간 내에 도입되어 경관의 일부로 흡수되어지는 대상물을 일컫는다. 대부분은 도입된 경관 내에서 시각적인 초점을 이루어 공간의 분위기를 주도하며 이야기 거리를 제공하는 역할을 갖게 된다. 그 적용 범위가 넓어 일반적인 조형물이나 석조물에서부터 생명력을 지닌 어류나 조류들까지도 포함한다. 적용에 있어서는 통일감 없는 난립을 피하여야 하며, 전체의 개념을 포함하거나 이를 강조하는 첨경물이 되어야 바람직하다.

6) 도면 및 모형 제작

일부 디자이너들은 디자인 과정 중 선택의 단계에서 어려움을 느낀다. 그렇지만 만약 디자인의 목표와 문제점, 해결방법들이 정해져 있다면, 이 단계는 아주 간단명료하다. 디자이너는 그 동안 세운 여러 개요안(概要案) 중에서 무엇이 의뢰자의 예산과 필요성, 목적, 희망사항에 가장 적합하고 좋은 개념인지를 생각하여 선택할 수 있다. 선택한 개념이 창의적인 접근방법으로 기능성을 부여하고, 갖고 있는 문제점들을 해결하는 범주를 만족시킨다면 올바른 선택이다. 만약 그렇지 못하다면 디자이너는 다른 대안들을 재검토하여 가장 적절한 안을 선택해야 한다. 모든 개요안의 검토가 끝나고 한 가지 안이 결정되면 디자이너는 예비 도면작업으로 들어간다.

이 단계에서 예비 설계도면이 평면도, 입면도, 단면도, 투시도 등의 최종설계도로 더욱 발전된다. 최종설계도는 축척에 맞게 그려짐은 물론이고, 공간의 모든 요소들, 예를 들면 실내조경 컨테이너나 베드를 포함하여 문, 창호나 테이블 등의 건축적 상세도들도 포함된다. 일단 최종설계도가 확정

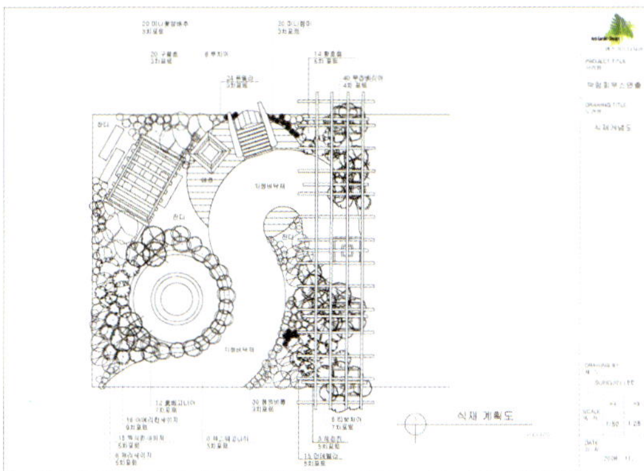

식재 계획 평면도(이주헌, 2008)

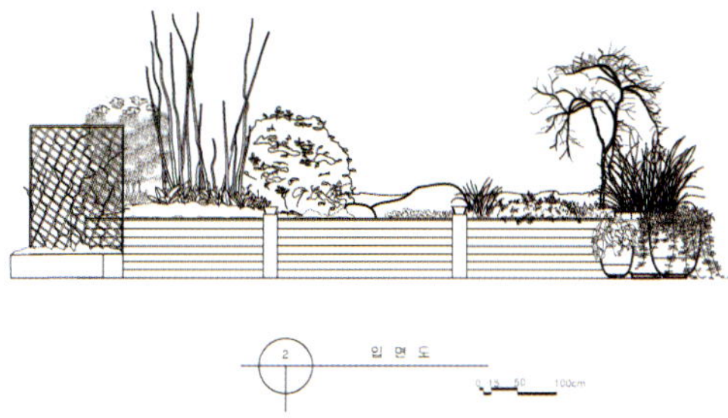

입면도(이애경, 2007)

투시도(김금녀, 이애경, 2007)

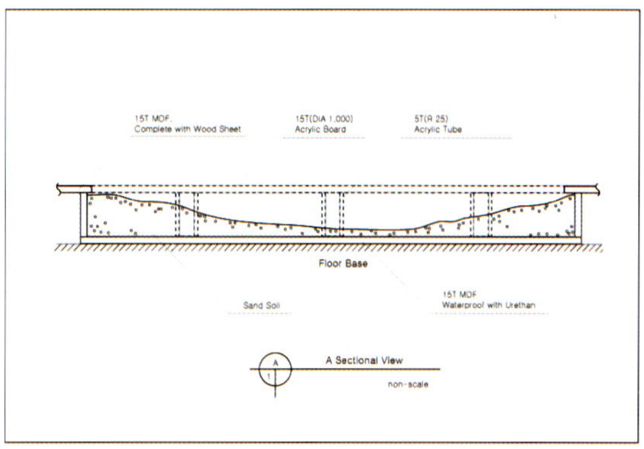

단면 상세도

그림 6-12. 도면의 종류

되면, 실시도면이 만들어지고 시공자가 정해지며, 의뢰자가 이용할 때까지 시공자들이 관리하게 된다.

최종단계에서 배식설계는 정확한 제도 및 표현기법에 의해 도면이 작성되는데 이때, 식물의 규격에 맞게 표현하고 인출선을 그려 수종명, 수량, 규격 등을 명시하여야 한다. 또한 이와 함께 수목수량표 작성도 이루어지는데 배식평면도에 배치된 수종별 수량을 집계하여 작성한다.

7) 문서 작성

① 시방서

시방서는 공사 시공자와 식물을 포함하는 자재 납품업자에게 주는 식물 및 자재의 성상이나 성능 혹은 표준규격과 실행될 시공 및 설치방법 등의 지시서이다.

시방서는 무엇이 만들어져야 하며, 어떻게 지어져야 하며, 어떤 식물이 재식되어야 하며, 재식은 어떻게 이루어져야 하며, 누구에 의해 실행되며, 이에 쓰여지는 재료의 규격과 성능 기준 등을 전문적인 용어로 기술한다.

② 내역서

일반적으로 내역서는 일위대가와 내역서로 구분하며, 이의 작성은 일련의 순서에 의해서 진행된다.

- 일위대가 : 일위대가는 기초일위대가와 단위일위대가로 구분되는데 이들 모두 항목별 단가 산정의 기초가 된다. 기초일위대가는 표준품셈에서 적용되어 수량산출 없이도 산출할 수 있는 항목을 작성할 때 이용한다. 단위일위대가는 정자 1개소 혹은 해미석 포장 1㎡와 같이 길이, 면적, 체적, 중량, 개소 등의 기본적인 단위 시공 1단위(unit) 당 순공사비로 재료비, 노무비, 경비 등이 복합적으로 합산된다.
- 이미 산출된 항목별 단가를 전체 공사량으로 곱하여 산출하는 것으로 내역서와 총괄내역서로 구분한다. 내역서(순공사비)는 각 작업별 공사량에 일위대가에 의하여 산정된 단가를 곱하여 공사비를 추출하는 절차를 일컫는다. 총괄내역서는 공사 전체에 소요되는 경비를 추출하는 과정으로 이미 산출된 내역서에 간접노무비, 산업재해보상보험료, 고용보험료, 국민건강보험료, 국민연금보험료, 기타 경비를 더하여 공사원가를 산출하고, 공사원가에 일반관리비, 이윤을 더하여 총공사비가 산출된다.

③ 견적서

전체 공사에 소요되는 비용을 항목별로 일목요연하게 정리하여 나타낸 합계표 형식의 문건을 의미한다. 전체 원가계산을 적용한 갑지와 산출내역을 정리한 을지로 구분하여 작성한다.

비목			금액	구성비	비고
순공사원가	재료비	직접재료비	67,050,561		
		간접재료비			
		작업설 부산물			
		소계	67,050,561		
	노무비	직접노무비	21,840,552		
		간접노무비	2,201,528	직접노무비 10.08%	
		소계	24,042,080		
	경비	운반비	600,000		
		기계경비	720,000		
		산재보험료	745,304	노무비 X 3.1 %	
		고용보험료			
		복리후생비	2,172,589	(재료비+노무비) x 2.385%	
		안전관리비			
		기타경비(조경)	4,281,354	(재료비+노무비) X 4.7%	
		세금과공과	1,185,115	(재료비+노무비) X 1.301%	
		소계	9,704,333		
계			100,796,974		
일반관리비			4,737,458	(재료+노무+경비) X 4.7%	
이윤			3,078,710	(노무비+경비+일반관리비) X 8%	
사급자재비					
폐기물처리비			475,000		

그림 6-13. 원가계산서의 예

공종	규격	단위	수량	재료비 단가	재료비 금액	노무비 단가	노무비 금액	경비 단가	경비 금액	비고
1. 시설물공사										
a. 꽃상점부										
MDF(중밀도)	3TX1220X2440	장	114	5,800	668,400	9,800	1,117,200			
	6TX1220X2440	장	15	7,700	115,500	9,800	147,000			
	18TX1220X2440	장	63	24,870	1,918,110	9,800	619,400			
	30TX1220X2440	장	5	49,200	246,000	9,800	49,000			
방부목 각재	95X95X3600	개	44	9,620	423,280		-			
미송각재	36X36X3600	개	58	1,740	100,920		-			
	45X90X3600	개	5	2,380	11,900		-			
철공부자재		식	1		376,390		-			
전산볼트(철제)	Ø12(㎜)	개	186	1,528	284,208		-			
스틸평와셔	12㎜	개	744	10	7,440		-			
스틸스프링와셔	12㎜	개	744	10	7,440		-			
너트(철제)	M12	개	744	30	22,320		-			
구조용스테인리스강	40X60(사각)	m	409	18,128	7,414,352	8,475	3,466,275			
	60X60(사각)	m	14	21,494	300,916		-			
육각볼트, 너트	12X65	개	1,810	210	380,100		-			
아크릴평판(T20)	1160X1460	개	1	226,800	226,800	120,000	120,000			
외부마감시트지		m2	288	6,500	1,869,000		-			
방수액(스톤우드토르)	10L	통	1	225,000	225,000	43,200	43,200			
스톤페인트		m2	5	10,818	54,090	7,740	38,700			
수성페인트(백색)		m2	25	4,230	105,750		-			
디스플레이용포스탠드	5m	조	1	36,383	36,383	18,300	18,300			
할로겐 조명		조	6	29,900	179,400	27,000	162,000			
보통공		인	8		-	86,585	692,680			
b. 벽면공사										
MDF(중밀도)	3TX1220X2440	장	11	5,600	61,600	9,800	107,800			
	6TX1220X2440	장	3	7,700	23,100	9,800	29,400			
	18TX1220X2440	장	65	24,870	1,616,550	9,800	637,000			
	15TX1220X2440	장	12	27,800	333,600	9,800	117,600			
미송각재	36X36X3600	개	98	1,740	170,520		-			
	45X90X3600	개	21	2,380	49,980		-			

그림 6-14. 산출내역서의 예

(3) 시공 및 유지관리 단계

시공은 결정된 안들을 이행 또는 착수에 옮겨 실제적인 형태를 만드는 작업을 말한다. 이 단계에서는 최종 도면과 평면, 렌더링이나 다른 형태의 프레젠테이션 매체를 통해 의뢰자와 협의한다. 디자인 과정은 창의적인 생각이나 안으로 끝나지 않고 계획안들을 실현시키는 과정으로 이어진다. 전문직 디자이너에게는 이 단계가 의뢰자로부터 최종결정을 받아내는 전략과도 관계된다.

(4) 평가

디자인 과정 중 평가단계에서는 과연 근본적인 문제를 얼마만큼 해결했으며, 무엇을 얻었는지 등을 평가하고, 재검토하는 것이다. 평가단계는 디자인 활동의 결과나 효과와 경험상 배우거나 얻은 것이 무엇인지를 알기 위한 재검토 과정이다. 또한 이 과정은 디자이너 자신과 사용된 디자인 과정, 문제점의 종결을 얻기 위한 의도 등을 스스로 발전시키는 한 과정이다.

| 참고문헌 |

신실내조경학

07

화훼장식의 유통과 경영

1. 화훼장식과 유통

유통과 유통기구 | 유통경로 | 화훼장식의 유통

2. 화훼장식 경영체

법률과 경영방식에 따른 유형 | 취급 상품과 판매형태별 유형

상품 판매방식별 유형 | 오프라인과 온라인 | 화훼장식업체의 창업

3. 판매관리

판매관리 | 상품전략 | 가격전략 | 진열 | 촉진전략

4. 화훼장식의 실행

의의 | 진행 과정 | 입찰제도 | 견적 | 원가계산과 예정가격 | 제작 및 장식

5. 고객관리

고객의 유형과 구매동기 | 고객관리 | 고객서비스 | 고객관리의 여러 방법 | 고객만족

6. 경영분석

경영분석의 필요성 | 경영분석의 분류와 실제 | 종합평가와 경영에 반영

07 화훼장식의 유통과 경영

1. 화훼장식과 유통

(1) 유통과 유통기구

1) 유통

유통(流通)은 상품을 생산자로부터 마지막 고객(소비자)에게까지 전달하는 활동으로 최초의 생산 단계에서 이루어진 생산물이 최후의 소비에 이르기까지 연결되는 영역을 뜻한다. 이 유통기능을 수행하는 유통기관들로 이루어지는 산업을 유통업(流通業)이라 한다.

2) 유통기구

유통기구는 한 사회 내에서 상호관련을 가지고 활동하는 질서 있는 분배조직의 집합체로 유통경로에 개입하여 유통기능을 하는 개인 및 회사를 가리킨다. 유통기구는 유통기관 또는 유통조직이라고도 하며, 크게 수집기구, 중계기구(중개기구) 및 분산기구로 구분된다.

① 수집기구

수집기구는 생산이 소규모이고, 분산되어 있을 경우에 발달하는 유통기구이다. 화훼장식에서는 주로 화훼 산지를 중심으로 형성되어 있다. 수집기구(수집시장)는 생산지에서 맨 처음 수집되는 산지 수집시장과 수집된 화훼가 도매시장에 수송되기 위하여 중간 지점에 모이는 집산지 시장으로 구분된다.

② 중계기구

중계기구는 도매시장의 형태로 나타난다(그림 7-1). 우리나라의 도매시장은 크게 세 가지 유형으로 분류되는데「농수산물유통 및 가격안정에 관한 법률」에 의해 개설된 농수산물도매시장과 농수산물공판장, 소매시장의 허가를 받아 개설되었으나 도매시장 기능을 하고 있는 유사도매시장 등이 있다. 농산물도매시장에는 공영도매시장과 일반법정도매시장 등이 있다. 중앙 및 지방정부의 공공투자에 의해 지방자치단체가 개설한 시장을 공영도매시장이라 하고, 민간의 투자로 농수축산물의 도매거래를 위해 지방자치단체가 개설한 시장을 일반법정도매시장이라 한다.

그림 7-1. 화훼 도매시장은 중계기구에 해당된다.

③ 분산기구

분산기구는 소비기구(소비시장)라고도 한다. 분산기구는 농산물을 최종 소비자에게 전달시켜 주는 단계로 분산단계라고도 하며, 우리나라에서는 소매상이 그 기능을 담당하고 있다(그림 7-2). 화원, 꽃상가, 꽃장식업체 등이 여기에 속한다. 최근 소매시장은 점차 대규모화 및 체인점화 되고 있는데, 화훼장식 소재도 대형 소매기관과 직거래 등을 이용하여 유통단계를 줄이고 이익을 높이는 방법이 확대되고 있다.

그림 7-2. 화원은 분산기구에 해당된다.

(2) 유통경로

1) 유통경로

유통경로(流通經路)는 상품이 생산자로부터 생산되어 소비자 또는 최종 수요자에 이르기까지 거치게 되는 과정과 통로로 자연발생적인 필요에 의해 만들어진 것으로 각 유통단계에 따라 여러 가지 유통기능을 수행하고 있다. 유통경로에는 화훼의 유통을 가능하게 해 주는 유통기구가 있으며, 이 기구에 중간 상인이 있다. 즉, 생산자, 중간 상인 및 소비자를 연결시켜 주는 것이 유통경로라 할 수 있다.

2) 유통경로의 종류

일반적으로 유통 단계는 5~6단계인데 크게는 시장 외 유통과 시장유통으로 구분할 수 있다. 일반적으로 유통경로는 짧고, 생산가와 판매가의 차이가 적은 것이 좋다.

① 시장유통

화훼장식 소재의 시장 유통경로는 품목에 따라 다르나 일반적으로 생산자 → 산지시장 → 도매시장 → 중간도매상 → 소매상 → 소비자 등의 순으로 나타난다. 그러나 농산물의 유통경로는 그 주체에 따라 약간의 차이가 있다.

- 상인조직을 통하는 경우
  - 생산자 → 수집상 → 반출상 → 위탁상 → 도매상 → 소매상 → 소비자
  - 생산자 → 도매시장(중도매인) → 소매상 → 소비자
  - 생산자 → 수집상 → 소매상 → 소비자
- 농업인 조직을 통하는 경우
  - 생산농가 → 산지조합 → 공판장 → 지정거래인 → 소매상 → 소비자
  - 생산농가 → 산지조합 → 소매상 → 소비자
  - 생산농가 → 산지조합 → 수출업자

상인조직을 통하는 경우에는 일반적으로 5~6단계를 거치고 있으나, 수출화훼는 유통경로가 비교적 단순한 특징이 있다. 농업협동조합과 같이 농업인 조직을 통해 이루어지는 유통경로는 상인조직을 통해 이루어지는 경우와 비슷하나 생산농가 자체에 의해 조직된 영농조합법인 및 작목반을 통해 유통된다는 특징이 있다.

② 시장 외 유통경로

시장 외 유통 경로는 도매시장을 거치지 않고 이루어지는 유통경로로서 최근 거래 물량이 늘어나고 있는 실정이다. 시장 외 유통경로는 크게 계약재배 방식과 산지직거래 등이 있다.

- 계약재배 방식

  계약재배 방식은 생산자가 대량 수요처와 사전에 계약을 체결하여 재배하는 형태로 생산자는 필요한 물량을 미리 판매할 수 있는 곳을 확보하는 동시에 대량 소비처는 필요한 양을 사전에 확보하는 방식이라 할 수 있다. 사전에 수요와 공급처 가격 등이 결정되어 계획적으로 될 수 있는 이점이 있지만 화훼에서는 화훼상품의 특성상 많이 이루어지지는 않고 있다.

- 산지직거래

  산지직거래는 생산자와 소비자 사이에 직접거래가 이루어지는 방식이 일반적이며 생산자와 소비자 또는 생산단체와 소비자단체의 거래 과정이 수직으로 통합된 형태인데, 화훼에서는 많이 이루어지지 않고 있다.

(3) 화훼장식의 유통

1) 유통측면에서 본 화훼의 특징

① 상품적 특성

- 화훼생산은 경제적 조건에 영향을 받는다.
- 화훼는 자본과 노동 집약적 작목이다.
- 화훼는 재배기술이 발달해 있다.
- 재배 방식의 첨단화가 진행되고 있다.

② 유통적 특성

- 품종과 품질이 다양하여 표준규격화가 어렵다.
- 화훼는 선도와 외형이 상품가치를 결정하며, 부패 및 손상성이 있다.
- 부피가 크고 무거워 수송비가 많이 든다.
- 화훼는 유통과정 중에도 상품성의 유지를 위한 관리가 필요하다.

③ 소비적 특성

- 증정용 소비가 많다.
- 화훼에 대한 소비자 욕구가 다양하고 수요 구조가 복잡하다.
- 화훼는 복지 및 원예치료 측면의 역할을 갖는다.
- 소매점에서 가공률이 높은 상품이다.
- 화훼는 소득수준과 가격 변동에 민감한 상품이다.
- 수요의 계절성 및 도시 집중성이 강하다.
- 품목별로 용도가 뚜렷하다.

2) 절화의 유통

화훼류의 유통경로는 품목에 따라 다양한 유형으로 이루어지고 있다. 절화류는 「생산자 → 도매시장 → 소매상 → 소비자」의 유통형태가 주를 이루며, 일부는 「생산자 → 도매시장 → 소비자」, 「생산자 → 수출」 단계로 이루어지고 있다. 따라서 절화의 유통은 대부분 생산자로부터 서울에 위치한 유사도매시장이나 화훼공판장에 반입되었다가 소매상을 통해 각지로 분배되는 경로를 통해서 이루어진다.

3) 분화의 유통

분화의 유통경로는 서울의 유사도매시장에 반입되기보다는 수집상이 직접 산지를 방문하여 구입한 후 판매하는 경로의 비율이 높다.

4) 절지 및 절엽의 유통

절지 및 절엽은 소비 규모가 작기 때문에 절화나 분화와는 달리 도매상이 직접 재배하거나 채취하여 판매하는 비율이 높고, 일부는 지방의 농민들이 재배나 채취한 것을 도매상이나 소매상에게 직접 공급하는 형태를 취하고 있다.

5) 화훼장식품의 유통

화훼장식품은 고객이 화원에서 구입하는 것 외에 〈그림 7-3〉과 같은 유통 유형이 있다.

① a형 : 화원에서 고객에게 장식품을 직접 제공하는 것뿐만 아니라 시외까지 배달되는 상품의 주문을 받고 배달하는 체계이다.

② b형 : 화원에서 시외배달 상품의 일반적인 유통구조로 주문을 받은 뒤 배달할 곳과 가까운 곳의 화원에 배달을 의뢰하던 구조이다.

③ c형 : b형의 단점을 극복하기 위해서 발달한 것이다. c형은 상품의 품질, 수금 등 신뢰문제를 해결하기 위해 협회 및 단체의 본부에서 집산기능과 결제 대행기능을 하는 장점이 있으나 유통단계가 한 단계 더 늘어남으로써 유통비용이 증가하는 단점이 있다.

④ d형 : 시내 소비자들이 시외에 있는 고객에게 배달해 줄 것을 의뢰했을 경우에 지역 간의 상품이나 기술 차이에 의해 주문한 고객이 원하는 상품이 아닌 것이 배달될 수가 있다. 이러한 문제점과 시외로 배달 시 배달비용이 많이 소요되는 단점을 극복하기 위해 시외로 가는 것을 여러 개 모아서 배달하는 유통 구조이다.

⑤ e형 : 화원과 다른 업종의 제휴 증가 및 인터넷의 발달에 의한 유통형태로 화원 없이 사무실만 놓고 꽃배달 주문을 받는 방식이다. 이 방식은 유통 단계의 증가로 상품 값이 비싼 편이지만 홍보의 활성화, 결제수단의 편리성 등의 장점이 있다.

⑥ f형 : 주문하는 고객이 화훼장식품을 받을 고객의 근처에 있는 화원에 직접 주문을 하는 방식으로 소비자나 화원 입장에서 보면 가장 바람직한 유통구조이다. 다만, 소비자들이 거래 대상 화원에 대한 충분한 정보 파악이 어려운 단점이 있다.

- a형 : 시내고객 → 화원 → 시내 소비자(받는 고객)
- b형 : 시내 고객 → 화원 → 시외화원 → 시외 소비자(받는 고객), 시내 소비자 ← 화원 ← 시외화원 ← 시외 고객(주문고객)
- c형 : 시내 고객 → 화원 → 협회, 단체, 꽃배달업체 → 시외 화원 → 시외 소비자(받는 고객)
  시내 소비자 ← 화원 ← 협회, 단체, 꽃배달 업체 ← 시외 화원 ← 시외 고객(주문고객)
- d형 : 시내소비자 → 운송업체 → 시내 · 외 소비자(근거리 시외)
- e형 : 주문고객 → 협회, 단체, 이업종 업체, 꽃배달 회사, 인터넷업체 → 화원 → 소비자(받는 고객)
- f형 : 시내 · 외 고객 ↔ 시내 · 외 화원 → 시내 · 외 소비자

그림 7-3. 주문에서 소비자까지의 화훼장식품의 유통경로

6) 유통구조의 문제점

① 화훼의 유통구조는 법정도매시장의 부족, 유통시설 및 공동출하 체제가 아직 미비한 단계에 있다. 또 화훼는 유사도매시장이 거래를 주도하고 있으므로 공정하고 투명한 거래를 저해하고 있다.

② 생산 및 도매단계의 저온시설과 저온수송차량의 부족 등 유통시설이 미비하여 고도의 상품성을 유지하기 어려운 측면이 있다.

③ 산지출하 조직이 미비하고 대부분 개별 출하에 의존하고 있다. 절화와 분화류의 경우 개별적인 출하 비중이 높다. 계통 및 공동 출하의 저조는 수송비용을 많이 들게 하고 수급 조절이 어려워 가격을 불안정하게 한다.

④ 화훼류는 지나칠 정도로 서울을 중심으로 시장이 형성되어 있고, 시장 단계별 가격형성, 표준 규격화, 유통정보, 저장, 가공 등 유통기능이 미약하다.

⑤ 최근 산지 농협의 수출 및 국내 유통 등 경제 사업이 확대되고는 있으나 일부 조합을 제외하고는 대부분의 조합이 적극적인 매취 및 판매사업보다는 경매를 통한 공판사업 수준에 머무르고 있다. 따라서 규격출하 및 품질유지 등이 지극히 미흡할 뿐만 아니라 유사도매시장 등 도매조직과의 거래에 있어 거래 교섭력을 발휘하기 힘들고, 대형 소매업체와의 직거래 역시 이루어내지 못하고 있는 실정이다.

2. 화훼장식 경영체

(1) 법률과 경영방식에 따른 유형

1) 법률에 의한 구분

화훼장식 경영체는 법률에 따라 개인기업(사업체)과 법인기업(사업체)으로 구분된다. 개인기업은 사업주 1인이 단독으로 사업의 모든 권리와 의무를 지는 것으로 사업조직 중 가장 간단한 형태이다. 법인은 민법상에 의해 사람들이 모여 법적주체로서 활동하는 '사단법인'과 특정한 재산(금전이나 기금 등)이 모여 법적으로 활동하는 '재단법인'이 있다.

회사를 규율하는 대표적인 법률인 상법에 의한 법인은 합명회사(合名會社), 합자회사(合資會社), 주식회사(株式會社), 유한회사(有限會社)로 구분된다.

2) 경영방식에 의한 구분

경영방식에 따라서는 화원 및 화훼장식업체의 대표가 직접 경영하는 직영점과 체인 가맹점으로 체인 본사의 경영방식에 따라 운영하는 체인점으로 구분된다. 체인점에는 사업자가 다른 사업자와 계약을 체결하고 자기의 상표, 서비스 표지, 상호 및 기타 영업의 상징이 되는 표지와 경영의 노하우 제공 등 동일의 이미지를 기본으로 해서 상품의 판매 및 기타 사업을 행하는 프랜차이즈 체인(franchise)과 각각의 상호를 갖고 있는 업체들이 특정의 로고를 중심으로 연합체를 형성하여 상호 협력 하에 경영하는 방식의 횡적연대의 볼런터리 체인(voluntary chain)이 있다.

(2) 취급 상품과 판매형태별 유형

화훼장식업체에서 취급하는 상품에 따라 구분한 것으로 일반 화원형, 전문점형, 종합원예점, 화훼장식 전문업체 형으로 구분하는 것이 가능하다(그림 7-4). 또 판매품목에 따라 절화류, 분화류(관엽, 분화식물, 난류), 절지 · 절엽류 판매업, 장식전문업체 등으로 구분된다.

그림 7-4. 절화 위주의 판매점은 전문점형이다.

화훼소재 및 장식기술의 판매 형태에 따라서는 소매업과 도매업으로 구분된다. 소매점이란 최종 소비자들에게 제품이나 서비스를 판매하는 유통시장을 말한다. 넓은 의미에서 소매거래는 점포에서 판매하는 것뿐만 아니라 방문판매 또는 통신판매, 사이버판매와 같은 무점포 판매도 포함되며, 나아가서는 꽃꽂이 교실, 노점상, 행상, 꽃배달, 꽃장식이벤트 업체까지도 포함한다. 따라서 화훼의 소매점은 화훼와 서비스를 판매하는 모든 기관을 가리킨다. 도매업은 도매 거래하는 법인 및 개인으로 법정도매시장, 유사도매시장, 중도매인, 위탁상이 이에 해당되며, 화훼장식에서는 하청업체가 도매업 역할을 하기도 한다.

(3) 상품 판매방식별 유형

화훼소재나 장식품을 진열해 두고 방문하는 고객들에게 현장에서 판매하는 방식인 직판형 업체(화원 등), 카탈로그나 전단지 등에 상품을 게재한 후 전화 등의 통신주문에 의해 주문을 받은 후 상품을 제작해 배달하거나 다른 업체에 위탁하고 수수료를 수입원으로 하는 형태인 통신판매형 업체, 일반 화원에서 흔히 볼 수 있는 판매방식으로 방문객을 대상으로 대면판매도 하고, 배달서비스와 통신판매도 하는 형태인 복합형 업체, 화원이나 관련 업체에서 위탁한 상품위주로 제작하고 배달하는 형태인 대행위주의 업체, 사이버 공간에 표준화된 제품을 전시해 놓고 판매하는 형태로 고객이 주문하면 받는 고객 근처의 업체에 상품의 제작과 배달을 위탁하고 일정액의 수수료를 수입원으로 하는 체계의 사이버 업체 등이 있다.

표 7-1. 화훼장식업체의 창업 시 검토해야 할 기본 사항

구 분	분석 내용	세부적인 내용
사업 분석	기초분석	업장의 위치 주변의 경쟁업체 분석 주차 상황 주변 주거인구나 이동인구
	사업신고와 세무업무	세금신고 과정(세무상담) 사업자신고 및 등록(세무서 등 관련 관청) 회계장부
비용분석	설비투자	매장 보수 및 건축비용 매장인테리어 : 작업대, 쇼윈도 설치, 장식장, 전시용 화기 물품구입 : 전화, Fax, 컴퓨터, 계산기, 포장재료, 용기와 화기, 기계와 공구, 청소도구, 배달차량
	경상유지비	정규비용 : 매장유지비(월세), 보험금 비정규비용 : 인건비, 보수비, 차량유지비, 광고비, 통신비
매장설비	내부설비	벽면, 바닥, 조명, 전시공간설비, 작업대, 계산대, 포장대, 싱크대
	외부설비	외부장식, 간판
	일반설비	사무실, 상담공간, 난방설비, 냉방설비
소재 및 재료 구입	소재별 구입내역	절화, 분화, 장식물품, 계절제품
	소재 및 재료 리스트와 견적서	장식소재와 부소재, 공구, 관련 장비
사업운영계획	시간계획	장기(연별), 중기(달별), 단기(주별, 날별)
	업무계획과 분배	업무시간 규정, 업무별 중요 순위에 따른 업무계획과 규칙
고용계획	필요수요에 따른 인원고용	업무별 최소 필요 인원
	고용계약서	근로기준법 등에 의거한 고용계약서
개업준비	개업계획	광고, 명함, 리본, 초청장
		진열 장식품

(4) 오프라인과 온라인

상품의 판매를 오프라인 위주로 하는지 온라인으로 하는지 유무에 따라 오프라인 업체와 온라인 업체로 구분이 가능하다. 오프라인 업체는 영업 형태에 따라서 화분식물 위주로 운영하는 곳, 꽃바구니 등 생화 위주의 화원, 난 종류만 따로 취급하는 화원, 장식만 전문적으로 하는 곳 등 여러 가지 형태가 있으나 종합적인 품목을 판매하는 곳이 일반적이다. 오프라인 업체는 소재

상태의 상품보다는 꽃바구니, 박스플라워, 꽃다발 등 장식품 형태의 거래가 많이 이루어지고 있다.

(5) 화훼장식업체의 창업

화훼장식업체의 창업을 위해서는 종류를 불문하고 업체의 형태, 판매 품목, 판매방식 등에서부터 규모, 장소, 경영방법, 손익계산 등 사업성 분석과 계획서를 꼼꼼히 작성한 후 실시해야 실패할 확률이 적어진다. 창업 시에 검토하고 계획을 세워야 할 주요 내용은 〈표7-1〉과 같다.

3. 판매관리

(1) 판매관리

1) 판매관리

판매관리(marketing management)는 마케팅 활동을 분석하고, 계획하며, 집행하고, 통제하는 경영활동을 가리킨다. 그러므로 화훼장식 소재 및 장식품의 마케팅 활동을 분석, 계획, 집행, 통제하는 통합적인 경영활동이다.

2) 마케팅

① 마케팅

마케팅(marketing)은 고객의 욕구를 충족시켜 줄 제품과 서비스를 계획하고 그 가격을 결정하며, 이들의 구매 및 소비에 필요한 정보를 제공하고 유통시키는 데 소요되는 조화된 인간 활동이다.

② 마케팅의 의의

마케팅은 소비자의 욕구를 철저히 조사 탐지하여 그것을 상품이나 장식에 반영시켜 소비자가 원하는 것을 제공함과 동시에 소비자의 만족에서 오는 경영주의 이윤 추구를 위한 활동의 총체이다. 더불어 화훼장식가는 창조적 업무에 종사하는 창조자이지만 사회에서는 생활인이며, 고객에게는 거래 당사자이므로 마케팅은 절대적으로 필요하다.

③ 마케팅 개념의 생성

공급이 부족하던 시대에는 판매자 우위시장(seller's market)이었던 것이 이제 구매자 우위시장(buyer's market) 구조로 발전함에 따라 판매자는 상품기획에서부터 판매 후 서비스까지 소비자의 욕구에 초점을 맞추어야 하는 시대가 되었다. 이처럼 소비자의 관점에서 기업활동을 계획하고 실행하는 것을 소비자 지향적 사고(consumer orientation)라고 하는데, 이것은 마케팅의 기본철학이다.

④ 마케팅의 4P

표적시장의 욕구와 선호를 효과적으로 충족시켜 주기 위하여 기업이 제공하는 마케팅 수단을 마케팅믹스라고 한다. 상품을 보다 많이 팔기 위해서 마케팅에서는 보통 상품전략(product), 가격전략(price), 유통전략(place), 판매촉진전략(promotion)이라는 네 가지 요소를 조합하여 전략을 세운다. 이 네 가지 요소를 4P라고도 한다.

⑤ 마케팅 환경

마케팅 환경에는 상품, 가격, 장소, 촉진과 같이 통제 가능한 요소와 정치, 경제, 사회, 법률, 문화 환경과 같이 통제 불가능한 요소가 있다.

3) 마케팅 목표설정

마케팅 목표는 어려우면서도 달성 가능한 수준의 목표 즉, "한번 해 볼 만한데"라고 하는 마음이 들 수 있는 목표를 설정하는 것이 필요하다. 목표는 전년대비 매출액 20% 증가와 같이 수량으로 표시하는 것이 일반적이다.

4) 시장의 세분화

욕구와 선호하는 것이 유사한 소비자 집단을 세분시장(segments)이라 하며, 이러한 방법으로 소비자 집단을 나누는 과정을 시장세분화(market segmentation)라고 한다.

5) 차별화와 포지셔닝

마케팅에서 포지션(position)은 소비자들이 인식한 자사상품과 경쟁상품에 대한 상대적 위상을 말한다. 포지셔닝(positioning)은 마케팅 목표를 효과적으로 달성하기 위하여 바람직한 목표 포지션을 결정하는 일 즉, 잠재고객의 머릿속에 자리매김을 하는 것을 의미한다.

(2) 상품전략

1) 상품 전략의 기초

① 상품의 개념

마케팅에서는 물리적인 형태를 가지고 있지 않더라도 소비자의 필요와 욕구를 충족시켜 줄 수 있는 능력이 있으면 무엇이든지 상품이 될 수 있다. 따라서 유형의 재료는 물론이고 서비스, 장소, 사람, 아이디어 등과 같이 소비자의 결핍된 욕구를 만족시켜 줄 수 있는 것이면 무엇이든 상품이 될 수 있다.

상품 중에서 물리적 실체를 가지고 있는 것을 재화(goods) 또는 유형재(tangible product)라고 하고, 이에 비해 물리적 속성을 가지고 있지 않은 상품을 서비스(service) 또는 무형재(intangible product)라고 한다. 그러나 화훼장식과 같이 대부분의 상품은 물리적 속성과 서비스가 결합된 형태를 가지고 있는 것이 보통이다.

② 상품계획

고객의 수요를 잘 연구하여 고객에게 팔릴 수 있는 상품을 선정하여 구입하는 것을 말한다.

③ 상품의 생명주기

생명체처럼 상품에도 수명이 있는데, 이것은 특정 상품이 시장에 처음 출시되어 도입, 성장, 성숙, 쇠퇴의 과정을 거쳐 시장에서 철수되는 것을 의미한다. 상품의 수명주기(PLC, product life cycle)란, 상품이 시장에 도입되어 시장에서 쇠퇴할 때까지 거치게 되는 매출액과 이익의 변화 과정을 말하며 도입기, 성장기, 성숙기, 쇠퇴기로 구분한다.

(3) 가격전략

1) 가격의 개념

가격이란 판매자가 제공하는 상품과 그에 관련된 서비스에 대한 대가로, 구매자가 지불하는 화폐의 양이라 할 수 있다. 가격은 소비자에게 직접적으로 호소할 수 있는 메시지 수단의 일종이며, 동시에 경쟁자에 대한 메시지이기도 하다. 기업 입장에서는 수익과도 직결되는 요소이다. 그러므로 소비자와 기업 모두를 만족시킬 수 있는 가격을 설정하는 것이 중요하다.

2) 판매가격의 구성요소

판매가격은 매입원가(매입가격+매입비용)에 마진(margin)을 더한 것이다. 매입원가는 상품의 매입가격에 운임, 운송, 보험료, 보관료 등의 여러 비용을 더한 것이다. 여기에 포장비, 발송비, 광고비, 종업원 급료 등과 같은 영업비를 더한 것을 판매원가라고 한다. 판매가격과 판매원가의 차액을 이익이라 하고, 판매가격과 매입원가와의 차액을 마진(이폭)이라 한다. 마진은 영업비와 이익을 합한 금액이라고 할 수도 있다. 그리고 판매가격에 대한 마진의 비율을 마진율이라고 한다.

3) 가격의 결정방법

상품의 가격을 설정하는 방법은 원가중심의 가격설정, 구매자 중심의 가격설정, 그리고 경쟁자 중심의 가격설정 등 세 가지로 구분할 수 있다.

4) 가격전략

기업의 이익만을 고려하면 가격은 최대한 높을수록 좋을 것으로 생각하기 쉽지만 높은 가격이 기업에게 다 좋은 것은 아니다. 상품 가치에 비해 높은 가격을 책정하면 소비자들로부터 외면당하기 쉽다. 높은 가격에 사는 사람이 일부 있다고 하더라도 전체적인 매출액은 낮아질 수 있다. 따라서 소비자와 기업 모두를 만족시킬 수 있는 적정한 가격을 책정하는 것은 상품을 만드는 것 못지않게 중요한 과제이다.

(4) 진열

1) 진열의 의의

진열(display)은 매장에서 상품화된 품목을 표현과 주장을 통하여 가지런히 놓는 것이다. 진열은 판매대의 설비 및 배치, 조명의 배려에 따라 상품을 배열하여 고객의 구매의욕을 자극시키기 위한 판매기술로 단지 배열하고 장식하는 의미뿐 아니라 판매촉진의 조성수단으로서 역할을 한다. 또 진열을 통해서 상품을 제안하거나 점포의 이미지를 높일 수 있다. 진열에서 가장 중요한 것은 진열의 아름다움이나 방법이 아니고 상품 그 자체이다.

2) 진열의 요령

진열 요령은 일반적으로 ① 보기 쉬워야 한다, ② 고르기 쉽고 손에 닿기 쉬워야 한다, ③ 사기 쉬워야 한다, ④ 상품의 신선도를 높이는 진열이어야 한다, ⑤ 상품의 가치를 높이는 진열이어야 한다, ⑥ 사람의 눈을 집중시키는 진열이어야 한다, ⑦ 전체적으로 균형(아름다움)이 있어야 한다.

3) 진열, 전시형태

진열, 전시방법은 기본적으로 ① 늘어 놓는 진열(늘어 놓는다, 쌓아 놓는다, 담아 놓는다), ② 걸어 놓는 진열(부착해 놓는다, 걸쳐 놓는다), ③ 매달아 놓는 진열(걸어 놓는다, 늘어뜨린다, 걸친다)이 있다.

4) 진열 효과를 높이는 방법

① POP 광고

POP은 'point of purchase'의 약어로서 고객의 구매시점에 행하여지는 광고를 말한다. 즉, 고객이 쇼핑하는 데 편하도록 상품명, 가격, 규격, 특성 등을 알려주는 광고방법이다. POP 광고는 고객의 입장에서 잘 보이는 곳에 부착해야 하며, POP 광고 부착으로 인해 진열상품이 가리지 않도록 해야 한다.

② 효과적인 색채

화훼장식품 판매장의 색채는 잘 선정하였을 경우에는 진열 효과를 높여 판매량을 늘리며, 판매장을 밝고 즐겁게 한다. 또 직원이나 고객이 피로를 적게 하여 사고를 예방하는 효과가 있다. 색채를 이용할 때에 유의할 사항으로는 판매장 전체에 안정감을 주어야 하고, 상품이 돋보이도록 할 수 있는 색채를 사용해야 한다.

③ 효과적인 조명

조명은 상품진열의 효과에 큰 영향을 줄뿐만 아니라, 매출에도 큰 역할을 하기 때문에 특별히 관심을 가져야 한다. 조명은 매장의 전반적인 조도와 국부적인 조명을 적절하게 사용한다. 가장 이상적인 조명도는 인근의 판매장 중에서 가장 밝은 곳과 인근 동종 업태의 판매장 중에서 가장 밝은 곳의 중간 밝기를 택하면 된다.

(5) 촉진전략

1) 촉진전략의 기초

① 촉진의 개념

마케팅 전략의 핵심은 상품, 가격, 유통과 촉진이다. 촉진(promotion)이란 고객에게 자사 상품을 알려서 사고 싶은 욕구가 생기도록 만들어 판매로 연결되게 하는 활동이다. 즉, 상품을 판매하기 위해서는 여러 가지 방법으로 소비자의 구매 의욕을 높이는 활동을 해야 한다. 이것을 촉진이라고 하며, 그 방법에는 광고, 홍보, 판매촉진, 인적판매 등이 있다.

② 촉진의 기능

촉진의 기능에는 정보전달, 설득, 상기(想起)가 있는데, 정보전달은 잠재고객에게 보다 현명한 구매결정을 할 수 있도록 도움을 주는 것이다.

③ 촉진의 수단

촉진활동을 위하여 마케팅 담당자가 사용할 수 있는 촉진활동의 하위 요소는 대체로 광고, 홍보, 판매촉진, 인적판매 등의 네 가지이다. 보통 촉진수단 또는 촉진믹스라고 한다. 촉진은 인적경로와 비 인적경로를 통하여 이루어진다. 인적촉진은 서로 얼굴을 보면서 이루어지는 양방향 커뮤니케이션으로 인적판매가 여기에 해당된다. 이에 비해 비 인적촉진은 대중매체나 경품 등과 같은 것을 통하여 이루어지는 일방적인 커뮤니케이션으로 광고, 홍보 및 판매촉진이 이에 해당된다.

2) 광고

① 의의

광고란 광고주에 의하여 비용이 지불되는 모든 형태의 비 인적판매 제시를 뜻한다. 즉, 신문, 잡지, TV 및 라디오 등의 유료매체를 통하여 상품이나 기업의 이미지를 전달하는 방법이다.

② 광고의 유형

광고는 목표, 표적, 수신자 및 수요 형태 등에 따라 여러 가지로 분류할 수 있으나 촉진의 객체가 무엇인가에 따라 상품광고와 기관광고로 구분할 수 있다.

③ 광고전략

- 표현전략 : 광고전략은 크게 표현전략과 매체전략으로 구분되는데, 표현전략은 전달해야 할 메시지의 작성에 관한 것이다.
- 매체전략 : 매체전략은 메시지를 전달할 수단을 확보하는 것에 관한 전략으로 표적의 윤곽, 규모, 지역에 맞추어 제한된 촉진예산 범위 내에서 가장 효과적인 매체를 찾아내야 한다. 주요 매체에는 신문, 잡지광고, 직접우편(DM), 옥외광고, 교통광고, 점포 내 광고, TV와 라디오 및 인터넷 등이 있다.

3) 홍보

홍보(publicity)는 기업이나 단체가 자기에 관한 정보를 능동적으로 보도기관에 제공하여 적극적인 관심과 이해를 얻음으로써 독자의 뉴스로서 유출하게 하는 것이다. 특정한 기업이나 상품을 위하여 발간되는 뉴스와 정보도 이에 해당된다. 즉, 홍보는 상품 서비스 또는 아이디어에 관한 뉴스나 정보로서 발표되지만 후원자에 의해 비용이 지불되지 않는 형태의 촉진이다(그림 7-5). 메시지를 제시하기 위하여 사용되는 지면이나 시간에 대하여 후원자가 비용을 지불하지 않는다는 점에서 홍보는 무료이다. 광고가 일방적으로 상대방에게 알리는 것이라면 홍보는 사업의 내용 등을 널리 알림으로써 상대방의 이해를 높이고 호감을 가지게 하여 광고와 유사한 효과를 얻는 방법이다.

그림 7-5. 공간을 화훼로 아름답게 꾸며 놓은 것 자체도 홍보 역할을 한다.

4) 판매촉진

① 의의

판매촉진은 광고, 홍보 및 인적판매와 같은 범주에 포함되지 않는 모든 촉진활동을 말한다. 보통 다른 촉진수단의 기능을 보완하기 위한 것으로 소비자를 대상으로 하는 판매촉진으로는 가격할인, 경품, 무료체험, 샘플제공 등 다양한 것이 있다. 넓은 의미로는 TV, 라디오, 신문, 잡지 등을 통하여 일반 대중에게 상점, 상품, 상표 등을 알리고 호감을 갖도록 하는 광고활동도 판매촉진에 포함된다(표 7-2).

표 7-2. 판매촉진의 유형

판매 촉진 대상	판매 촉진 수단
소비자	가격할인, 경품, 콘테스트, 할인쿠폰, 리베이트, 샘플, 대금반환제의, 배달
중간상	콘테스트, 인센티브, 수량할인, 판매자 보조, 무료상품
판매원	교육훈련, 콘테스트, 인센티브

② 판매촉진의 방법

판매촉진 방법에는 ① 고객이 판매장에 왔을 때 볼 수 있도록 점포 안의 적당한 공간 또는 판매카운터 등에 설치하는 포스터, 쇼핑안내 표시, 가격표시 카드, 상품사진 등의 POP(point of purchase advertising) 광고, ② 상품의 진열, ③ 소비자교육, ④ 직접우편, ⑤ 배달서비스 등이 있다.

5) 인적판매

인적판매는 사람이 하는 판매활동이며, 판매원에 의해 이루어지는 양방향 커뮤니케이션 수단이라고 할 수도 있다. 즉, 인적판매는 판매원이 잠재고객을 직접 대면하여 상품, 서비스 또는 아이디어를 제시하는 판매이다.

6) 통신 및 사이버판매

통신판매는 신문이나 잡지, 카탈로그, 인터넷 등으로 미리 광고하여, 각지의 고객으로부터 통신이나 인터넷으로 주문을 받아 판매하는 형태이다. 화훼장식품이 선물로 이용되는 비중이 높음에 따라 통신배달 형태로 많이 이루어지고 있다.

7) 스토어 아이덴티티

코퍼레이트 아이덴티티(CI: Corporate Identity)는 기업 이미지 통합을 뜻하며, 스토어 아이덴티티(SI: Store Identity)는 소매점의 이미지 통합을 뜻하는 존재 증명이다. 스토어 아이덴티티(SI)에는 경영이념과 철학을 나타내는 MI(Mind Identity), 사업이념을 로고, 심벌 마크, 색 등 시각적으로 표현하는 VI(Visual Identity), 직원들의 행동 양식을 나타내는 BI(Behavior Identity)가 있다. 화훼장식업체에서는 직원들의 유니폼, 배달용 차량, 간판, 포장지, 홍보전단, 접수증 등 각종 비즈니스 양식과 예의 바른 접객 등을 통해 이미지 통합을 할 수 있다.

4. 화훼장식의 실행

(1) 의의

화훼장식은 수요자로부터 의뢰 및 구매에 의해 진행된다. 그런데 고객으로부터의 의뢰는 기술이나 아무 노력이 없는 장식가에게는 쉽게 주어지지 않는다. 그러므로 화훼장식가는 끊임없이 자기연마와 기술개발은 물론 고객에게 적극적인 제안을 하여 장식품의 판매와 프로젝트를 맡고, 그것을 매우 성공적으로 마쳐야 한다.

(2) 진행 과정

화훼장식은 수요자의 요구에 의해 이루어지는데 화훼장식품의 구입과 판매에서부터 대형 공간의 장식에 이르기까지 다양하다. 화훼장식품의 구입과 판매는 일반적으로 화원을 통해 이루어지나 공간장식 등은 고객의 발주(요구사항), 수의 및 경쟁입찰(원가, 설계 등)에 의한 계약, 제작과 설치 등 장식의 진행, 완성 순으로 진행된다. 이 과정에서 화훼장식가는 무엇보다도 고객의 요구사항과 공간의 성격 및 마켓 포지셔닝, 예산 규모, 장식 내용과 규모를 명확하게 파악해야 한다.

(3) 입찰제도

1) 개념

최근 관공서에서도 화훼장식 수요가 증가하고 있는데, 대부분 입찰에 의해 화훼장식업체를 선정하고 있으므로 이와 관련된 지식이 필요한 실정이다(그림 7-6). 입찰은 공사계약의 바탕이 되는 과정으로 공사를 어떻게 발주하고, 어떻게 입찰평가를 하느냐에 따라 공사에 많은 영향을 끼친다. 입찰제도는 계약목적에 따라 공사계약, 물품제조 · 구매계약, 용역계약으로 구분되며, 계약체결 방법에 따라 일반경쟁입찰, 제한경쟁입찰, 지명경쟁입찰, 수의계약으로 나눌 수 있다(그림 7-7).

그림 7-6. 최근 사회적으로 환경디자인의 중요성이 부각됨에 따라 관공서에서도 화훼장식의 도입을 증가시키고 있는데, 화훼장식업체는 입찰에 의해 선정하고 있다.

① 일반경쟁입찰

일반경쟁입찰은 가장 일반적인 방법으로 공(公)입찰, 공개경쟁입찰이라고도 한다. 관보, 신문, 게시공고를 통하여 자격이 있는 업체는 누구나 입찰에 참가할 수 있는 방법으로 담합(rigging)의 가능성을 줄일 수 있으며, 공사비 절감 가능성이 높고, 균등한 기회를 제공하는 이점을 가지고 있다. 그러나 참여업체가 많을 경우 입찰업무가 복잡하고, 부자격자의 낙찰로 공사의 품질저하 등의 문제가 있을 수 있다.

② 제한경쟁입찰

제한경쟁입찰은 참가기준을 제한하여 그 기준에 해당되면 입찰에 참가할 수 있는 방법으로 최근에 더욱 확대되고 있는 추세이다. 즉, 특수한 공법을 시공한 실적이 있는 업체로 한정하는 경우에 주로 활용된다. 불성실하고 능력이 없는 업체를 입찰에 참가하지 못하도록 하여 공개성, 공정성 및 경제성을 유지시키려는 목적이다. 다양한 제한 조건을 제시할 수 있어 앞으로 발전 가능성이 높은 방식이다.

③ 지명경쟁입찰

지명경쟁입찰은 특수한 설비, 기술, 자재, 물품 또는 실적이 있는 업체가 아니면 계약목적을 달성하기 곤란한 경우, 공사에 적합하다고 판단되는 일부 업체를 지명하여 입찰자격을 주는 제도로서 공사규모, 공사내용에 따라 3~7개 정도의 업체를 선정한다. 이 방법은 시공의 신뢰성을 높일 수 있는 방법으로 공사품질을 확보하고자 할 때 주로 사용한다. 또한 관련 분야의 경험이 없는 업체를 사전에 제거할 수 있으므로 적정공사를 기대할 수 있다. 그러나 입찰 참여업체가 제한되어 있어서 담합 등의 개연성을 갖고 있으며, 일반경쟁입찰에 비해 공사비 상승 가능성이 높다.

④ 수의계약

수의계약은 특명 입찰이라고도 하며, 발주자가 그 프로젝트의 특성을 감안하여 시공업체의 시공능력, 신용, 자산, 보유기자재 등을 종합적으로 판단하여 계약하는 방식이다. 시공업체는 합리적인 건설사업비를 책정하고 양심적인 시공을 하게 되므로 좋은 공사를 기대할 수 있는 장점을 갖고 있다. 그러나 경쟁입찰을 실시하여 부찰되는 경우에 수의계약을 실시할 때에는 적절한 공사비가 보전되지 못하는 것이 일반적이다. 이러한 경우에는 사업비와 공사의 범위를 가지고 적절한 협상을 통해 수의계약에 이르게 된다. 또한 일정금액 이하의 소규모 프로젝트인 경우와 긴급한 시공과 기밀을 요하는 경우에도 수의계약을 하는 경우가 있다.

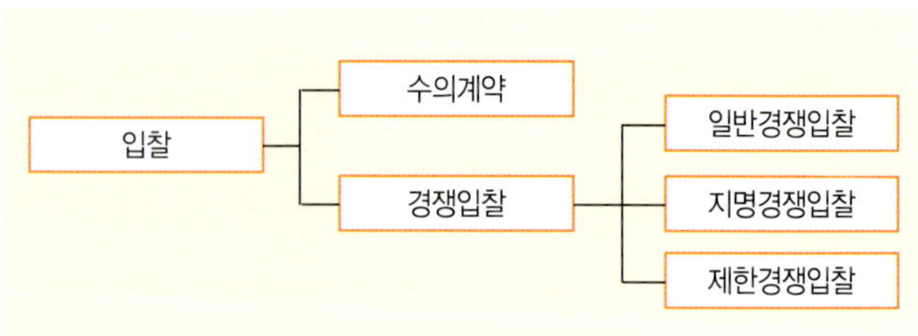

그림 7-7. 입찰의 종류

2) 절차 및 방법

화훼장식 공사를 시행하는 업체를 선정하여 계약에 이르는 절차는 계약 방법에 따라 차이가 있다. 전통적인 시행방법의 경우 〈그림 7-8〉과 같은 입찰절차를 통해 계약을 하게 된다. 그러나 설계시공 일괄계약 등과 같이 새로운 방법은 각 방법마다의 절차를 거치게 된다.

일반경쟁입찰에 붙일 공사가 신문, 관보, 게시를 통해 공고되고 지명경쟁의 경우 입찰지명서가 배부되는 과정이 입찰의 준비이다. 다음으로 현장설명을 하게 되고 현장설명 참가등록과 관련 공사에 대한 설명, 질의응답을 거치게 된다. 이러한 서류 등은 계약 시 계약서류가 된다. 현장설명을 마치면 공사의 규모에 따라 적정의 견적기간을 부여한다. 입찰에 참가하는 업체들은 각 기업의 수행능력에 따라 적정한 공사비를 투찰하게 된다. 입찰 금액의 5%를 입찰보증금(bid bond)으로 납입하게 된다. 이 보증금은 낙찰이 결정되면 보증금(contract bond)으로 대체할 수 있다.

그림 7-8. 입찰 및 계약의 절차

(4) 견적

1) 견적의 정의

공사비 산출은 적산(quantity survey)과 견적(estimating)으로 이루어진다. 견적작업의 결과물인 수량조서(bill of quantity)에 단가작업(pricing)을 하여 내역서를 작성한다. 따라서 적산은 공사에 필요한 재료 및 품의수량 즉, 공사량을 산출하는 기술활동이며, 견적은 공사비를 산출하는 기술활동이고, 견적은 공사물량에 단가를 적용하여 공사비를 산출하는 적산을 포함한 총체적인 기술활동이다.

2) 견적의 종류

국내에서는 견적시기를 기준으로 예산견적(budget estimate), 설계견적(estimate based on design), 실시견적(practice estimate)으로, 견적 내용을 기준으로 상세견적(detailed estimate), 개산견적(preliminary estimate)으로 구분하고 있으며, 사용 용도에 의하여 비교견적(comparative estimate), 기성견적(payment estimate), 정산견적(definitive estimate)으로 구분하고 있다.

(5) 원가계산과 예정가격

화훼장식품은 제작 후 판매하는 방식과 주문에 의해 제작하는 경우가 있는데, 소품의 경우 대부분 관행의 가격이 적용되고 있다. 그러나 신규상품, 자체상품 및 공간장식은 철저하게 품셈과 원가를 검토 후 판매가격 설정과 견적을 산출하도록 한다.

1) 실제원가계산

실제원가계산(actual cost accounting)은 제품원가 또는 판매비, 일반관리비의 계산을 실제원가로 실시한다. 실제원가는 원가를 실제로 발생한 소비량과 가격에 의하여 계산한 것을 말한다. 그러나 근년에 와서는 가격에 대해서는 미리 예정한 가격에 따르고 소비량은 실제소비량으로 계산하는 경우에도 이를 실제원가라고 한다. 이 경우 물량적 계산 즉, 재료비계산(가격×소비량)이나 노무비계산(임금률×작업시간)에서 소비량이나 작업시간이 실제로 파악되고 있다면 실제원가계산의 성격을 변질시키는 것은 아니다. 따라서 실제원가계산도 엄밀한 뜻에서 역사적 원가(자산 매입에 소요된 금액으로 취득원가라고도 한다)의 계산에만 한정하지 않는 것이 일반적이다. 실제원가계산은 기업 외부에 보고되는 재무제표의 작성에 사용될 뿐만 아니라 표준원가계산에서도 표준원가에 대비되는 실제원가를 산정하는 것으로 중요시된다. 기업실무에서 단순히 원가계산이라고 할 때는 실제원가계산을 의미한다.

2) 예정가격

예정가격(豫定價格)은 정부가 국고부담으로 공사 등을 발주할 때 기준이 되는 입찰상한가격이다. 따라서 정부공사 낙찰가격에서 예정가격은 실제거래가격을 원칙으로 한다. 그러나 화훼장식은 독자적인 디자인이 많고, 적정한 거래실례가 없는 경우가 많은데(그림 7-9), 이때는 원가계산을 통해서 산정한다. 시설공사의 경우에는 원가계산에 따라 예정가격을 결정하는데 여기에는 재료비와 노무비, 경비, 일반관리비, 이윤 등이 포함된다. 산정방법은 수요기관에서 내 놓은 설계가격을 바탕으로 조달청에서 별도로 원가계산을 통해서 조사가격을 산출하고, 조사가격에서 일정 비율(보통 2~4%)을 삭감해서 책정하고 있다(그림 7-10).

그림 7-9. 화훼장식은 대부분 기존의 적정한 거래실례가 없기 때문에 원가계산을 통해서 예정가격을 정한다.

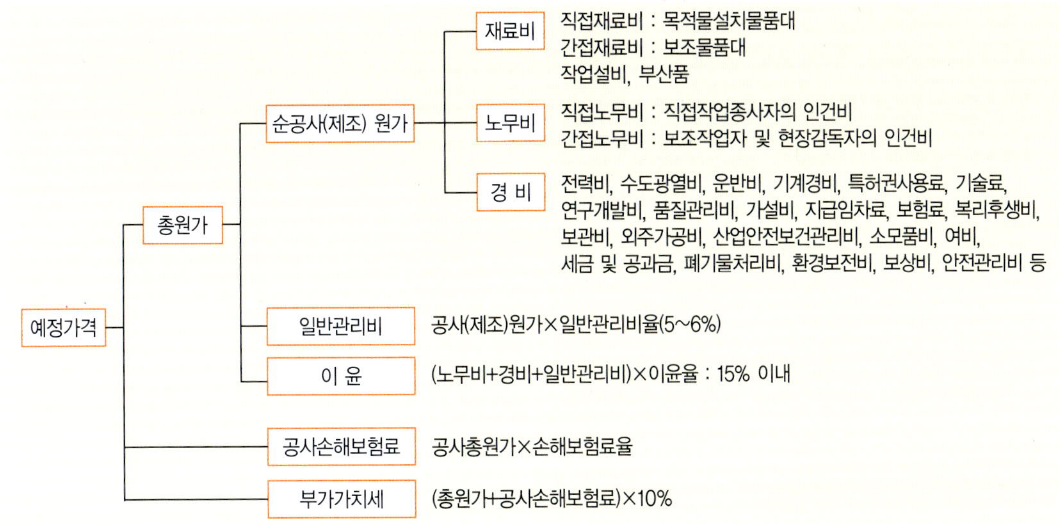

그림 7-10. 공사의 원가체계(행정자치부. 2008)

3) 품셈

품셈은 품이 드는 수효와 값을 계산하는 일이다. 표준품셈은 건설공사 등 세부공종별 표준적 작업조건에서의 단위작업수행을 위한 자원의 소요 수량을 명기해 놓은 것으로 정해져 있으나 화훼장식의 경우 거의 대부분이 제정되어 있지 않은 상태이다. 그러므로 〈표 7-3〉과 같이 작업공정별 소요되는 시간을 조사한 다음 1일 노동시간 8시간을 기준으로 하여 화훼장식품의 제작에 소요되는 시간을 조사하여 인/일에 작업시간을 나누어 값을 구하고, 이것을 가격결정의 자료로 활용한다.

표 7-3. 라운드형 구조적 형태의 꽃다발 제작과 판매과정별 소요시간

과 정	세부 과정	소요시간(분)
주문 및 상담 시간	주문 및 상담	
	주문서 작성	
소 계		
준비시간	디자인 스케치	
	꽃 선택하기	
	꽃 다듬기	
소 계		
실제 제작시간	구조물 짜기	
	프레임에 꽃 넣기	
	묶기	
	포장하기	
소 계		
마무리 및 리본부착	물 분무하기	
	보우 만들기	
	리본 쓰기 또는 프린트	
	메시지카드 쓰기	
	보우 부착	
소 계		
사진촬영 및 청소	사진촬영	
	청소하기	
소 계		
배달 및 배달 고지	배달	
	배달고지(팩스)	
	사진 송부	
소 계		
합 계		

(6) 제작 및 장식

화훼장식품의 소품은 시간과 장소에 대한 제약이 적으나 공간장식은 폐점, 계절 등 여러 가지 제약이 있으므로 이를 고려하여 제작 및 장식한다. 제작 및 장식 시 주의할 점은 첫째,

제작 및 장식과정에서 의외의 일이 발생하여 시간이 지체될 수 있으므로 이것까지를 포함해서 작업을 한다. 둘째, 장식 전에 장식물과 재료, 도구 등을 확실하게 점검하고, 작업공간에 대해서도 철저히 연구한다, 셋째, 계약 내용을 크게 벗어나지 않는 범위 내에서 거래 대상자의 의견이나 요구사항에 대해서 경청하고, 반영할 수 있도록 한다, 넷째, 작품 이외에도 조명이나 레이아웃 등 공간 전체를 생각하여 제안하면 더욱더 신뢰성을 얻을 수 있다, 다섯째, 어느 곳이든 고유의 분위기가 있으므로 그 분위기를 살리도록 한다.

5. 고객관리

(1) 고객의 유형과 구매동기

1) 고객의 의의

고객은 화훼장식품을 사러오거나 화훼장식을 의뢰하는 손님이다. 화훼장식의 제공자 입장에서 보면 생산할 품목과 판매할 상품을 결정하는 사람이 고객이다. 고객과 소비자는 분명 다르다. 소비자는 생산자에 대칭되는 명칭으로 사용되는 반면, 고객은 거래 또는 교환의 대상자를 가리킨다(표 7-4).

표 7-4. 고객의 개념

고객의 단순개념	고객의 확대 개념		
소비자	사내고객	중간고객	최종고객
	사원	협력업체	소비자
	가치생산고객	가치전달고객	가치구매고객
	종업원만족	협력업체만족	고객만족

2) 고객구매 결정의 7단계

고객은 구매를 결정하기까지는 〈그림 7-11〉과 같은 일곱 가지 단계의 심리를 움직이고 있다. 따라서 지금 고객이 어느 단계에 와 있는지 알아내어 좀 더 적절한 방법과 수단으로 그 단계를 앞으로 끌고 가는 것이 가장 중요하다.

1단계 주 의 → 2단계 흥 미 → 3단계 연 상 → 4단계 욕 망 → 5단계 비 교 → 6단계 확 신 → 7단계 결 정

그림 7-11. 고객 구매 결정의 7단계

3) 고객의 형태에 따른 구매

① 구매행동을 일으키는 욕구

고객은 상품을 소유하고자 해서만 사는 것이 아니라 욕망의 만족, 상품을 사용하여 얻는 이익 또는 상품의 소유에서 생기는 성과를 위하여 사는 것이다. 즉, 고객은 가치(value)를 사는 것이다.

② 욕구의 다양화

고객은 다양한 욕구를 지닌 까다로운 소비자이다. 이러한 고객의 욕구를 빠르게 대처할 방안을 가지고 있어야 하며, 고객에게 가까이 다가가고자 끊임없이 노력해야 한다. 오늘날 고객들은 기업에게 끊임없이 다양한 욕구를 만족시켜 주기를 원하고 있다. 이들의 변화에 유연하게 대처하지 못하면 외면당하기 쉽다. 그러므로 고객 지향적인 사고를 갖고 변화하는 고객의 기대 가치에 부응할 수 있어야 한다.

(2) 고객관리

1) 고객관리의 개요

고객관리란 고객에 대한 정보를 수집하여 분류, 정리하고 가공 및 활용하는 일을 말한다. 그러나 고객관리에 있어서 고객의 정보수집이나 활용에만 그치는 것이 아니라 고객에게 도움을 수는 관리가 되어야 한다. 고객과의 관계 관리의 방법에는 여러 가지가 있으나 최근 각 기업체마다 관심을 가지고 도입하는 기법이 CRM이다. CRM은 'customer relationship management' 즉, 고객 관계 관리의 약자로 고객과의 네트워크를 강화함으로써 고정 고객화를 통한 고객과의 관계를 개선하여 단골고객을 확보하고 수익을 실현하는 고객밀착 경영기법이다. 즉, CRM은 지금까지의 불특정 다수고객 대상에서 탈피하여 고객과의 1대1 마케팅, 데이터베이스 마케팅 기법을 기반으로 단골고객 만들기에 초점을 맞추고 있다.

단계	구분	내용
1단계	목적의 명확화	새로운 고객 개척, 고정 고객화
2단계	고객정보의 체계적 수집	정보 수집 방법
3단계	고객정보 관리	정보수집 교육과 훈련, 데이터베이스(DB)화
4단계	고객정보 분석	지역별, 연령별, 주거형태별 분석
5단계	활용방법의 명확화	판촉계획, 머천다이저, 접객활동

그림 7-12. 고객정보 관리체계

2) 고객관리의 의의

고객이 없는 기업은 있을 수가 없을 만큼 고객은 중요하다. 그러므로 소매점이 계속적으로 성장하고 발전하기 위해서는 고객개발과 함께 기존의 고객을 관리해야 하는데, 고객관리에 따른 의의는 다음과 같다.

① 계속적이고 정기적으로 상품을 구입하기 때문에 경영의 안전에 기여한다.

② 오랜 기간을 통해 각 고객의 기호나 가정환경, 선물상황 등을 파악할 수 있으므로 판매하기가 쉽다.

③ 다양한 상품과 용도에 맞는 제품을 제안할 수 있다.

④ 고객의 홍보에 의해 새로운 고객이 증가한다.

3) 고객관리를 위한 고객의 정보관리

소비자의 욕구는 다양화하고 있으므로 한 사람의 고객을 알고 그 소비자의 변화를 빨리 관찰하여 대응하는 것은 마케팅의 첫걸음이다. 고객관리를 위해서 고객의 정보관리는 필수적이다. 고객의 정보는 〈그림 7-12〉와 같이 관리하면 효율적이다.

4) 정보의 정리

고객에 대한 정보는 늘 변동이 있기 때문에 정리를 해 두지 않으면 안 된다. 다만 정보 전체가 바뀌는 것은 아니므로 변동사항만 정리해 둔다. 고객의 정보정리는 데이터베이스 마케팅(data base marketing)의 기본이다. 즉, 고객에 대한 여러 가지 정보를 컴퓨터에 의해 데이터베이스(DB)화하고, 구축된 고객의 데이터베이스를 전략적으로 활용하며, 고객 개인과의 접촉을 통해 직접적인 반응을 유도하거나 장기적인 1대1 관계를 구축하고자 하는 데이터베이스 마케팅에 꼭 필요하다.

① 목적의 명확화

고객의 주소를 아는 것은 극히 단순한 일이지만 그것을 아는 것으로 영업범위를 진단하는 것이 가능하다. 고객 한 사람의 주소뿐만 아니라 몇 십 명, 몇 백 명이 모이게 되면 강한 지역, 약한 지역이 명확하게 나타나 신규고객의 개척을 위한 전단 배포나 지점의 설치, 상품 구성의 검토 등 다양한 활동으로 연결하는 것이 가능하다. 고객정보는 그대로 모아 두어서는 안 된다. 그 정보를 살려 신규고객의 개척이나 고정고객의 증대 등 목적을 달성하는 데 이용하지 않으면 안 된다. 그것을 확실히 파악해 두는 것이 무엇보다 중요하다.

② 체계적인 정보수집

정보수집은 체계적으로 할 필요가 있으며, 정보수집의 방법은 보다 구체적인 형태로 명확히 정해주는 것이 필요하다. 즉 누가 무엇을 어떻게, 얼마만큼, 어디에서부터, 어느 정도 기간으로 수집할 것인가를 정하는 것이다. 정보는 〈표7-5〉와 같은 사항을 알아두면 그 이용가치가 크다.

표 7-5. 고객 정보내용

구 분	내 용
일반정보	이름, 주소, 전화번호, 직업, 생일, 결혼기념일, 재택요일, 가족구성, 주택형태 등
이용정보	월평균 꽃 구입액, 이용하고 있는 화원, 이용빈도, 꽃에 대한 지식 정도, 좋아하는 꽃 등

③ 정보의 분석

수집된 정보를 분석함으로써 고객 전체에 대한 특성이 명확해지고, 정보 활용분야는 더 넓게 된다.

④ 활용방법의 명확화

고객 정보관리의 마지막 단계는 활용방법을 명확히 하는 것이다. 모아진 정보를 구체적인 영업활동과 연결시키는 것이다.

(3) 고객서비스

고객관리를 위해서는 고객과의 거리를 좁히고, 끊임없는 정보발신과 더불어 화훼장식업체의 특성을 살릴 수 있는 다양한 서비스를 제공하도록 한다.

1) 일반적인 서비스

고객과 주기적인 접촉을 가져 친밀한 인간관계를 유지하고, 단체나 조직 활동 등에 참여하며, 가게 안에 휴식공간을 만들어서 제공하고, 새로운 고객에게 즉각적인 감사의 표현 및 주기적인 광고를 한다. 또 꽃 재배나 이용법에 대한 무료교육 등을 실시해 주고, 신선도가 다소 떨어진 꽃을 무료로 주는 방법 등이 있다.

2) 상품 관련 서비스

소비자가 화훼장식품을 구입하였을 때 경영주는 판매한 상품과 관련된 서비스를 제공해야 한다. 상품 관련 서비스에는 식물을 교환해 주는 교환서비스, 돈을 되돌려 주는 반품서비스, 식물이 병충해에 감염되었을 때 방제해 주는 애프터서비스가 있다. 애프터서비스는 분식물 및 실내조경과 같이 장식 후에도 지속적으로 관리를 해야 하는 상품에 지원하는 기술적 서비스를 말한다(그림 7-13).

그림 7-13. 실내조경을 조성 후 지속적으로 관리를 해 주는 것은 상품의 애프터서비스에 해당된다.

3) 구매 관련 서비스

고객이 상품을 구매하거나 구매한 다음 소매점으로부터 제공받는 서비스를 말한다. 자동대금 지급서비스, 배달서비스, 영업시간 연장 서비스, 포장서비스 등이 대표적이다.

(4) 고객관리의 여러 방법

고객관리 방법은 상기의 방법 외에 정기적인 행사, 고객카드, 마일리지, 우편발송(DM, direct mail), 배달 등이 있다.

(5) 고객만족

고객만족(CS, customer satisfaction)이란, 고객이 상품 또는 서비스에 대해 사전 기대보다 사용 실감을 크게 하여 줌으로써 재 구매율을 높이고, 선호도가 지속되게 하는 상태를 말한다.

고객만족이 중요한 것은 고객이 만족할 때와 그렇지 않을 때 차이가 나기 때문이다. 즉, 고객들은 상품의 구매과정에서 상품이나 서비스에 불만이 있을 때 모두가 현장에서 불평이나 불만을 이야기 하지는 않는다. 대부분은 불만을 표출하지 않고 있다가 주위 사람들에게 나쁜 소문을 퍼뜨리거나 그 점포에서 재 구매를 하지 않기 때문에 고객만족은 매우 중요하다.

고객은 항상 옳다는 자세로 임해야 한다. 고객의 요구는 쉬지 않고 쏟아진다. 점포는 고객을 대하면서 그들의 수많은 요구에 부응해야 한다. 고객은 절대적인 존재자이기 때문이다. 만약, 고객이 만족하지 않으면 다른 점포로 떠나고 만다.

6. 경영분석

(1) 경영분석의 필요성

화훼장식이 지속적으로 발전하기 위해서는 경영에 관련된 여러 가지 정보를 수집, 검토하여 자금 상태와 경영성과의 좋고 나쁨 정도를 분석할 필요가 있다. 분석 자료는 화훼장식 경영체에 대한 정확한 파악과 이해에 도움을 주며, 나아가 과거 경영실적과의 비교를 통하여 경영상의 문제점을 찾고 개선할 수 있는 계기를 마련할 수 있다.

(2) 경영분석의 분류와 실제

1) 분석의 주체에 따른 분류

① 외부분석

경영분석을 통하여 외부의 이해 관계자들에게 유익한 정보를 제공하기 위하여 실시하는 것으로 신용분석, 투자분석, 증권분석, 세무분석, 감사분석 등이 있다.

② 내부분석

경영체 내부의 경영자가 경영관리에 유용한 정보를 제공하기 위하여 실시하는 것으로 자료의 입수가 용이하여 외부분석보다 정밀한 분석이 이루어질 수 있다.

2) 업무 분야에 따른 분류

경영분석이 어떤 업무 분야를 대상으로 하는가에 따라 구분하면 재무분석, 원가분석, 비재무분석으로 나눌 수 있다.

3) 분석의 목적에 따른 분류

① 수익성 분석

경영주가 투자한 자본에 대하여 어느 정도 수익을 올리고 있는지를 분석하는 것이다. 경영이 제대로 이루어지고 있다고 진단받으려면 이익이 확보되어야 한다. 수익성 분석의 방법으로는 매출액 이익률, 자본 이익률, 자본회전율 등을 이용한다. 매출액 이익률은 영업활동의 결과로 인한 수익을 파악하고 판매마진을 확인할 수 있는 자료로서 가장 중요하다. 수익성 분석의 주요 방법은 다음과 같은데, 매출액 경상이익률은 매출액 이익률과 유사하나 경상이익을 매출액으로 나눈 것으로써 경상이익은 영업이익에 영업 외 수익을 더하고 영업 외 비용을 빼어서 구한다.

- 매출액 이익률 = 매출이익 / 매출액 × 100
- 자본 이익률 = 매출이익 / 자본금 × 100
- 자본 회전율 = 매출액 / 자본금 × 100

② 생산성 분석

생산성 또는 사회성을 분석하는 것으로 생산요소의 투입량에 대한 산출량과의 관계로 표시하며, 고비용 저효율의 구조를 개선하기 위한 자료로 활용할 수 있다. 종업원 수나 매장면적에서 본 생산성의 계산 방법으로는 판매생산성, 매장생산성, 노동생산성, 자본생산성 분석 등이 있다.

일반적으로 생산성이 높아지면 수익성도 높아지므로 경영분석 시에 생산성의 분석도 함께 실시한다. 생산성 분석의 방법은 업종에 따라 다양하게 적용할 수 있다. 화훼장식업체에서는 인건비가 차지하는 비중이 크므로 직원들의 생산성을 파악해 본다.

- 판매생산성 = 매출액 / 직원 수 × 100
- 매장생산성 = 매출액 / 매장면적
- 노동생산성 = 매출 × 조수익 / 직원 수

③ 유동성 분석

화훼장식업체의 자금 상황을 각종 지표에 따라 쉽게 파악하는 방법이다. 회사의 단기적인 지불능력을 알 수 있으며, 유동비율, 당좌비율 분석이 중심이 된다.

- 유동비율 = 유동자산 / 유동부채 × 100
- 당좌비율 = 당좌자산 / 유동부채 × 100

④ 성장성 분석

화원의 규모나 경영성과 등에 관련해서 전년 대비, 동기 대비, 추세 대비 등을 비교하여 얼마만큼 증가 또는 감소하였는가를 분석하는 것으로 매출 증가율, 이익 증가율 등을 통하여 파악한다.

화원의 판매 활동을 통하여 계속적으로 발생하는 수익인 매출액의 증가를 나타내는 것이 매출액 증가율로서 화원의 외적 성장을 판단하는 대표적인 지표로 이용된다. 매출액 증가율은 전년도 매출 실적에 대한 당해 연도 매출액의 증가율로 계상한다.

- 매출액 증가율 = 매출 증가율 / 전년도 매출액 × 100
- 매출액 증가율 = (당해연도)매출 증가분 / 전년도 매출액 × 100
- 이익 증가율 = (당해연도)이익 증가분 / 전년도 이익 × 100

⑤ 안전성 분석

화원이 장기간에 걸쳐 재정적으로 견실한 상태로 지속될 것인가에 중심을 둔 방법으로 고정비율, 부채비율의 분석을 통하여 파악한다.

- 부채비율 = 타인자본 / 자기자본 × 100
- 고정비율 = 고정자산 / 자기자본 × 100

(3) 종합평가와 경영에 반영

화훼장식 경영체의 경영성과 분석을 통하여 도출된 자료를 활용하여 부문별로 장단점을 파악하고, 업계의 표준비율을 감안한 후 원형 도표를 그려서 시각적으로 종합 평가한다. 그 다음 이 결과를 경영에 반영하여 지속적인 발전을 이룰 수 있도록 한다.

| 참고문헌 |

박윤점, 김현주, 유용권, 임연홍, 오세경, 조자용, 허북구. 2006. 서울 양재동 화훼공판장 분화류 매장에서 관엽식물 및 난류의 1995년과 2005년도의 유통실태 비교연구. 한국실내조경협회지(실내조경).

이경숙, 임명희, 박용서, 임동근, 박윤점, 허북구. 2008. 화환 재료로서 참다래나무 절지의 이용. 화훼연구.

이경숙, 한태호, 박윤점, 김현주, 김현아, 임명희, 허북구. 2007. 화훼장식품의 제작 및 판매 시간에 미치는 화훼장식가의 영향. 한국화훼장식학회지.

이경숙, 한태호, 임명희, 정혜인, 박윤점, 허북구. 2008. 상업적인 상품의 제작과 판매시간에 미치는 화훼장식가의 영향. 한국화훼장식학회지.

행정자치부. 2008. 지방자치단체 원가계산 및 예정가격 작성요령. 행정자치부.

허북구, 박윤점, 윤재길, 박상현. 2002. 화원 및 꽃전문 온라인 쇼핑몰의 품목별 매출 실태조사. 한국화훼연구회지.

허북구, 박윤점, 윤재길, 한용희. 2003. 향기로운 창업! 꽃집!. 중앙경제평론사.

허북구, 유용권, 조자용, 채상엽, 박윤점. 2005. 광주, 전남 지역에서 관엽식물 10종의 유통실태와 그 배경. 한국화훼연구회지.

허북구, 장홍기, 박윤점. 2005. 돈 잘 버는 화원 만들기 100문 100답. 중앙경제평론사.

08

화훼장식의 평가 기준

08 화훼장식의 평가 기준

1. 평가의 뜻과 의의

평가란 사물의 가치나 수준 따위를 평하는 것 또는 그 가치나 수준을 의미한다. 화훼장식에 있어서 평가란 대회 또는 시험 항목에 맞게 작품이 잘 만들어졌는가를 평하는 것으로 수업시간에 이루어지는 디자인에 대한 절대평가를 예로 들 수 있다. 또한 평가는 기본 원리와 원칙에 따라 작품의 장단점을 중점적으로 논하는 일이며 어떻게 하면 그 작품을 더 향상시킬 수 있는가에 초점을 맞춘다. 평가 수업은 교수자의 가치 있는 지식 또는 의견을 학생들에게 전달하는 시간이다.

2. 평가의 분류

평가는 절대평가와 상대평가로 나눌 수 있다.

절대평가는 한 집단의 평균 득점과 관계없이 절대적 기준에 따라 대상자의 성적을 평가하는 방식이다. 목표 지향 평가 또는 준거 지향 평가라고도 하며, 구체적 과제 혹은 목표를 고려하여 평가하거나 미리 정의된 수행기준에 따라 평가하는 것이다. 우리나라의 국가기술자격시험은 절대평가로 이루어지며 60점 이상이면 합격이다.

상대평가는 한 집단의 득점 평균치를 기준으로 그 집단 내에서 평가 대상자가 차지한 위치로 성적을 주는 방식이다. 기능올림픽 심사는 등위 결정을 위한 상대평가이다.

절대평가는 집단과는 관계없이 개개인의 학습성취도를 보여줄 수 있지만 집단 속에서 각자의 상대적인 능력을 파악할 수는 없다. 반면, 상대평가는 집단 속에서 개개인의 능력이 어느 정도인지 알 수 있다는 장점이 있지만, 구체적인 학습성취도가 불분명하고 타 집단에서 내린 평가와 모순되는 경우가 발생하는 등의 단점이 있다. 따라서 상황에 맞게 한 가지 평가방식을 선택해야 하며, 경우에 따라 두 방식을 적절히 혼합할 수도 있다.

3. 평가의 방법

평가의 결과가 성적이며, 성적을 점수로 나타내는 것이 채점이다. 채점 방식에는 독립채점, 합의채점, 혼합채점 등이 있다.

독립채점은 심사위원들이 각각 개별로 채점하는 방식으로 주로 주관적인 항목(구성, 색채, 창의성)에 적용된다. 합의채점은 채점 항목별 배점 범위 내에서 심사위원 전원의 합의에 의해 채점하는 방식으로 객관적인 항목(기술)의 채점에 적용된다. 혼합채점은 합의채점과 독립채점을 혼합한 방식으로 객관적인 항목과 주관적인 항목이 혼합된 화훼장식과 같은 직종에서 이용한다.

4. 국가기술자격의 평가 방법

(1) 화훼장식 기능사/기사의 평가

우리나라에서 실시하는 화훼장식 기능사와 화훼장식 기사의 국가기술자격시험에서는 절대평가를 이용하고 있다. 평가 항목은 크게 조형적 측면과 기술적 측면으로 나누어진다.

1) 조형적 측면

화훼장식 작품을 조형적으로 아름답게 완성하였는가를 세부적으로 평가하는 항목이다. 화훼장식 작품의 디자인 원리와 요소는 창작의 방법이고 도구이며 평가의 기준이 된다. 화훼장식작품을 디자인하고 제작하기 위하여 먼저 화훼조형의 원리와 요소를 숙지할 필요가 있다.

화훼장식작품의 평가 항목 중 조형적 측면은 다음과 같다.

- 조형의 원리(구성, 통일, 조화, 균형, 비례와 규모, 변화, 리듬, 반복, 강조, 대비)와 요소(선, 형태, 질감, 색채, 공간 등)에 맞추어 작품이 이루어졌는가?
- 요구사항에 맞는 조형 형태가 한 작품 안에서 이루어졌는가?
- 색채의 조화, 비율 및 배치가 효과적으로 구성되었는가?
- 전체적인 균형(시각적 균형, 물리적 균형)이 안정감이 있는가?
- 요구사항에 맞게 선과 공간의 처리가 잘 이루어졌는가?

- 리듬, 배열, 그리고 대비가 잘 되었는가?
- 창의성이 있는가?
- 마무리 및 주변정리가 잘 되었는가?

2) 기술적 측면

화훼장식작품을 조형적으로 아름답게 완성하기 위한 기초적인 방법이 적절한가를 평가하는 항목이다. 화훼장식에서 기술은 객관적인 요소로서 정확성, 견고성 및 숙련성을 포함한다.

화훼장식작품의 평가 항목 중 기술적 측면은 다음과 같다.

- 작품이 흔들림 없이 단단하게 고정되었는가?
- 작품에 사용된 재료가 깨끗하게 손질되었는가?
- 작품에 사용된 재료의 신선도가 일정기간 동안 유지될 수 있는가?
- 작품에 적합한 재료를 적당량 사용하였는가?
- 주어진 시간에 적합한 기술을 사용하였는가?

(2) 화훼장식 기사의 구상도

1) 구상도의 개념

구상도는 계획한 생각을 표현하는 바탕이 될 그림이나 도면으로 정보전달 기능을 갖는다. 플로리스트는 화훼장식품을 제작하기 전에 계획한 생각을 정면도와 평면도로 표현하는데, 작품이 설치되거나 놓일 공간의 크기를 결정하고 각 부분의 치수를 기입하여 세부 구조를 정확하게 나타낸다. 정면도는 물체를 정면에서 본 그림으로 공간의 가로와 높이가 표현되며, 평면도는 물체를 바로 위에서 본 그림으로 공간의 가로와 폭이 표현된다.

2) 국가기술자격 구상도 제시사항

구상도의 모든 제도는 KS제도 원칙을 적용하고 작품의 정면도와 평면도를 40분 이내에 그려야 한다. 제도는 지급된 용지의 크기에 적합하도록 수검자가 구성하고 용지 내에 표시한다. 수검자가 필요하다고 판단되면 정면도와 평면도 위에 치수를 기입하고 채색한다. 지급 용지에는 작품 제목, 축척, 비번호 등이 제시되어야 한다.

3) 제작 방법

구상한 작품의 실제 크기를 용지에 적합한 축척으로 줄여서 그리며, 전체적으로 황금비율에 맞추어 제작한다. 치수의 단위는 KS제도 원칙에 따라 밀리미터(㎜)를 기준으로 하며, ㎜일 경우 단위를 생략한다. 예를 들어 2500㎜의 길이는 2500, 250㎝ 또는 2.50m로 표기할 수 있다.

전체 도안을 제작할 때에는 먼저 연필로 초안을 그린 후 유성 펜(0.1~0.3㎜ 정도)으로 그리는 것이 좋다. 연필로 그린 부분을 지우개로 지운 후 수채물감이나 수성색연필로 강약을 주면서 채색한다. 색의 강약은 축척에 비례하도록 채색하는데, 축척이 1/5로 줄어들면 색채도 1/5 만큼 엷게 채색한다.

4) 주의점

구상도를 제작할 때에는 형태와 식물소재의 방향, 운동성 등을 잘 고려해야 한다. 정면도와 평면도에서 식물소재를 보는 방향이 다르므로 모든 식물소재의 앞면, 뒷면, 측면의 그림을 그릴 수 있어야 한다.

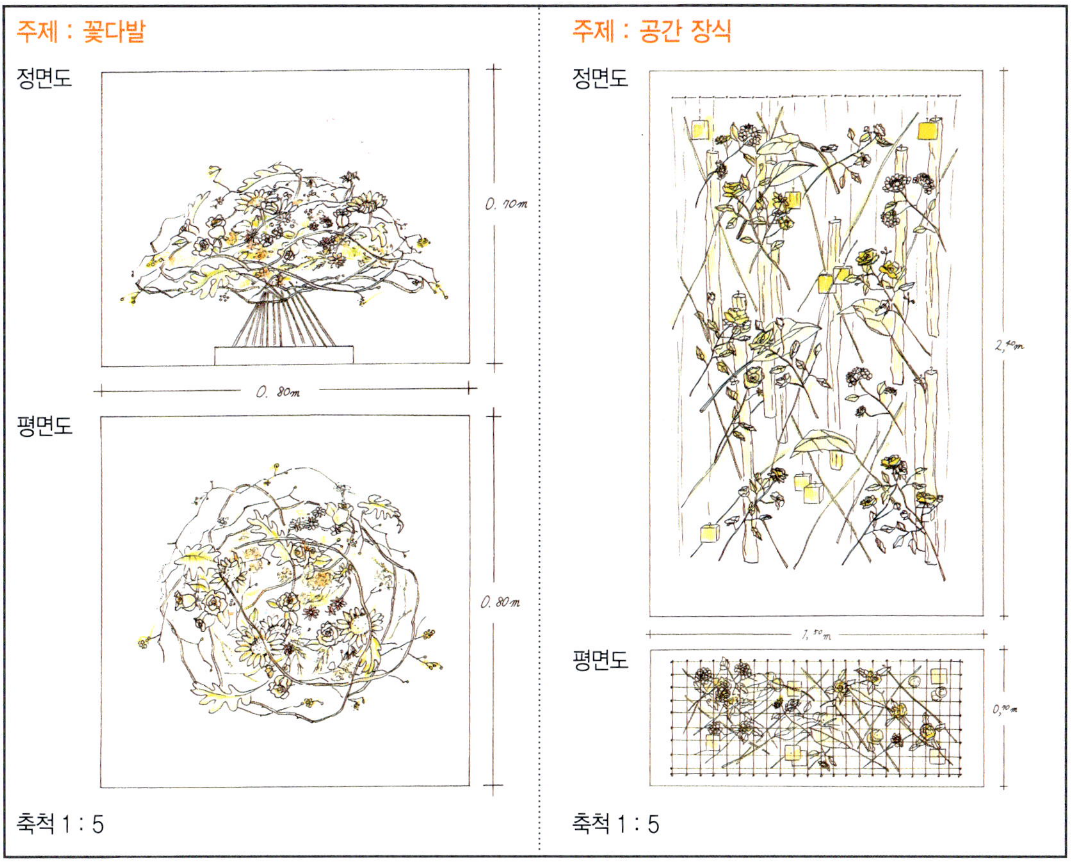

그림 8-1. 구상도

5. 기능경기대회의 평가

최근 화훼장식의 눈부신 발전과 더불어 화훼장식 경기대회가 급격히 증가하고 있는 추세이다. 우리나라에서도 우수한 인재 양성을 목적으로 1999년부터 기능경기대회에 화훼장식 부문을 신설하여 개최하고 있다. 이 대회를 통해 화훼장식의 수준을 향상시키고 건전한 경쟁을 통해 우수한 전문인을 선발, 표창함으로써 화훼장식산업의 발전을 꾀하고 있다. 또한 활발한 국제 교류와 경쟁으로 우리나라의 화훼장식이 국제적인 수준으로 향상되고 있다.

(1) 국제기능올림픽 및 국내경기대회의 평가

국제기능올림픽 및 국내경기대회 화훼장식 부문의 채점기준은 〈표 8-1〉과 같다. 채점은 구성, 색상, 창의성, 기술능력 등 4개 항목에 걸쳐 이루어지며, 배점 비율은 일반적으로 각각 40%, 20%, 10%, 30%이나 각 작품의 특성이나 주제에 따라 이 비율은 유동적으로 변화될 수 있다. 구성, 색상, 창의성에 대해서는 심사위원의 주관적 평가에 의해 개별채점 방식으로, 기술능력에 대해서는 객관적 평가에 의한 합의채점 방식으로 이루어진다.

표 8-1. 국제기능올림픽 및 국내경기대회 화훼장식 부문의 채점기준표(2008년 수정)

항 목	내 용	채첨 방식	배점 비율
구성 (composition)	형태(shape), 형식(style), 구조적인 방법, 재료의 존중과 가치, 비율, 시각적 균형, 재료의 우월성에 따른 사용(형태, 질감, 표면 구조, 대비, 움직임, 볼륨, 선, 방향)	주관적 (개별채점)	40%
색상(color)	색상의 비율, 색상 이용의 우월성, 색상을 통한 아이디어의 표현, 색상 구성, 톤, 음영(shade), 농담(tint), 색상의 가치, 색상의 배치	주관적 (개별채점)	20%
창의성(idea)	독창력(창의성, 신선미, 긴장감), 독특함, 주어진 과제 해석능력, 선택 소재의 디자인 능력, 아이디어의 시간 내 완성 가능 여부	주관적 (개별채점)	10%
기술능력 (technique)	깔끔함, 적합한 기술내용, 작업의 안정성, 기술적 균형, 물 공급의 가능성, 기술적 난이도	객관적 (합의채점)	30%
합 계			100%

※ 단, 배점 비율은 전체의 20% 이내에서 과제의 특성에 따라 변경 가능하다.
※ 채점의 배점기준은 과제 출제위원이 정한 배점기준을 우선으로 한다.

1) 구성(composition)

구성의 세부 항목에는 형태(shape), 형식(style), 구조적인 방법, 재료의 존중과 가치, 비율, 시각적 균형, 재료의 우월성에 따른 사용(형태, 질감, 표면 구조, 대비, 움직임, 볼륨, 선, 방향) 등이 포함된다. 심사위원의 주관적 평가에 따라 개별채점 되며 배점 비율은 40%이다. 각 세부 항목에 대한 평가 내용은 다음과 같다.

① 형태, 형식 및 구조적인 방법

- 주제에 맞는 형태가 구성되어 있는가?
- 외형적 형태가 안정감이 있는가?

- 외형적 형태와 내부질서의 대비가 이루어져 있는가?

예 외형적인 형태는 대칭이지만 내부질서는 비대칭이면 흥미롭다.

- 작품의 외형과 윤곽이 화기와 일관성 있게 구성되어 있는가?

예 화기가 바깥쪽으로 벌어진 형태이면 화재도 바깥으로 확대되도록 디자인하여 화기와 일체감을 갖도록 하는 것이 좋다. 또한 화기가 곡선이면 화훼장식작품의 외형과 윤곽이 곡선으로 어울리도록 한다.

- 화훼장식품이 고전적 또는 현대적 스타일인가에 따라 조형의 원칙과 질서가 적절하게 조화를 이루고 있는가?

예 현대적 장식이라면 다른 항목과의 관계가 시대적으로도 일관성있게 현대적으로 디자인되어야 한다.

- 조형의 종류(식물생장적, 장식적 등)에 적합한 조형의 개념을 구분하여 완벽하게 제작했는가?

② 식물재료의 존중과 가치

- 식물재료의 가치형태와 운동성 및 특성이 충분히 고려되어 있는가?
- 식물재료의 가치가 존중되어 있는가? 즉, 독립성이 강한가, 지배적인 형태인가, 기품 있는 형태인가에 따라 가치와 개성을 발휘하기 위해 충분한 공간이 확보되어 있는가?
- 식물재료의 운동성이 충분하게 고려되어 있는가?
- 식물재료의 선택과 사용에 있어서 식물재료의 이미지와 조형의 관계가 잘 고려되어 있는가?

예 현대적인 디자인에 적합한 식물소재를 선택하여 사용하거나 식물소재를 현대적인 디자인에 맞도록 적절한 방법으로 사용하여야 한다.

③ 비율

- 화기와 작품과의 비율
- 식물소재들 간의 양적인 비율, 인공소재와의 조합관계
- 작품의 내부 질서와 외형의 비율의 적절성
- 정상 · 과소 · 과다비율에 따른 디자인과의 조화
- 화훼장식품 소재의 대소의 분량, 장단의 차이, 부분과 전체와의 관계가 미적으로 분할되어 있는가?
- 길이나 거리 관계, 부피와 중량 등에 대한 관계로 비율과 균형이 상호작용하는가?

④ 시각적 균형

- 외형적인 시각적 균형이 잘 표현되었는가?
- 내부 질서의 균형이 디자인과 일관성 있게 되었는가?

예 큰 꽃과 작은 꽃의 시각적 크기와 색채의 시각적 크기가 고려되어 작품을 완성하였는가?

- 색채, 표면 구조(질감), 소재의 움직임 등이 시각적으로 균형을 이루고 있는가?

⑤ 재료의 우월성에 따른 사용

- 형태
  : 식물재료의 다양한 형태에 따른 다른 소재와의 사용 관계
  : 큰 꽃과 작은 꽃의 형태에 따른 디자인과의 조합 효과
- 식물소재 표면의 성질에 따라 단단함, 부드러움, 거칠거칠함 등 재료의 질감을 살려서 조화를 이루었는가?
- 식물소재 간의 우월성을 강조하며 대비효과를 나타낼 수 있게 긴장감 있는 디자인을 구성하였는가?
- 식물이 갖는 고유한 생장 리듬과 움직임의 형태에 대한 사용(능동적, 수동적)

예 식물의 자연스러운 움직임을 방해하지 않고 공간 배려를 했는가?

- 볼륨과 선의 방향에 따른 시선의 움직임을 잘 표현하였는가?

2) 색상(color)

색상의 세부 항목에는 색상의 비율, 색상 이용의 우월성, 색상을 통한 아이디어의 표현, 색상 구성, 톤, 음영(shade), 농담(tint), 색상의 가치, 색상의 배치 등이 포함된다. 심사위원의 주관적 평가에 따라 개별 채점되며 배점 비율은 20%이다. 각 세부 항목에 대한 평가 내용은 다음과 같다.

① 색상 계획 : 색의 선택 – 색의 분량 – 색의 배치

② 색상의 비율, 사용 색상의 우세

- 색상의 비율이 적당한가?

예 주조색(70%), 보조색(20~25%), 강조색(5~8%)의 비율을 적절히 활용했는가?

- 색상의 강약과 우월성이 강조되었는가?
- 색상의 조화 : 유사색 조화, 동색 조화와 보색의 관계
- 완전한 조화를 이루는가?
- 긴장감을 주는 대비 효과를 이루는가?

③ 색상의 정렬과 배치

- 작품의 범위 내에서 색채를 얼마나 흥미롭게 배치시켰는가?

예 색상의 배열에서 강조색이나 적은 양을 조화시킬 때는 중심에서 조금 떨어진 부분이나 황금점에 배치시킨다.

④ 색의 농담, 명암의 차이가 있는가?

- 명암대비와 채도대비를 확연하게 조절하여 대비효과의 조화로움을 충분히 나타낸다.

⑤ 색상의 가치와 색상에 의한 아이디어

⑥ 전체 작품과 주변 환경과의 색의 관계

⑦ 색의 분배는 테마와 어울려야 한다.

3) 창의성(idea)

창의성의 세부 항목에는 독창력(창의성, 신선미, 긴장감), 독특함, 주어진 과제 해석능력, 선택 소재의 디자인 능력, 아이디어의 시간 내 완성 가능 여부 등이 포함된다. 심사위원의 주관적 평가에 따라 개별 채점되며 배점 비율은 10%이다. 각 세부 항목에 대한 평가 내용은 다음과 같다.

① 독창성, 창의성, 독자성

- 기발한 아이디어의 능력이 있는가?
- 독자성이 있으며 주어진 조건과 주제의 해석을 전달하였는가?

② 재료의 선택 및 선택 재료의 디자인이 적절한가?

③ 유효한 시간의 일치

- 주어진 규정들을 주어진 시간 내 엄수해야 한다.
- 시간의 안배 : 시간과 노동에 대한 적절한 안배가 필요

예 제한시간이 1시간인 작업을 45분 만에 끝냈다면, 시간 안배가 25% 부족한 것이다.

4) 기술 능력(technique)

기술의 세부 항목에는 숙련성, 작품에 적합한 기술 내용, 작업의 안정성, 기술적 균형, 물 공급의 가능성, 기술적 난이도 등이 포함된다. 심사위원의 객관적 평가에 따라 합의채점되며 배점 비율은 30%이다. 각 세부 항목에 대한 평가 내용은 다음과 같다.

① 숙련성

- 재료를 숙련성 있게 잘 다루었는가?
- 시간을 논리적으로 안배하여 작업이 숙련되어 보이는가?
- 이용한 기술이 디자인과 잘 어울리는가?
- 소재에 적절한 기술인가?

② 식물재료와 인공재료의 알맞은 사용법

- 올바른 테크닉을 선택하였는가?

예 속이 비어있는 줄기를 지지하는 방법, 많은 잎들의 정리방법 등

③ 고정성

- 묶음선 부분, 화기 속의 플로랄 폼, 플로랄 폼에 작업된 식물재료, 화기 속의 식물과 뿌리, 철사 처리 방법 등이 견고하게 고정되어 있는가?
- 소재와 고정재료(케이블 타이, 철사, 라피아 등)의 연관성이 있는가?

예 식물생장적인 디자인일 경우 고정재료로 라피아가 좋다.

- 소재와 적절한 강도의 고정재료를 택했는가? 고정 정도가 양호한가?

④ 수분 공급

- 수분 공급을 위해 식물의 줄기는 45° 이상의 사선으로 절단하는 것이 좋다.
- 화기 속의 수분과 차후에 다시 수분을 공급할 수 있는 방법이 고려되었는가?
- 식물의 건조 상태
- 유리관 사용 시 물 공급이 잘 되었는가?

⑤ 청결성

- 묶음선 부분의 안쪽과 아래쪽의 줄기가 깨끗하게 잘 정리되었는가?
- 플로랄 폼이나 철사, 흙 등 시각적으로 감추어져야 할 부분이 보이는가?
- 화기가 깨끗한가?
- 접착제 사용 흔적이 보이는가?

⑥ 기술의 난이도

- 테크닉의 어려움, 난이도, 작업장의 정리와 깨끗함
- 적절한 시간 내에 고도의 기술을 보였는가? 제한 시간 규정을 엄수하였는가?

5) 채점표의 예

	구성	색채	아이디어	기술	논 평
A					
B					
C					
D					
E					
F					
G					
H					
I					
J					
K					
L					
M					
N					
O					
P					
Q					
R					

그림 8-2. 국제기능올림픽 화훼장식 채점표

1. 구성
형태[쉐이프], 형식[스타일], 구조적인 방법, 재료의 존중과 가치, 비율, 시각적 균형, 재료의 우월성에 따른 사용(형태, 질감, 표면 구조, 대비, 움직임, 볼륨, 선, 방향)

2. 색채
색상의 비율, 색상 이용의 우월성, 색상을 통한 아이디어의 표현, 색상 구성, 톤, 음영[쉐이드], 농담[틴트], 색상의 가치, 색상의 배치

3. 아이디어
독창력(창의력, 신선미, 긴장감), 독특함, 주어진 과제 해석능력, 선택 소재의 디자인 능력, 아이디어의 시간 내 완성 가능 여부

4. 기술
깔끔함, 적합한 기술내용, 작업의 안정성, 기술적 균형, 물 공급의 가능성, 기술적 난이도

(2) 과제별 평가

1) 꽃다발(hand tied bouquet)

꽃다발은 다양한 꽃과 소재를 조형의 원칙에 맞추어 배열한 뒤 줄기 부분을 묶는 디자인이다. 이 명칭은 드는 사람이 한 손으로 편하게 잡을 수 있도록 묶여져 있다고 해서 붙여졌다.

꽃다발의 줄기 제작 방법에는 나선형과 평행형이 있다. 나선형(spiral type)은 꽃과 줄기 끝 부분이 펼쳐지는 형태를 이루는 것으로 모든 줄기를 같은 방향으로 사선이 되도록 계속 끝까지 돌려가며 제작한다. 따라서 나선형 꽃다발의 묶는점(binding point)은 하나이다. 평행형(parallel type)은 모든 줄기를 수직이 되도록 직선으로 구성하는 방법이다.

그림 8-3. 꽃다발

꽃다발을 제작할 때에는 사용된 소재의 화형이나 운동성이 낱낱이 공간을 차지하게 하여 입체적인 아름다움을 나타낼 수 있고 사방에서 꽃을 관상할 수 있도록 한다. 또한 형태와 상관없이 좌우 균형이 잘 맞아야 하며, 꽃다발 전체 폭과 길이의 비율, 그리고 묶음점 위와 아래의 비율은 황금비율이 되도록 한다.

꽃다발에는 여러 가지 형태들이 있지만 과제로서 일반적인 것은 구조물이 있는 형태와 포멀리니어(formal-linear) 형태이다. 구조물이 있는 꽃다발 형태에 있어서 구조물(틀)은 기능적 및 장식적 요소를 겸하고 있어야 하며, 꽃다발과 구조물은 형태상의 통일성이 있어야 한다. 구조물을 너무 촘촘하게 제작하면 꽃이 들어갈 자리가 없게 되므로 주의해야 하며, 꽃과 구조물이 아름다운 조화를 이룰 수 있도록 한다. 그리고 충분한 공간을 주어 투명감을 주거나 구조물을 대칭으로 만들고 꽃은 비대칭으로 배치하여 긴장감을 주어도 좋다. 포멀리니어 형태의 꽃다발은 꽃을 적게 사용하기 때문에 평범한 소재보다는 개성 있는 형태를 가진 소재가 좋다. 그리고 선과 면, 선과 형태, 공간, 질감, 색상의 대비가 뚜렷해야 한다. 특히 강한 색상 대비는 긴장감을 주는 효과가 있다.

꽃다발 과제의 기술적 채점 포인트는 다음과 같다.

- 묶음점 아래에는 잎을 정리하고 줄기가 깨끗하도록 한다.
- 줄기의 끝부분은 물올림하기 위하여 가능한 사선으로 자른다.
- 묶음점이 견고하며 굵기가 적당해야 한다.
- 모든 줄기가 디자인에 맞추어 나선형 또는 평행형으로 되었는가?

2) 신부 부케(bridal bouquet)

그림 8-4. 신부 부케

신부 부케란 신부가 손에 드는 꽃장식으로 신부의 아름다움을 강조하는 데 우선적인 목적이 있다. 부케를 제작할 때에는 신부의 타입, 키, 나이, 모발색, 웨딩드레스 등과의 조화를 고려해야 하는데, 그 크기는 신부의 키에 비례하여 결정하는 것이 좋다.

부케는 가능한 가볍게 디자인해야 하며, 견실한 수공 기술을 발휘해야 한다. 먼저 부케의 목적과 스타일, 형태, 크기 등을 계획하고 이에 적합한 형태, 색상, 질감의 꽃 소재를 선정해야 한다. 부케는 정면뿐만 아니라 측면에서도 균형과 구성이 잘 이루어져야 하며, 신부의 손에 들렸을 때 전후 및 좌우의 물리적 균형이 잡혀야 한다. 그리고 신부가 쉽게 들 수 있는지, 무게는 적당한지, 그리고 신선도 유지에는 문제가 없는지 등을 고려하면서 필요한 전문적인 기술을 사용해야 한다.

부케의 손잡이 굵기는 신부가 잡기 좋은 정도로 하고, 손잡이가 손 밖으로 2cm 정도 남아 있도록 만든다. 현대적 디자인의 부케는 다양한 형태의 손잡이도 가능하다. 와이어를 이용한 부케를 제작할 때에는 철사처리를 안전하고 견고하게 하며, 꽃의 무게나 꽃줄기의 두께 등에 맞추어 적당한 굵기의 철사를 적절히 사용한다.

부케는 소재의 색상과 질감에 따라 다소 차이를 두고 높낮이를 주는 것이 좋다. 꽃은 반드시 물올림 처리된 것을 사용하며, 나리류는 수술을 제거해야 꽃잎이나 드레스가 더러워지는 것을 막을 수 있다.

신부 부케 과제의 기술적 채점 포인트는 다음과 같다.

- 느슨하지 않고 단단한가?
- 신선도가 1일을 유지할 수 있는가?
- 손잡이의 마무리가 적당한가?
- 운반이 가능한가?
- 바인딩 포인트가 정확한가?
- 와이어의 처리가 잘 되었는가?

3) 식물심기(plant arrangement)

식물심기란 용기에 식물을 심어서 구성하고 배치하는 화훼장식이다. 용기 속에 축소된 자연을 표현하는 것으로서 실내·외의 구분과 채광의 정도, 온도, 습도 등 배치 장소의 환경조건을 고려하여 용기, 토양 및 식물을 선택하고 이것들을 장식적 및 미적 가치를 가지도록 구성하여 공간에 배치한다.

그림 8-5. 식물심기

식물심기 과제를 제작할 때에는 다음과 같은 사항들을 고려해야 한다.

- 작품 설치 장소(실내 또는 실외)
  - 음지와 반음지, 양지 등을 고려하여 선택하여야 한다. 배수공이 없는 화기를 실내에 배치할 경우에는 바닥면에 하이드로볼이나 마사토를 넣어 과도한 수분을 처리한다.
- 식물사회학과 생리학적 측면
  - 동일한 환경에서 동일한 생리생태학적 조건을 가지고 자랄 수 있는 식물군을 선택한다. 습지식물군, 수생식물군, 다육식물군, 관엽식물군, 허브식물군, 착생식물군 등이 그 예이다. 그리고 원산지와 온도, 빛, 수분요구도 등 생태적 요소를 주의 깊게 고려해야 한다.
- 미적 완성도가 있는 조형적 효과
  - 조형의 종류(장식적, 식생적, 포멀리니어, 평행형 등)를 선택하고 일반적인 조형의 기본적인 원리들로 그룹핑 등을 고려하여 작업해야 한다.
- 식물심기를 하기 전에 식물이 포트에 심겨져 있는 상태에서 반드시 충분히 관수하여야 하며 작업할 때 식물의 뿌리가 훼손되지 않도록 주의해야 한다.
- 마무리
  - 시든 잎이나 상한 잎은 꼭 제거해야 하며, 뿌리가 드러나 보이지 않도록 주의한다. 다만, 착생식물은 뿌리가 드러나도 좋다. 화기나 식물에 묻은 흙은 꼭 털어내고, 수분을 충분히 공급해준다.

식물심기 과제의 기술적 채점 포인트는 다음과 같다.

- 식물의 환경조건과 요구조건이 맞는가?
- 단단히 심어졌는가?
- 화기와 잎을 깨끗이 손질하였는가?
- 흙은 화기의 가장자리보다 3㎝ 정도 낮게 한다.
- 방수된 화기, 배수 설비하는 방법

- 테이프, 접착제 등이 보이는가?
- 급수와 물 빠짐의 가능 여부

4) 리스(wreath)

그림 8-6. 리스

리스는 링(ring) 형태의 화훼장식물로 리스의 원형은 끝이 없는 시작을 상징하며, 영원성 및 불멸과도 연결되어 있다.

리스의 기본 형태는 원형이므로 지름과 본체 안의 작은 원의 지름 비율은 균형이 맞아야 하는데, 황금분할에 의해 1 : 1.6 : 1의 비율로 제작한다(1 : 리스 본체의 너비, 1.6 : 리스 본체 안의 작은 원의 지름). 그리고 리스의 외부곡선과 내부곡선이 뚜렷이 나타나야 한다. 플로랄 폼에 제작할 때에는 플로랄 폼의 옆부분이나 부자재가 보이지 않도록 한다. 소재가 한쪽으로 몰려 균형감을 잃지 않도록 잘 분배하면서 배치되어야 한다.

경기대회에서는 장례용으로 제한을 두지 않는 경우가 많지만 장례용이 아니더라도 리스의 원형은 유지해야 하며 지급된 구조물이나 플로랄 폼을 이용하여 제작한다. 따라서 구조물은 구조적 디자인의 원칙을 지키며 물 공급에 주의해야 하며, 플로랄 폼은 절화장식의 주의점을 적용한다.

5) 기타 장식

절화장식, 벽장식, 행잉장식, 테마장식, 테이블장식 등 그 외 절화장식에 대한 기술적 채점 포인트는 다음과 같다.

- 줄기를 45° 로 잘랐는가?
- 모든 줄기가 플로랄 폼이나 튜브, 물 속에 깊고 견고하게 고정되었는가?
- 플로랄 폼이나 접착제 등이 보이지 않는가?
- 플로랄 폼이 화기에 견고하게 잘 고정되어 있는가?
- 물 공급이 가능한가?
- 재료의 신선도가 유지되는가?
- 테크닉의 일관성이 있는가?
- 청결하게 마무리가 잘 되었는가?

그림 8-7. 절화장식

그림 8-8. 테이블장식

그림 8-9. 행잉장식

| 참고문헌 |

WorldSkills International. 2008. Technical description : Floristry(www.worldskills.org).

플로리스트를 위한

화훼장식학

2010년 3월 10일 초 판 발행
2016년 1월 20일 개정판 발행

지은이 | 한국화훼장식학회
디자인 | 최훈석
만든이 | 정민영
펴낸곳 | 부민문화사
04304 서울 용산구 청파로73길 89 (서계동 33-33)
전화: (02) 714-0521~3, 팩스: (02) 715-0521
등록: 1955년 1월 12일 제 1955-000001호
http://www.bumin33.co.kr
E-mail: bumin1@bumin33.co.kr
정 가 | 20,000원
공 급 | 한국출판협동조합
ISBN 978-89-385-0127-1 93520